国家职业资格培训教材
技能型人才培训用书

电气设备安装工（初级）

第2版

国家职业资格培训教材编审委员会　组编
朱照红　主编

机　械　工　业　出　版　社

本书是依据《国家职业标准》初级电气设备安装工的知识要求和技能要求，按照岗位培训需要的原则编写的。本书的内容包括：电气设备安装基础、电缆线路施工、配电柜（盘）和母线的安装、滑接线和移动式电缆的安装、电动机的安装、线管配线、电气照明设备的安装、防雷与接地、电梯安装与维修、电气检测与试运行。书末附有与之配套的试题库和答案，以便于企业培训、考核鉴定和读者自测自查。

本书主要用作企业培训部门、职业技能鉴定培训机构、再就业和农民工培训机构的教材，也可作为技校、中职、各种短训班的教学用书。

图书在版编目（CIP）数据

电气设备安装工：初级/朱照红主编；国家职业资格培训教材编审委员会组编．—2版．—北京：机械工业出版社，2013.10（2022.9重印）
国家职业资格培训教材．技能型人才培训用书
ISBN 978-7-111-43857-1

Ⅰ．①电…　Ⅱ．①朱…②国…　Ⅲ．①电气设备—设备安装—技术培训—教材　Ⅳ．①TM05

中国版本图书馆CIP数据核字（2013）第204061号

机械工业出版社（北京市百万庄大街22号　邮政编码100037）
策划编辑：王振国　　责任编辑：王振国
责任校对：张　征　　封面设计：饶　薇
责任印制：郜　敏
北京盛通商印快线网络科技有限公司印刷
2022年9月第2版第3次印刷
169mm×239mm · 17.25印张 · 339千字
标准书号：ISBN 978-7-111-43857-1
定价：39.80元

电话服务	网络服务
客服电话：010-88361066	机　工　官　网：www.cmpbook.com
010-88379833	机　工　官　博：weibo.com/cmp1952
010-68326294	金　书　网：www.golden-book.com
封底无防伪标均为盗版	机工教育服务网：www.cmpedu.com

国家职业资格培训教材（第2版）

编审委员会

本书主编　朱照红

本书副主编　潘玉山　叶　琳

本书参编　王　浔　姜盛东　陆剑英　唐志英　叶珠芳

本书主审　方锡祚

第2版 序

在“十五”末期，为贯彻落实“全国职业教育工作会议”和“全国再就业会议”精神，加快培养一大批高素质的技能型人才，机械工业出版社精心策划了与原劳动和社会保障部《国家职业标准》配套的《国家职业资格培训教材》。这套教材涵盖41个职业工种，共172种，有十几个省、自治区、直辖市相关行业200多名工程技术人员、教师、技师和高级技师等从事技能培训和鉴定的专家参加编写。教材出版后，以其兼顾岗位培训和鉴定培训需要，理论、技能、题库合一，便于自检自测，受到全国各级培训、鉴定部门和广大技术工人的欢迎，基本满足了培训、鉴定和读者自学的需要，在“十一五”期间为培养技能人才发挥了重要作用，本套教材也因此成为国家职业资格鉴定考证培训及企业员工培训的品牌教材。

2010年，《国家中长期人才发展规划纲要（2010—2020年）》、《国家中长期教育改革和发展规划纲要（2010—2020年）》、《关于加强职业培训促就业的意见》相继颁布和出台，2012年1月，国务院批转了“七部委”联合制定的《促进就业规划（2011—2015年）》，在这些规划和意见中，都重点阐述了加大职业技能培训力度、加快技能人才培养的重要意义，以及相应的配套政策和措施。为适应这一新形势，同时也鉴于第1版教材所涉及的许多知识、技术、工艺、标准等已发生了变化的实际情况，我们经过深入调研，并在充分听取了广大读者和业界专家意见的基础上，决定对已经出版的《国家职业资格培训教材》进行修订。本次修订，仍以原有的大部分作者为班底，并保持原有的“以技能为主线，理论、技能、题库合一”的编写模式，重点在以下几个方面进行了改进：

1. 新增紧缺职业工种——为满足社会需求，又开发了一批近几年比较紧缺的以及新增的职业工种教材，使本套教材覆盖的职业工种更加广泛。

2. 紧跟国家职业标准——按照最新颁布的《国家职业技能标准》（或《国家职业标准》）规定的工作内容和技能要求重新整合、补充和完善内容，涵盖职业标准中所要求的知识点和技能点。

3. 提炼重点知识技能——在内容的选择上，以“够用”为原则，提炼出应重点掌握的必需的专业知识和技能，删减了不必要的理论知识，使内容更加精练。

4. 补充更新技术内容——紧密结合最新技术发展，删除了陈旧过时的内容，补充了新的技术内容。

5. 同步最新技术标准——对原教材中按旧的技术标准编写的内容进行更新，所有内容均与最新的技术标准同步。

6. 精选技能鉴定题库——按鉴定要求精选了职业技能鉴定试题，试题贴近教材、贴近国家试题库的考点，更具典型性、代表性、通用性和实用性。

7. 配备免费电子教案——为方便培训教学，我们为本套教材开发配备了配套的电子教案，免费赠送给选用本套教材的机构和教师。

8. 配备操作实景光盘——根据读者需要，部分教材配备了操作实景光盘。

一言概之，经过精心修订，第2版教材在保留了第1版教材精华的同时，内容更加精练、可靠、实用，针对性更强，更能满足社会需求和读者需要。全套教材既可作为各级职业技能鉴定培训机构、企业培训部门的考前培训教材，又可作为读者考前复习和自测使用的复习用书，也可供职业技能鉴定部门在鉴定命题时参考，还可作为职业技术院校、技工院校、各种短训班的专业课教材。

在本套教材的调研、策划、编写过程中，曾经得到许多企业、鉴定培训机构有关领导、专家的大力支持和帮助，在此表示衷心的感谢！

虽然我们已经尽了最大努力，但教材中仍难免存在不足之处，恳请专家和广大读者批评指正。

国家职业资格培训教材第2版编审委员会

第1版 序一

当前和今后一个时期，是我国全面建设小康社会、开创中国特色社会主义事业新局面的重要战略机遇期。建设小康社会需要科技创新，离不开技能人才。“全国人才工作会议”、“全国职教工作会议”都强调要把“提高技术工人素质、培养高技能人才”作为重要任务来抓。当今世界，谁掌握了先进的科学技术并拥有大量技术娴熟、手艺高超的技能人才，谁就能生产出高质量的产品，创出自己的名牌；谁就能在激烈的市场竞争中立于不败之地。我国有近一亿技术工人，他们是社会物质财富的直接创造者。技术工人的劳动，是科技成果转化为生产力的关键环节，是经济发展的重要基础。

科学技术是财富，操作技能也是财富，而且是重要的财富。中华全国总工会始终把提高劳动者素质作为一项重要任务，在职工中开展的“当好主力军，建功‘十一五’，和谐奔小康”竞赛中，全国各级工会特别是各级工会职工技协组织注重加强职工技能开发，实施群众性经济技术创新工程，坚持从行业和企业实际出发，广泛开展岗位练兵、技术比赛、技术革新、技术协作等活动，不断提高职工的技术技能和操作水平，涌现出一大批掌握高超技能的能工巧匠。他们以自己的勤劳和智慧，在推动企业技术进步，促进产品更新换代和升级中发挥了积极的作用。

欣闻机械工业出版社配合新的《国家职业标准》为技术工人编写了这套涵盖41个职业的172种“国家职业资格培训教材”。这套教材由全国各地技能培训和考评专家编写，具有权威性和代表性；将理论与技能有机结合，并紧紧围绕《国家职业标准》的知识点和技能鉴定点编写，实用性、针对性强，既有必备的理论和技能知识，又有考核鉴定的理论和技能题库及答案，编排科学，便于培训和检测。

这套教材的出版非常及时，为培养技能型人才做了一件大好事，我相信这套教材一定会为我们培养更多更好的高技能人才做出贡献！

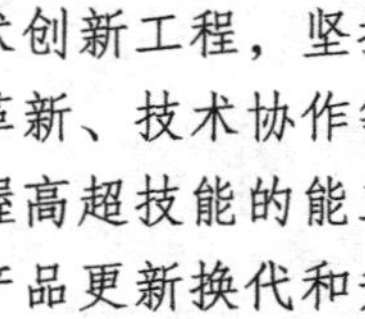

（李永安　中国职工技术协会常务副会长）

第1版 序二

为贯彻“全国职业教育工作会议”和“全国再就业会议”精神，全面推进技能振兴计划和高技能人才培养工程，加快培养一大批高素质的技能型人才，我们精心策划了这套与劳动和社会保障部最新颁布的《国家职业标准》配套的《国家职业资格培训教材》。

进入21世纪，我国制造业在世界上所占的比重越来越大，随着我国逐渐成为“世界制造业中心”进程的加快，制造业的主力军——技能人才，尤其是高级技能人才的严重缺乏已成为制约我国制造业快速发展的瓶颈，高级蓝领出现断层的消息屡屡见诸报端。据统计，我国技术工人中高级以上技工只占3.5%，与发达国家40%的比例相距甚远。为此，国务院先后召开了“全国职业教育工作会议”和“全国再就业会议”，提出了“三年50万新技师的培养计划”，强调各地、各行业、各企业、各职业院校等要大力开展职业技术培训，以培训促就业，全面提高技术工人的素质。

技术工人密集的机械行业历来高度重视技术工人的职业技能培训工作，尤其是技术工人培训教材的基础建设工作，并在几十年的实践中积累了丰富的教材建设经验。作为机械行业的专业出版社，机械工业出版社在“七五”、“八五”、“九五”期间，先后组织编写出版了“机械工人技术理论培训教材”149种，“机械工人操作技能培训教材”85种，“机械工人职业技能培训教材”66种，“机械工业技师考评培训教材”22种，以及配套的习题集、试题库和各种辅导性教材约800种，基本满足了机械行业技术工人培训的需要。这些教材以其针对性、实用性强，覆盖面广，层次齐备，成龙配套等特点，受到全国各级培训、鉴定和考工部门和技术工人的欢迎。

2000年以来，我国相继颁布了《中华人民共和国职业分类大典》和新的《国家职业标准》，其中对我国职业技术工人的工种、等级、职业的活动范围、工作内容、技能要求和知识水平等根据实际需要进行了重新界定，将国家职业资格分为5个等级：初级（5级）、中级（4级）、高级（3级）、技师（2级）、高级技师（1级）。为与新的《国家职业标准》配套，更好地满足当前各级职业培训和技术工人考工取证的需要，我们精心策划编写了这套“国家职业资格培训教材”。

这套教材是依据劳动和社会保障部最新颁布的《国家职业标准》编写的，

为满足各级培训考工部门和广大读者的需要，这次共编写了41个职业172种教材。在职业选择上，除机电行业通用职业外，还选择了建筑、汽车、家电等其他相近行业的热门职业。每个职业按《国家职业标准》规定的工作内容和技能要求编写初级、中级、高级、技师（含高级技师）四本教材，各等级合理衔接、步步提升，为高技能人才培养搭建了科学的阶梯型培训架构。为满足实际培训的需要，对多工种共同需求的基础知识我们还分别编写了《机械制图》、《机械基础》、《电工常识》、《电工基础》、《建筑装饰识图》等近20种公共基础教材。

在编写原则上，依据《国家职业标准》又不拘泥于《国家职业标准》是我们这套教材的创新。为满足沿海制造业发达地区对技能人才细分市场的需要，我们对模具、制冷、电梯等社会需求量大又已单独培训和考核的职业，从相应的职业标准中剥离出来单独编写了针对性较强的培训教材。

为满足培训、鉴定、考工和读者自学的需要，在编写时我们考虑了教材的配套性。教材的章首有培训要点、章末配复习思考题，书末有与之配套的试题库和答案，以及便于自检自测的理论和技能模拟试卷，同时还根据需求为20多种教材配制了VCD光盘。

为扩大教材的覆盖面和体现教材的权威性，我们组织了上海、江苏、广东、广西、北京、山东、吉林、河北、四川、内蒙古等地相关行业从事技能培训和考工的200多名专家、工程技术人员、教师、技师和高级技师参加编写。

这套教材在编写过程中力求突出“新”字，做到“知识新、工艺新、技术新、设备新、标准新”，增强实用性，重在教会读者掌握必需的专业知识和技能，是企业培训部门、各级职业技能鉴定培训机构、再就业和农民工培训机构的理想教材，也可作为技工学校、职业高中、各种短训班的专业课教材。

在这套教材的调研、策划、编写过程中，曾经得到广东省职业技能鉴定中心、上海市职业技能鉴定中心、江苏省机械工业联合会、中国第一汽车集团公司以及北京、上海、广东、广西、江苏、山东、河北、内蒙古等地许多企业和技工学校的有关领导、专家、工程技术人员、教师、技师和高级技师的大力支持和帮助，在此谨向为本套教材的策划、编写和出版付出艰辛劳动的全体人员表示衷心的感谢！

教材中难免存在不足之处，诚恳希望从事职业教育的专家和广大读者不吝赐教，提出批评指正。我们真诚希望与您携手，共同打造职业培训教材的精品。

国家职业资格培训教材编审委员会

前　言

为进一步提高电气设备安装从业人员的基本素质和专业技能，增强各级、各类职业学校在校生的就业能力，满足电气设备安装工职业技能培训、考核、鉴定等工作的迫切需要，机械工业出版社组织编写了《电气设备安装工》国家职业资格培训教材。

随着时间的不断推移，现代科学技术的不断发展，职业技能培训的要求也在不断提高，为适应这种新变化，人力资源和社会保障部对职业技能标准在不断完善的同时也对原有标准进行了修订，因此，国家职业资格培训教材中的相关内容也要做出必要的调整，以适应新标准对培训内容的知识要求与技能要求。

因此，机械工业出版社又组织曾参与编写第1版教材的编者对教材进行了修订。本教材在修订过程中删除了部分电工基础、电工识图、机械识图等基本知识，改写了绝缘材料、电线电缆等知识，并增加了模拟试卷样例答案，使教材内容更好地适应了国家职业标准对电气设备安装工的相关要求。

本教材由朱照红同志任主编，潘玉山任副主编并编写第一章和第二章，王浔、唐志英和叶珠芳编写第三～七章，姜盛东编写第八～十章，参与编写的人员还有陆剑英。方锡祚担任主审工作。

本教材在编写过程中参阅了大量的相关规范、规定、图册、手册、教材及技术资料等，并借用了部分图表，在此向原作者致以衷心的感谢。如有不敬之处，恳请谅解。

由于教材知识覆盖面较广，涉及的标准、规范较多，加之时间仓促、编者水平有限，书中难免存在缺点和不足，敬请各位同行、专家和广大读者批评指正，以期再版时臻于完善。

编　者

目　录

第 2 版序
第 1 版序一
第 1 版序二
前言
第一章　电气设备安装基础 …… 1
第一节　电气设备安装基础知识 …… 1
一、电工基础知识 …… 1
二、电工材料 …… 4
三、电气识图初步 …… 8
第二节　电气设备安装基本技能 …… 14
一、钳工基本操作 …… 14
二、焊工基本操作 …… 17
三、电工基本操作 …… 19
四、电气设备安装基本过程 …… 32
五、施工前的准备工作 …… 34
第三节　安全文明生产与触电急救 …… 36
一、安全用电 …… 36
二、安全生产 …… 37
三、触电与触电急救 …… 41
复习思考题 …… 43
第二章　电缆线路施工 …… 44
第一节　电缆线路施工专业知识 …… 44
一、电缆耐压试验和电缆绝缘检测 …… 44
二、电缆升温 …… 48
三、电缆施工前的准备工作 …… 48
四、电缆敷设的基本要求和安全注意事项 …… 49

第二节 电缆线路施工技能训练实例 …… 54
训练1 直埋电缆敷设 …… 54
训练2 电缆支架安装 …… 56
训练3 电缆沿桥架敷设 …… 59
训练4 低压电缆终端制作 …… 62
训练5 低压电缆中间接头制作 …… 64
复习思考题 …… 65

第三章 配电柜（盘）和母线的安装 …… 66
第一节 安装配电柜（盘）和母线专业知识 …… 66
一、配电柜（盘）安装操作方法及允许偏差 …… 66
二、电流互感器的电路原理及安装 …… 70
第二节 配电柜（盘）和母线的安装技能训练实例 …… 72
训练1 安装配电柜（盘） …… 72
训练2 安装手车式开关柜 …… 73
训练3 安装调试隔离开关 …… 76
训练4 母线安装 …… 80
复习思考题 …… 88

第四章 滑接线和移动式电缆的安装 …… 89
第一节 安装滑接线和移动式电缆专业知识 …… 89
一、滑接线和移动式电缆安装质量标准 …… 89
二、材料及附件的检验 …… 91
三、滑接线测量定位要求 …… 92
四、作业条件 …… 92
第二节 滑接线和移动式电缆的安装技能训练实例 …… 92
训练1 安装支架和绝缘子 …… 92
训练2 加工与安装滑接线 …… 95
训练3 安装滑接器 …… 98
复习思考题 …… 99

第五章 电动机的安装 …… 100
第一节 安装电动机专业知识 …… 100
一、三相交流异步电动机的结构 …… 100
二、交流电动机的铭牌和接线 …… 101

三、直流电动机的结构 …… 103
四、直流电动机的接线 …… 104
五、电动机绝缘强度的测试 …… 105
六、电动机首尾端的判定 …… 106
七、电动机的简单控制电路 …… 106
第二节　电动机的安装技能训练实例 …… 108
训练1　电动机绝缘强度测试 …… 108
训练2　三相异步电动机绕组首尾端判定 …… 108
复习思考题 …… 109

第六章　线管配线 …… 110
第一节　线管配线专业知识 …… 110
一、线管配线的技术要求及线管选择 …… 110
二、保护管煨弯方法 …… 113
三、盒箱的定位与安装技术要求 …… 116
四、管道连接的方法及遇伸缩缝、沉降缝的处理方法 …… 121
五、线管穿线 …… 128
第二节　线管配线技能训练实例 …… 131
训练1　预制加工线管 …… 131
训练2　盒、箱的定位与安装 …… 132
训练3　管路的连接与敷设 …… 133
训练4　导线的穿管与连接 …… 134
复习思考题 …… 134

第七章　电气照明设备的安装 …… 135
第一节　电气照明设备安装专业知识 …… 135
一、电气照明典型线路 …… 135
二、电气照明装置施工技术规范 …… 140
三、电气照明线路的测试与验收 …… 143
第二节　电气照明设备的安装技能训练实例 …… 144
训练1　安装楼梯口灯 …… 144
训练2　安装荧光灯 …… 147
训练3　安装吊扇 …… 149
复习思考题 …… 151

第八章　防雷与接地……………………………………………………………………………152
第一节　防雷与接地专业知识………………………………………………………………152
一、防雷与接地的基本概念 …………………………………………………………152
二、防雷与接地施工技术要求 ………………………………………………………155
第二节　防雷与接地技能训练实例…………………………………………………………155
训练 1　安装接地装置 ………………………………………………………………155
训练 2　安装防雷装置 ………………………………………………………………160
复习思考题……………………………………………………………………………………163

第九章　电梯安装与维修…………………………………………………………………164
第一节　概述………………………………………………………………………………164
一、电梯分类……………………………………………………………………………164
二、电梯型号……………………………………………………………………………167
三、电梯主要参数 ………………………………………………………………………168
第二节　电梯安装专业知识…………………………………………………………………169
一、电梯的基本结构 ……………………………………………………………………169
二、电梯基本工作原理 …………………………………………………………………172
三、井道测量方法 ………………………………………………………………………173
四、井道内照明要求 ……………………………………………………………………174
五、井道作业条件 ………………………………………………………………………174
六、导轨及其安装质量要求 ……………………………………………………………174
七、曳引机及其安装操作方法……………………………………………………………175
八、曳引机安装质量要求 ………………………………………………………………176
九、层门、轿门结构原理 ………………………………………………………………176
十、层门、轿门安装质量要求……………………………………………………………177
十一、电梯电气控制系统原理……………………………………………………………178
十二、电梯电气设备安装质量要求………………………………………………………178
十三、电梯平层控制原理 ………………………………………………………………179
十四、电梯称重装置原理 ………………………………………………………………179
十五、电梯故障排除基本方法……………………………………………………………180
第三节　电梯安装与维修技能训练实例……………………………………………………181
训练 1　安装样板并挂设基准线 ………………………………………………………181
训练 2　安装并校正导轨…………………………………………………………………183
训练 3　安装曳引机 ……………………………………………………………………186

训练4 安装并调整厅门、轿门 …… 186
训练5 安装控制柜、中间插线盒及随缆架 …… 189
训练6 线管、线槽作业 …… 191
训练7 挂设随行电缆 …… 192
训练8 安装缓速开关、限位开关和碰铁 …… 193
训练9 安装感应开关和感应板 …… 193
训练10 安装指示灯、按钮、操纵盒 …… 194
训练11 安装底坑电气设备 …… 195
训练12 导线敷设与接线 …… 195
训练13 轿厢冲底故障排除 …… 196
训练14 称重装置失灵故障排除 …… 198
训练15 电梯平层不准故障排除 …… 198
训练16 厅门、轿门闭合不全故障排除 …… 200
训练17 轿厢不起动故障排除 …… 200
复习思考题 …… 201

第十章 电气检测与试运行 …… 202
第一节 绝缘电阻测定 …… 202
一、测量绝缘电阻并填写检验评定表 …… 202
二、测接地电阻并填写检验评定表 …… 205
第二节 质量评定报表 …… 207
一、检验批质量验收记录表及填写要求 …… 207
二、线管配线工程质量检验评定表的填写 …… 210
三、配电柜（盘）及动力开关柜安装工程质量检验评定表的填写 …… 211
四、硬母线安装质量检验评定表的填写 …… 217
复习思考题 …… 219

试题库 …… 220
知识要求试题 …… 220
一、判断题 试题（220） 答案（245）
二、选择题 试题（223） 答案（245）
三、简答题 试题（234） 答案（246）
四、作图题 试题（235） 答案（254）
技能要求试题 …… 236

一、导线连接及连接后的绝缘恢复 …… 236
二、1kV 及以下橡塑电缆终端制作 …… 237
三、三相异步电动机绝缘测试及定子绕组首尾端判别 …… 237
四、小型三相异步电动机拆装保养 …… 238
五、三相异步电动机单向起动控制线路安装 …… 239
六、避雷针制作与安装 …… 240
七、安装样板并挂设基准线 …… 240
八、室内照明线路的安装 …… 241
模拟试卷样例 …… 242
一、判断题 试题（242） 答案（255）
二、选择题 试题（242） 答案（255）
三、简答题 试题（244） 答案（255）
四、作图题 试题（244） 答案（256）

参考文献 …… 257

第一章

电气设备安装基础

培训学习目标 全面了解电气设备安装基础知识，理解电气施工图中常用图形和文字符号的含义，能看懂简单的电气控制图，熟悉施工现场的准备情况，了解电气设备的安装过程；熟练掌握电气设备安装基本技能，重点掌握测量仪表和工机具使用方法；能够对安装设备和材料进行查验、清点和编号。牢固掌握安全用电的具体措施、保证安全的技术措施、安全操作的一般性规定和触电急救方法等。

第一节　电气设备安装基础知识

一、电工基础知识

1. 基本概念

（1）电阻　自由电子在导体中定向移动时所受到的阻碍作用称为电阻，用文字符号 R 来表示，单位为 Ω。用公式表示为

$$R = \rho \frac{L}{S} \tag{1-1}$$

式中　L——导体的长度，单位为 m；

S——导体的截面积，单位为 m^2；

ρ——导体的电阻率，单位为 Ω·m。

选择电阻时不仅要考虑阻值的大小，还应考虑功率的许可，有特殊要求的电阻还必须考虑电阻的材料和误差等因素。

电阻的典型故障主要是阻值变大或开路（即断路）。

（2）电容　电容是表征两导体和其间电介质特性的参量。用公式表示为

$$C = \frac{Q}{U} \tag{1-2}$$

式中　C——电容，单位为F；

Q——两导体分别带有的等量正负电荷，单位为C；

U——两导体间的电压，单位为V。

电容的单位还有微法（μF）、皮法（pF），其关系是：$1F = 10^6\mu F = 10^{12}pF$。

电容并联后总电容变大，串联后总电容变小。例如，两只均为10μF的电容，并联后总的等效电容为20μF，串联后总的等效电容为5μF。

选择电容时不仅要考虑电容量的大小，还应考虑耐压，有特殊要求的电容还应考虑电容的材料和工作频率等因素。

电容的典型故障主要表现为失效（开路）、电容量减小和击穿。

（3）电感　电感是表征载流线圈及其周围导磁物质性能的参量。用公式表示为

$$L = \frac{\mu N^2 S}{l} \tag{1-3}$$

式中　L——电感，单位为H；

μ——介质的磁导率，单位为H/m；

N——线圈的匝数；

S——线圈的横截面积，单位为m^2；

l——线圈的长度，单位为m。

电感的单位还有毫亨（mH）、微亨（μH）表示，其关系是：$1H = 10^3mH = 10^6\mu H$。

电感不仅与线圈的形状、大小及匝数有关，还与介质的磁导率μ和线圈周围导磁物质中的磁场分布情况有关。

电感对交流电的阻碍作用称作感抗，用X_L表示，单位为Ω。感抗与交流电的频率和线圈的电感成正比。理想电感（直流电阻视为0Ω）对稳恒直流电可视作短路。

2. 欧姆定律的概念

欧姆定律说明了在稳恒电流通过电路时，电流、电压（或电动势）与电阻间的相互关系，有两种表示形式：

（1）部分电路欧姆定律　通过部分电路的电流I，等于该部分电路两端电压U除以该部分电路的电阻R。基本公式为$I = U/R$，其他形式为$U = IR$、$R = U/I$。

（2）全电路的欧姆定律　通过全电路（指由外电路和内电路组成的闭合回路）的电流I，等于电路中电源的电动势E除以电路中的总电阻（外电阻R和电

源内阻 r 之和），即 $I=E/(R+r)$。

当外电路的电阻等于电源的内阻时，电源的输出功率最大，即实现了负载与电源的匹配。

3. 串并联电路

（1）串联电路　图 1-1a 中，把几个电阻首尾依次相连，这时通过每一个电阻的电流相同，这种连接方式叫作电阻的串联。

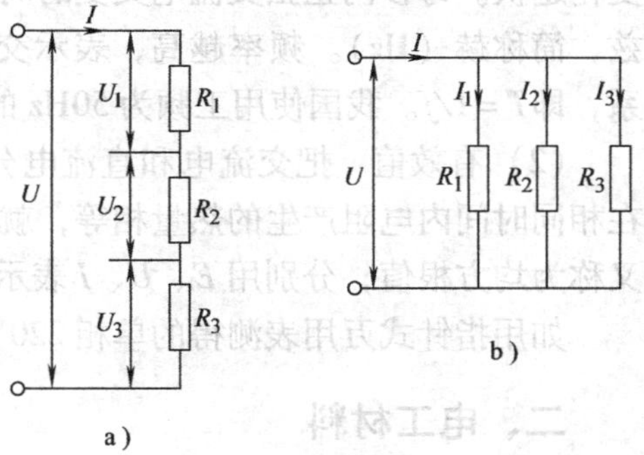

图 1-1　电阻串并联电路
a）电阻串联　b）电阻并联

1）串联电路中，总电压等于各个电阻上分电压之和，即 $U=U_1+U_2+U_3=IR_1+IR_2+IR_3$。

2）串联电路中，总电阻等于各分电阻之和，即 $R=R_1+R_2+R_3$。

3）串联电路中，每个电阻上的电压与总电压之间的关系为：$U_1=UR_1/R$，$U_2=UR_2/R$，$U_3=UR_3/R$。每个电阻上分得的电压多少和电阻成正比，电阻越大，分得的电压越多。

（2）并联电路　图 1-1b 中，若把几个电阻分别连接在两个节点之间，每个电阻两端承受的是同一电压，这种连接方式叫作电阻的并联。

1）并联电路中，总电流等于各并联支路电流之和，即 $I=I_1+I_2+I_3=U/R_1+U/R_2+U/R_3$。

2）并联电路中，总电阻的倒数等于各支路电阻的倒数之和，即 $1/R=I/U=1/R_1+1/R_2+1/R_3$。如果是 R_1、R_2 两个电阻并联，其总电阻为 $R=R_1R_2/(R_1+R_2)$。两个并联电阻的总电阻，比其中任何一个电阻的阻值都要小。

3）并联电路中，每个电阻上流过的电流大小与电阻成反比，电阻越小，分流电流越大。

4. 交流电的基本概念

交流电是指电流、电压、电动势的大小和方向都随时间按一定规律作周期性变化。交流电分为正弦交流电和非正弦交流电两种。现在电力系统广泛应用的是随时间按正弦规律变化的正弦交流电（以后简称交流电），图 1-2 所示为两正弦交流电的波形。

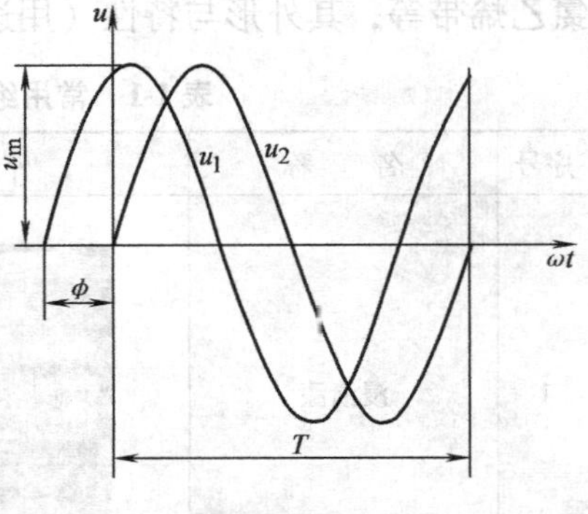

图 1-2　两正弦交流电的波形

（1）周期和频率　交流电每交变一周（次）所需要的时间叫作周期，用 T 表示，单位为秒（s）。周期越短，表明交流电重复变化越快。每秒内正弦交流电交变的周（次）数叫作频率，用f表示，单位为赫兹，简称赫（Hz）。频率越高，表示交流电交变越快。周期和频率互为倒数关系，即$T=1/f$。我国使用工频为50Hz的交流电。

（2）有效值　把交流电和直流电分别通入两个电阻值相同的导体中，如果在相同时间内电阻产生的热量相等，就把直流电的大小确定为交流电的有效值，又称为均方根值，分别用E、U、I表示电动势、电压、电流的有效值。

如用指针式万用表测得的单相220V照明电压就是有效值。

二、电工材料

1. 导电材料

（1）电热材料　常用的电热材料有镍铬合金和铁铬铝合金，用来制造各种电阻加热设备中的发热元件。对电热材料的要求是电阻率高，加工性能好，且在高温时具有足够的机械强度和良好的抗氧化性能。

（2）电阻合金　电阻合金具有电阻温度系数小、稳定性好、机械强度高等特点，是制造电阻元件的重要材料，广泛用于电机、电器、仪表和电子等工业中。

（3）触头材料　强电用的触头和弱电用的触头性能和要求不同，选用的材料也各不相同。触头材料在电气开关中，承担电路的接通、载流、分断和隔离等任务，要求它的接触电阻低、操作安全可靠和使用寿命长等。

（4）熔体材料　熔体材料是熔断器的主要部件，当通过熔断器的电流大于规定值时，熔体立即熔断，自动断开电路，从而达到保护电力线路和电气设备的目的。常用纯金属熔体材料有银、铝、铜、锡、铅和锌。

2. 绝缘材料

绝缘材料主要用作隔离带电的或不同电位的导体。有时，绝缘材料还起机械支撑、保护导体和防电晕、灭弧等作用。电工生产和实践中常用的绝缘材料主要有绝缘浸渍漆、电缆浇注胶、浸渍纤维制品、层压制品、绝缘纸、黑胶布带和聚氯乙烯带等，其外形与特性（用途）见表1-1。

表1-1　常用绝缘材料的外形与特性（用途）

序号	名　称	外　形	特性（用途）
1	浸渍漆	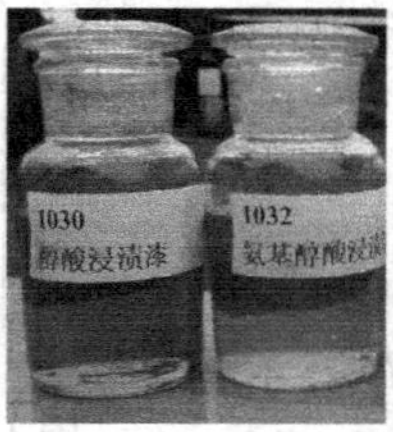	常用的有1030醇酸浸渍漆和1032三聚氰胺醇酸浸渍漆。这两种都是烘干漆，均具有较好的耐油性和绝缘性，漆膜平滑而有光泽。主要用来浸渍电机、电器的线圈和绝缘零部件

（续）

序号	名　称		外　形	特性（用途）
2	电缆浇注胶			简称电缆胶，常用的有 1810、1811、1812 电缆胶。1811 或 1812 沥青电缆胶和环氧电缆胶，适用于 10kV 以下的电缆，前者耐潮性较好，后者密封性好。1810 电缆胶用于 10kV 及以上的电缆。主要用来浇注电缆中间接线盒和终端盒
3	浸渍纤维制品	2432 醇酸玻璃漆布（带）		其电气性能、耐油性和耐潮性都较好，且机械强度较高，具有一定的防霉性能，可用于油浸变压器、汩断路器等线圈的绝缘
		2730 醇酸玻璃漆管		具有良好电气性能和力学性能，耐油性、耐潮性较好，但弹性较差。主要用作电机、电器和仪表的引出线或连接线的绝缘套管
		绑扎带	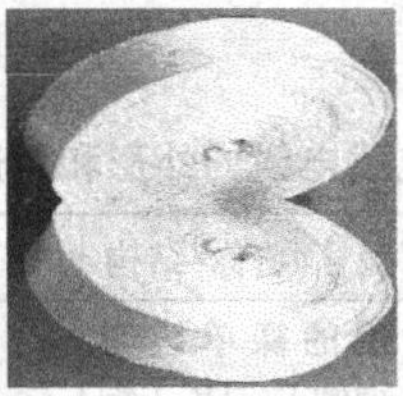	脂浸渍无碱玻璃纤维绑扎带是由无碱玻璃纤维带浸渍专用树脂处理而成，主要用于绑扎变压器铁心和电机转子绕组端部，可使电机、电器获得更优越的绝缘性能
4	层压制品	3240 环氧酚醛层压玻璃布板		这三种玻璃纤维的层压制品适宜做电机、电器的绝缘结构零件，它们都具有很高的机械强度和电气性能，且耐油性、耐潮性较好，加工方便
		3640 环氧酚醛玻璃布管和 3840 环氧酚醛玻璃布棒		

（续）

序号	名　称	外　形	特性（用途）
5	绝缘纸		通常称为青壳纸，可用于绝缘保护材料和耐振绝缘零部件
6	黑胶布带		用于低压电线、电缆接头的绝缘包扎
7	聚氯乙烯带		其绝缘性能较好，耐潮性及耐蚀性好。其中电缆用特种软聚氯乙烯带是专门用来包扎电缆接头的，常制成黄色（U 相）、绿色（V 相）、红色（W 相）、黑色（零线）等几种颜色，又称为相色带

3. 电线电缆

常用的电线电缆按性能、结构、制造工艺及使用场合不同，可分为裸导线、电磁线、橡皮绝缘电线、聚氯乙烯绝缘导线、电焊机电缆和橡套软电缆六种，其外形和用途见表 1-2。

表 1-2　常用电线电缆的外形和用途

序号	种　类	外　形	常用型号/名称/结构	用　途
1	裸导线	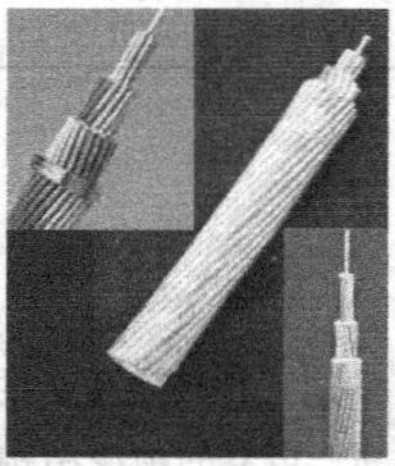	常用的裸单线有 TY（铜硬）、TR（铜软）、LY（铜硬）、LR（铝软）等几种型号	裸单线一般用作电线、电缆的线芯及电机、电器及变压器的绕组
			国产的架空电力线有 LJ 型硬铝绞线、LGJ 钢芯铝绞线、TRJ 型软铜绞线等几种	裸绞线是将多根圆单线绞合在一起的绞合线，这种线软且有足够的强度，主要用作架空电力线、电缆线芯
2	电磁线		按照使用的绝缘材料不同，可分为漆包线、玻璃丝包线和纸包线三类	电磁线广泛应用于电机、电器及电工仪表中，作为绕组或元件的绝缘导线

（续）

序号	种　　类	外　　形	常用型号/名称/结构	用　　途
3	橡皮绝缘电线		BX 铜芯橡皮线	供干燥和潮湿场所固定敷设用；用于交流额定电压 250V 和 500V 的电路中
			BXR 铜芯橡皮软线	供安装在干燥和潮湿场所；连接电气设备的移动部分用；交流额定电压 500V
		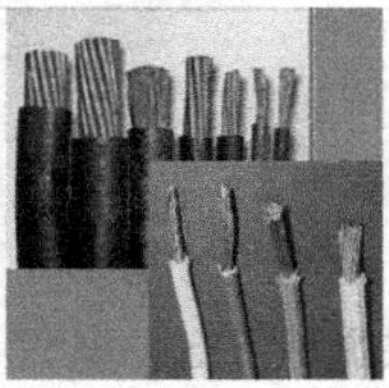	BXS 双芯橡皮线	供干燥场所敷设在绝缘子上用；用于交流额定电压 250V 的电路中
			BXH 铜芯橡皮花线	供干燥场所移动式用电设备接线用；线芯间额定电压 250V
			BLX 铝芯橡皮线	与 BX 型电线相同
			BXG 铜芯穿管橡皮线	供交流电压 500V 或直流电流 1000V 电路中配电和连接仪表用；适于管内敷设
			BLXG 铝芯穿管橡皮线	与 BXG 型电线相同
4	聚氯乙烯绝缘导线		BLV（BV）铝（铜）芯塑料线	交流电压 500V 以下，直流电压 1000V 以下；室内固定敷设
			BLVV（BVV）铝（铜）芯塑料护套线	交流电压 500V 以下，直流电压 1000V 以下；室内固定敷设
			BVR 铜芯塑料软线	交流电压 500V 以下；要求电线比较柔软的场所敷设
			BLV－1（BV－1）室外用铝（铜）芯塑料线	交流电压 500V 以下；室外固定敷设用
		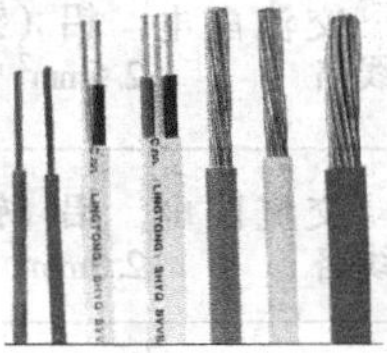	BLVV－1（BVV－1）室外用铝（铜）芯塑料护套线	交流电压 500V 以下；室外固定敷设用
			BVR－1 室外用铜芯塑料软线	交流电压 500V 以下；要求电线在比较柔软的场所敷设
			RVB 平行塑料绝缘软线	交流电压 250V 以下；室内连接小型电器，移动或半移动敷设时用
			RVS 双绞塑料绝缘软线	交流电压 250V 以下；室内连接小型电器，移动或半移动敷设时用
5	电焊机电缆	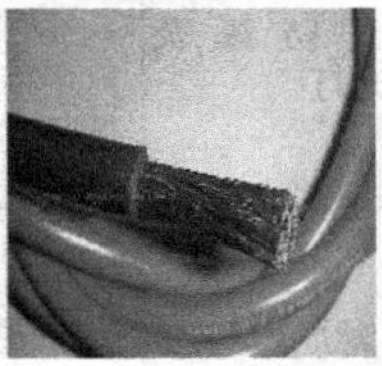	YH 型电焊机用铜芯橡套软电缆	用作电焊机二次侧接线和电焊钳的连接线，其额定工作电压为 200V

（续）

序号	种 类	外 形	常用型号/名称/结构	用 途
6	橡套软电缆	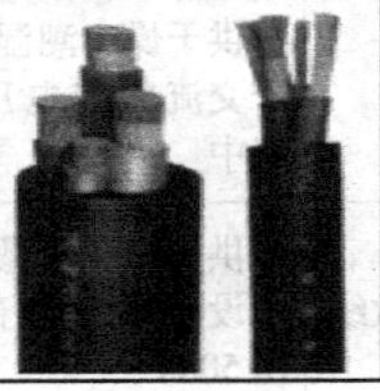	YQ 轻型橡套软电缆	用于轻型移动电器设备和工具
			YZ 中型橡套软电缆	用于中型移动电器设备和工具
			YC 重型橡套软电缆	用于各种移动电器设备，能承受较大机械外力

三、电气识图初步

1. 常用电气图形和文字符号的含义

电气工程图样中常用的图形符号和技术要求见表1-3。电气设备常用的文字符号见表1-4。电气图样常用的辅助文字符号见表1-5。

表1-3 电气工程图样中常用的图形符号和技术要求

图形符号	名称	技术要求	图形符号	名称	技术要求
	屏、台、箱、柜的一般符号	配电室及进线用开关柜		暗装三相四极插座（带接地）	380V/15A、25A，距地0.3m，容量选择见设计图
	多种电源配电箱（盘）	画于墙外为明装（墙内为暗装），除注明外，下边距地1.2m或1.4m	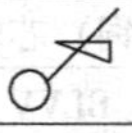	暗装调光开关	距地1.4m
	电力配电箱（盘）			交流配电线路	为铝（铜芯线）时，为2根2.5mm^2（1.5mm^2）
	交流电动机	除注明外，只做出线口，防水弯头距机座上0.2m，均附接地螺钉		交流配电线路	铝（铜芯线）时，为3根2.5mm^2（1.5mm^2）
	按钮盒	圈或点的数目表是按钮数，除注明外均为明装，距地1.4m，按钮组合排见设计图	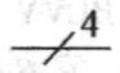	交流配电线路	铝（铜芯线）时，为4根2.5mm^2（1.5mm^2）
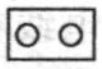	立柱按钮盒		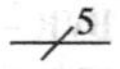	交流配电线路	铝（铜芯线）时，为5根2.5mm^2（1.5mm^2）
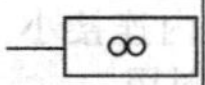	风扇的一般符号	除注明外，只做出线盒及吊钩		单管荧光灯	规格、容量、型号、数量按工程设计图要求
	电铃	除注明外，距顶0.3m		双管荧光灯	
	明装单相二极插座	250V/10A，距地0.3m，居民住宅及儿童活动场所应采用安全插座，如采用普通插座时，应距地面1.8m		防爆荧光灯	
	照明配电箱（盘）	画于墙外的为明装（墙内为暗装），除注明外，下边距地2.0m或1.4m，明装电能表板底距地1.8m		投光灯	规格容量见设计图

（续）

图形符号	名称	技术要求	图形符号	名称	技术要求
	事故配电箱（盘）	画于墙外的为明装（墙内为暗装），除注明外，下边距地 1.2m 或 1.4m		1. 开关的一般符号 2. 多极开关的一般符号	单极表示（短线表示极数）
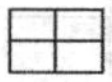	组合开关箱		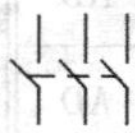	多极开关	多线表示
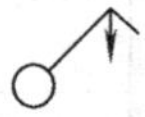	拉线开关（单极二线）	250V/3A		隔离开关	
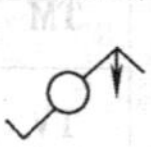	拉线双控开关（单极三线）	250V/3A		熔断器式隔离开关	除注明外，均为 RC3 型熔断器式隔离开关
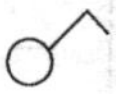	明装单极开关（单极二线）	跷板式开关，250V/6A		断路器	
	暗装单极开关（单极二线）	跷板式开关，250V/6A	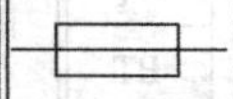	熔断器	除注明外，均为 RC1A 型瓷插式熔断器
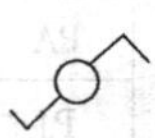	明装双控开关（单极三线）	跷板式开关，250V/6A		指示式电流表、电压表	
	天棚灯座（裸灯座）	容量和安装方式见设计图	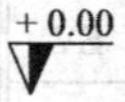	安装或敷设高度表示符号	自室内该处地面标起
	墙上灯座（裸灯座）		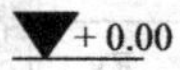	安装或敷设高度表示符号	自室外该处地面标起
	明装单相三极插座			壁龛交换箱	
	明装三相四极插座	380V/15A、25A，距地 0.3m		室内电话分线盒	
	暗装单相二极插座	50V/10A，距地 0.3m，居民住宅及儿童活动场所应采用安全插座，如采用普通插座时，应距地面 1.8m	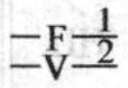	1. 电话线路 2. 电视线路	
	暗装单相三极插座（带接地）			设计照度表示符号	表示 100lx

表 1-4 电气设备常用的文字符号

设备、装置和元器件种类		基本文字符号	
		单字母符号	双字母符号
组件部件	电桥	A	AB
	晶体管放大器		AD
	集成电路放大器		AJ
	放大器		—
	磁放大器		AM
非电量到电量变换器或电量到非电量变换器	送话器	B	—
	扬声器		
	压力变换器		BP
	位置变换器		BQ
	温度变换器		BT
	速度变换器		BV
电容器	电容器	C	—
其他元器件	发热器件	E	EH
	照明灯		EL
	空气调节器		EV
保护	避雷器	F	—
	熔断器		FU
	限压保护器		FV
发电机、电源	同步发电机	G	GS
	异步发电机		GA
	蓄电池		GB
信号器件	声响指示器	H	HA
	光指示器		HL
	指示灯		HL
继电器接触器	过电流继电器	K	KOC
	信号继电器		KS
	时间继电器		KT
	接触器		KM
变压器	电流互感器	T	TA
	控制电路电源用变压器		TC
	电力变压器		TM
	电压互感器		TV
电感器	感应线圈	L	—
	陷波器		
	电抗器		
电动机	电动机	M	—
	同步电动机		MS
测量设备实验设备	指示器件	P	—
	电流表		PA
	电能表		PJ
	记录仪器		PS
	电压表		PV
电力电路的开关器件	断路器	Q	QF
	电动机保护开关		QM
	隔离开关		QS
电阻器	电阻器	R	—
	变阻器		—
	电位器		RP
控制、记忆、信号电路的开关器件选择器	控制开关	S	SA
	选择开关		SA
	按钮		SB
	压力开关		SL
	温度开关		ST
	温度传感器		ST

表 1-5 电气图样常用的辅助文字符号

名称	文字符号	名称	文字符号	名称	文字符号
交流	AC	红	RD	信号	S
直流	DC	绿	GN	反馈	FB
同步	SYN	控制	C	紧急	EM
异步	ASY	顺时针	CW	接地	E
自动	A，AUT	逆时针	CCW	中性线	N
手动	M，MAN	正，向前	FW	保护	P
停止	STP	向后	BW	保护接地	PE
制动	B，BRK	时间	T	保护接地与中性线共用	PEN
断开	OFF	温度	T	不接地保护	PU
闭合	ON	速度	V	闭锁	LA
黑	BK	高	H	控制	C
蓝	BL	低	L	输入	IN
白	WH	增	INC	输出	OUT
黄	YE	减	DEC	辅助	AUX

2. 电气工程图的分类

电气工程图主要包括电气概略图（系统图）、电气平面图、设备布置图、安装接线图、电气原理图和详图等。

3. 电气工程图识图的一般方法

1）识图时首先要看图样的有关说明，图样说明包括图样目录、技术说明、器材明细表和施工说明书等。看懂这些内容有助于了解图样的大体情况、工程的整体轮廓、设计内容和施工要求等。

2）识读电气原理图时要先看主电路，其识读顺序一般由下向上，即先看主电路的用电设备；再看主电路中的控制元器件；然后看其他元器件；最后看电源。要弄清用电设备的电源供给情况、电源要经过哪些元器件到达负载、这些元器件的作用是什么等问题。

例如：图 1-3 所示为 CA6140 型车床电气控制电路。从图中可以看出：主电路有 3 台交流异步电动机，其中，M1 是主轴电动机：M2 是冷却泵电动机；M3 是刀架快速移动电动机。3 台电动机均采用直接起动。热继电器 FR1、FR2 分别对 M1、M2 进行过载保护。FU1 对 M2 和 M3 进行短路保护，FU 串接在电源上，对 M1 进行短路保护，还可以作 FU1 的后备保护。接触器 KM1、KM2、KM3 分别控制 M1、M2、M3 作单方向运转。TC 是控制变压器，分别提供 110V 交流控制电源、6V 信号电源、24V 照明电源；FU2、FU3、FU4 分别对以上 3 种电路进行保护，KM1 为联锁触头，确保只有 M1 起动后，M2 才能工作起动。刀架的快速移动通过 SB3、KM3，由 M3 控制。照明灯 EL 由 QS2 控制，HL 是电源信号灯。

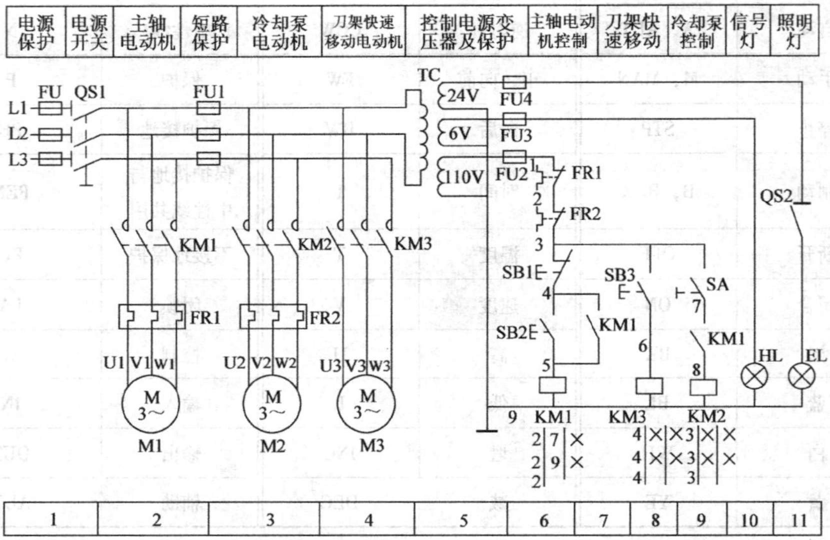

图 1-3　CA6140 型车床电气控制电路

3）识读辅助电路时一般由上向下或从左往右，可分四步进行：首先看清电源的种类及辅助电路的电源取向；再由辅助电路研究主电路的动作情况；然后分析元器件之间的关系；最后看清其他电气设备及元器件的作用和线路走向。

4）识读安装接线图时也要先看主电路，由电源开始顺次往下看，直至终端负载。主要弄清用电设备通过哪些元器件来获得电源；而识读辅电路时要看懂每个回路，弄清辅助电路如何控制主电路的动作。

5）在识读照明电路的图样时，要先了解照明原理图与安装图所表示的基本情况；再看供电系统，即弄清电源的形式、外设导线的规格及敷设方式；然后看用电设备，要弄清图中各种照明灯具、开关和插座的数量、形式和安装方式；最后看照明配线。

例如：照明电路在平面图上采用图线和文字符号相结合的方法表示出线路的走向、导线的型号、规格、根数、长度、线路配线方式、线路用途等。照明电路常用文字符号见表 1-6 和表 1-7。

表 1-6　线路特征和功能的文字符号

序号	名　称	英文含义	文字方法		备　注
			单字母	双字母	
1	控制电路	Control line	W	WC	
2	直流电路	Direct-current line	W	WD	
3	照明电路	Lighting line	W	WL	
4	电力电路	Power line	W	WP	
5	应急照明电路	Emergence Lighting line	W	WE	或 WEL
6	电话电路	Telephone line	W	WF	
7	广播电路	Broadcasting line	W	WB	或 WS
8	电视电路	TV line	W	WV	或 TV
9	插座电路	Socket line	W	WX	

表 1-7　线路敷设方式的文字符号

序号	名　称	英文含义	文字方法		备　注
			新符号	旧符号	
1	暗敷	Concealed	C	A	
2	明敷	Exposed	E	M	
3	铝线卡	Aluminum clip	AL	QD	
4	电缆桥架	Cable tray	CT		
5	金属软管	Flexible metallic conduit	F		
6	水煤气管	Gas tube (pipe)	G，SC	G	
7	瓷绝缘子	Porcelain insulator (knop)	K，PK	CP	
8	钢索	Supported by messager	M，S	S	
9	金属线槽	Metallic raceway	MR	XC	
10	电线管	Electrical metallic tubing	T，MT	DG	
11	塑料管	Plastic conduit	P，PC	VG	
12	塑料线卡	Plastic clip	PL	XQ	含尼龙线卡
13	塑料线槽	Plastic raceway	PR	XC	
14	钢管	Steel conduit	S，SC	G	

照明电路在平面图上的表示方法如图 1-4 所示，图中符号 WL1—BLV—3 × 6 + 1 × 2.5—K—WE 的含义是：第 1 号照明分支线（WL1）；导线型号是铝芯塑

料绝缘线（BLV），共有4根导线，其中3根为6mm²，另一根中性线为2.5mm²；配线方式为瓷绝缘子配线（K），敷设部位为沿墙明敷（WE）。

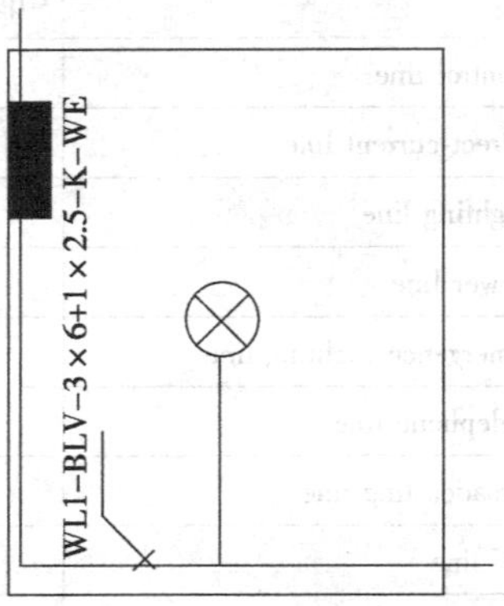

图1-4 照明电路在平面图上的表示方法

第二节 电气设备安装基本技能

一、钳工基本操作

1. 锯削

（1）锯削工具 用手锯对工件或材料进行切割的操作叫作锯削。锯削所用的工具是手锯，由锯弓和锯条所构成。锯弓又分为固定式和可调式两种。其中，可调式锯弓通过调节可安装几种不同长度的锯条。手锯的锯条又分细齿（1.1mm）、中齿（1.4mm）和粗齿（1.8mm）等几种。一般细齿锯条通常被用来锯割硬金属材料和薄板材料，如角铁、工具钢、合金钢和各种管子等；而粗锯条则用来锯削较软的金属材料，如铜、铝、铸铁等。

（2）锯削要领 锯削操作时，右手握锯柄，左手轻扶锯弓前端。锯削运动中，手锯在正程前进时进行切削，此时，其压力与推力均由右手施加，左手起辅助作用；回程时不切削，不加压力。锯削一般采用小幅度上下摆动的形式，行程一般为锯条长度的2/3～3/4；往返频率一般在30～60次/min。锯削硬材料时要加大压力且放慢速度，对软材料则相反。锯削时起锯的方法如图1-5所示。

（3）锯削注意事项

1）锯条安装时要保证齿尖方向朝前，且锯条安装不宜过松或过紧，否则容易崩断伤人。

2）锯削时工件一般夹在台虎钳左侧，以便左手辅助操作。工件要夹紧夹

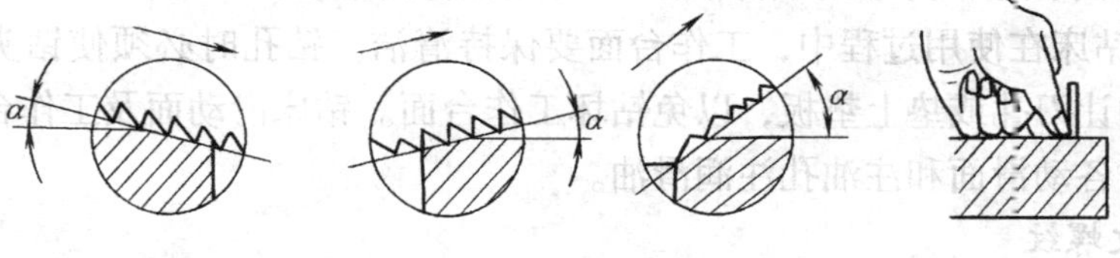

图 1-5　起锯方法

a）远起锯　b）近起锯

c）起锯角度太大　d）用拇指挡住锯条起锯

牢，且伸出台虎钳侧口不宜过长，一般锯缝离侧口 20mm 左右为宜，且与钳口侧面平行。

3）锯削时要注意安全，工件即将锯断时锯削幅度及压力均要减小，此时可用左手扶住工件，避免掉下砸伤脚。

2. 钻孔

（1）钻床及钻孔　用钻头在实体工件上加工孔的方法叫做钻孔。钻床是钻孔常用的工具。金属钻孔常用台式钻床（简称为台钻）和立式钻床（简称为立钻），其中，台钻钻孔直径不大于 12mm；立钻用来钻中型工件的孔，其钻孔直径有 25mm、35mm 等。

用钻床钻孔时，将工件装夹在钻床工作台上固定不动，把钻头装在钻床主轴上。在钻孔过程中，钻头一方面绕自身轴线旋转切削金属，称为切削运动；另一方面沿钻头轴线向下作直线运动，称为进给运动。

（2）钻孔操作步骤

1）开车：接通电源，调整主轴使钻头对准钻孔中心位置。

2）试钻一个浅孔，发现偏心要及时纠正。

3）开放切削液开始钻孔。

（3）钻孔注意事项

1）钻孔时应戴好安全帽，并穿胶鞋以防触电，不准带布手套或线手套。清除金属切削碎屑时，应用刷子而不得用手。

2）钻通孔时，当孔即将钻透时必须减小进给量，此时必须改为手动进刀。

3）如孔径超过 30mm 时，要分两次钻成。先钻一个小孔，小孔直径应超过大钻头的横刃宽度。

4）钻不通孔时应根据所需孔深，调整钻床主轴的挡铁。

5）在硬材料上钻深孔时，要不断地将钻头抽出孔外，以利排屑。

6）钻床需要变速时必须先停车。

7）拆装钻头时，必须用钥匙而不得用敲打的方法。

8）钻床在使用过程中，工作台面要保持清洁。钻孔时必须使钻头通过工作台面上的让刀孔或垫上垫板，以免钻坏工作台面。钻床滑动面及工作台要经常擦净，并对各动滑面和注油孔注润滑油。

3. 攻螺纹

（1）攻螺纹及攻螺纹工具　攻螺纹是用丝锥在金属圆孔内壁上加工出螺纹的工作。攻螺纹所用的工具是丝锥与扳手，常用的丝锥有头锥、二锥和三锥。

（2）攻螺纹操作要领

1）攻螺纹前要先在工件上划线和钻底孔，若工件为韧性材料，则钻孔直径要较螺纹小径稍大些；然后，要在螺纹底孔的孔口处倒角，若底孔为通孔，则两孔口处都要倒角。

2）攻螺纹要用头锥起攻。起攻时，一手按住扳手中部，沿丝锥中心线用力下压，另一手配合作顺向旋进进行切削；也可两手握住扳手两端，两手要同时施加适当均匀的压力和旋转力进行顺向旋转切削。起攻时若压力不足则会出现滑牙，当攻入4~5圈后可逐渐减小压力。

3）为确保丝锥中心线与底孔中心线重合，当攻入2~3圈后，要用角尺从前后、左右不同方向进行检查。

4）攻螺纹时，必须先用头锥攻削，再用二锥和三锥进行扩大和修光螺纹。若在较硬的材料上攻螺纹时，可用头锥二锥交替使用。在攻螺纹过程中，丝锥要经常反转1/4~1/2圈，以利排出切削碎屑。

5）在韧性材料上攻螺纹时，要用切削液，以减小切削阻力。

4. 套螺纹

（1）套螺纹及套螺纹工具　套螺纹是用板牙在圆柱形工件上加工出螺纹的工作。套螺纹的工具是圆板牙与铰杠。

（2）套螺纹操作要领

1）将套螺纹圆杆顶端倒角15°~20°，以利于板牙切入。圆杆直径要较螺纹大径小0.2~0.4mm。

2）将待套螺纹的圆杆工件夹在V形块或软钳口内，要夹正夹固，露出部分要尽量短些，以增大固定程度。

3）套螺纹时，必须使板牙与圆杆垂直。两手握住铰杠两端，同时施加适当的旋转力与压力，按顺时针方向转动铰杠进行切削。开始时，如果压力不足，会造成滑丝，待套入3~4个牙后，可不加压力而直接转动铰杠。同时也要将板牙随时倒转90°~180°，以便将切削碎屑排出。

4）套螺纹时，应根据材料的性质适当选择切削液。

二、焊工基本操作

1. 电弧焊的设备与工具

（1）电焊机　电焊机的主体是一台特殊变压器，叫作电焊变压器，也叫做交流弧焊机。它是按照变压器原理，将一次绕组中的较高电压和较小电流在二次绕组中变换成低压大电流，为焊条和电弧提供能源。电能通过焊条和电弧转换成热能，用于对工件的局部加热，使接触处的金属熔化。同时焊条熔化作为填充金属，使需要连接的两块金属连成一个整体。

焊接电流的大小，可以根据焊条的大小、形状、焊缝的深度和宽度进行调节。对常用的动铁式交流弧焊机，焊接电流的调整分为粗调和细调两种。粗调是调换接线板上的连接片，细调是调整露出电焊机罩壳外的手柄。摇动手柄，可调节位于电焊变压器动铁心的位置，以改变电焊变压器的漏磁通，从而调节输出电流的大小。

（2）焊钳和面罩　焊钳又叫作电焊钳，位于前端的钳口用于夹持焊条，后面的胶木绝缘手柄供操作用。面罩是操作人员的防护用具，用于遮滤电弧光，以保护操作人员的面部，特别是眼睛。面罩分为手持式和头戴式两种。在电气安装焊接中，手持式面罩用得更多。

2. 焊条

焊条在电弧焊中作为填充焊缝的焊料。它的表面涂有一层较厚的固体助焊剂，用于焊接时除去焊接面上的氧化层。电工常用的是结构钢焊条。为适应不同厚度的需要，焊条的规格也有多种。一般说，焊条直径大小的选择是根据工件厚度而定的，工件越厚，焊条直径选得越大，通常焊条直径不应超过工件厚度。在施焊时，选用的焊条直径不同，焊接电流也不一样。如直径为 3.2mm 的焊条所需焊接电流为 100～130A。

3. 工件接头型式

根据电弧焊的性能特点以及焊件厚度和形状的不同，工件的接头型式有对接接头、T 形接头、角形接头和搭接接头四种，如图 1-6 所示。焊接时，工件接头处的对缝尺寸为 0～2mm，其大小与工件接头型式、焊件厚度和坡口型式有关。

4. 焊接方式

工件的焊接方式按工件的结构、形式、体积和所处位置的不同，分为平焊、立焊、横焊和仰焊四种，如图 1-7 所示。

（1）平焊　焊缝位于水平位置。其优点是操作方法简单、方便、焊接速度快；缺点是熔融的金属液和熔渣容易相混，影响焊接质量。所以平焊时要边焊接，边用尖头锤敲掉焊渣。运条时注意掌握运条方向与工件成 65°～80°夹角，如图 1-7a 所示。对需要焊接的工件，在焊接正面时，运条速度要慢，以便加大

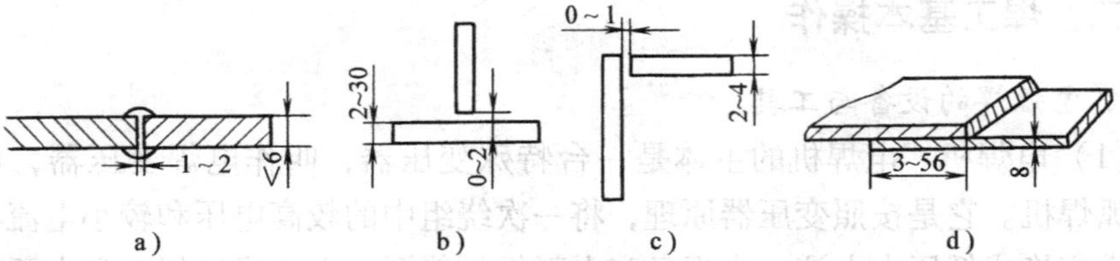

图1-6 工件的接头型式

a) 对接接头 b) T形接头 c) 角形接头 d) 搭接接头

焊接深度和坡口宽度；焊接反面时，运条速度要适当加快，以减小焊缝宽度，使焊件牢固美观。

(2) 立焊和横焊 与平焊相比，这两种焊接方式难度要大一些。因为这两种焊接位置很容易使熔融的液态金属因自重下淌，造成焊不透或积瘤成堆的现象。所以这两种焊接方式只能采用直径较小的焊条和较短的电弧施焊，焊接电流也应适当调小，运条角度如图1-7b、c所示。

(3) 仰焊 与平焊相反，它是工件在上、焊条在下的一种倒立焊接。焊接时熔化的铁液很容易滴落，在电弧焊中技术难度最高。只能采用直径较小的焊条和较短的电弧施焊，运条角度如图1-7d所示。

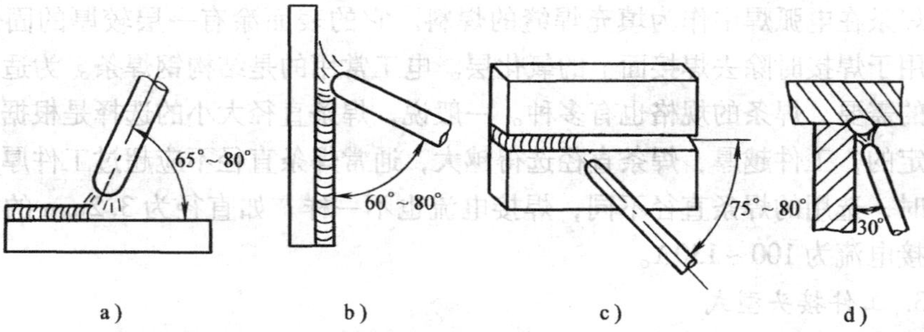

图1-7 焊接方式

a) 平焊 b) 立焊 c) 横焊 d) 仰焊

5. 焊接引弧、运条及焊接安全要求

(1) 焊接引弧 焊件定位后，将接通焊接电源的焊条在焊件上引燃电弧(简称引弧)。引弧的方法有划擦法和接触法两种。划擦法是将接通焊接电源的焊条前端对准焊缝，握电焊钳的手腕轻微扭转，像划火柴一样，使焊条在焊件表面划擦，焊条前端落入焊缝范围，并将焊条向上提起3~4mm，电弧即可引燃。接着将电弧长度（即焊条与焊缝之间的距离）保持在与焊条直径相应的范围内，并运条焊接。接触法是将接通焊接电源的焊条前端对准焊缝，使焊条前端轻触一下焊件表面后，迅速向上提起 3~4mm，即可引弧。其电弧长度的控制与划擦法相同。

（2）运条　如果引弧时出现焊条与焊件粘连，可用电焊钳将焊条左右扳动，使其脱开工件。若不能奏效，可使电焊钳脱离焊条，待其冷却后，用手扳下。电弧引燃后，将电弧稍微拉长，给焊件加热，然后缩短焊条与焊件之间的距离，使电弧长度适当后，开始运条。运条时焊条前端按三个方向移动：第一，随着焊条的熔蚀，其长度渐短，应逐渐向焊缝方向送进，送进速度应与焊条熔化速度相适应；第二，焊条横向摆动，以扩宽焊接面；第三，使焊条沿着焊缝，朝着未焊方向前进。在焊接过程中，这三个动作应有机配合，方能保证焊接质量。当焊缝焊完时，焊条前端在焊缝终点作半径很小的圆周运动，待金属液填满弧坑后，提起焊条，终止焊接，最后用尖头锤敲去焊渣，检查焊点质量，看是否符合要求。

（3）焊接安全要求　在使用电弧焊时，应进行安全操作。第一，下列场合不准使用电弧焊：5m 以内堆有易燃易爆物品的场所；装有气体或液体的压力容器；距带电体 3m 以内的场所；密封或盛装有物质性质不明的容器；具有两级以上风力的环境。第二，为确保操作人员安全，施焊时必须戴好面罩，穿好工作服，戴上脚盖和手套；潮湿环境下，应穿好绝缘鞋；电焊机外壳应良好接地；焊条必须完好无损。第三，焊接现场，应准备足够的消防器材。如需照明，应用 36V 以下的安全灯。

三、电工基本操作

1. 电工常用工具的正确使用

电工工具不合规格、质量不好或使用不当，都将影响施工质量，降低工作效率，甚至造成事故。因此，必须掌握电工常用工具的结构、性能和正确的使用方法。

（1）验电器　验电器是检验线路和设备带电部分是否带电的工具，通常制成笔式和螺钉旋具式两种。

验电器在每次使用前，应先在确认有电的带电体上试验，检查其是否能正常验电，以免因氖管损坏，在检验中造成误判，危及人身或设备安全。使用时，注意手指必须接触验电器顶部的金属体，使电流由被测带电体经验电器和人体与大地构成回路。只要被测带电体与大地之间的电压超过 60V 时，氖管就会起辉发光。观察时应将氖管窗口背光朝向操作者。

（2）螺钉旋具　用来紧固和拆卸各种螺钉，安装或拆卸元器件。按其功能和头部形状不同，可分为“一”字槽和“十”字槽；按握柄材料的不同，又可分木柄和塑料柄两类。现在流行一种组合工具，由不同规格的螺钉旋具、锥、钻、锯、锉、锤等组成，柄部和刀体可以拆卸使用。

使用螺钉旋具时，应按螺钉的规格选用适合的刀口，以小代大或以大代小均会损坏螺钉或元器件。

（3）电工钳 电工钳又称为钢丝钳，是电工用于剪切导线、弯绞导线、拉剥电线绝缘层和紧固及拧松螺钉。电工钳的钳口用于弯绞和钳夹线头或其他金属、非金属物体，齿口用于旋动螺栓螺母，刀口用于切断电线、起拔铁钉、削剥导线绝缘层等，铡口用于铡断硬度较大的金属丝，如钢丝、铁丝等。电工用电工钳柄部加有耐压500V以上的塑料绝缘套。

使用前应检查绝缘套是否完好，绝缘套破损的电工钳不能使用，在切断导线时，不得将相线和中性线同时切断，以免发生短路。

（4）尖嘴钳 尖嘴钳是由尖头、刃口和钳柄组成。它头部尖细，适用于狭小空间操作，主要用于切断较小的导线、金属丝、夹持小螺钉、垫圈，并可将导线端头弯曲成形，其握法与电工钳的握法相同。电工用尖嘴钳柄部加有耐压500V以上的塑料绝缘套。

（5）斜口钳 斜口钳钳头为圆弧形，剪切口与钳柄呈一定角度。它用于剪切金属薄片及细金属丝、电工用斜口钳柄部加有耐压500V以上的塑料绝缘套。

（6）剥线钳 剥线钳用于剥削直径在6mm以下的塑料、橡皮电线线头的绝缘层。其主要部分是钳头和手柄，它的钳口工作部分有多个0.5～3mm不同孔径的切口，以便剥削不同规格的线芯绝缘层。剥线时，为了不损伤线芯，线头应放在略大于线芯的切口上剥削。

（7）活扳手 活扳手是用来紧固或旋松螺母的一种专用工具，其钳口可在规格所定范围内任意调整大小。扳动较大螺杆、螺母时，所用力矩较大，手应握在手柄尾部，如图1-8a所示。扳小型螺杆、螺母时，为防止钳口处打滑，手可握在接近头部的位置，且用拇指调节和稳定蜗杆，如图1-8b所示。使用活扳手时，不能反方向用力，否则容易扳裂活扳唇，也不准用钢管套在手柄上作加力杆使用，更不准用作撬棍撬重物或当锤子敲打。旋动螺杆、螺母时，必须把工件的两侧平面夹牢，以免损坏螺杆或螺母的棱角。

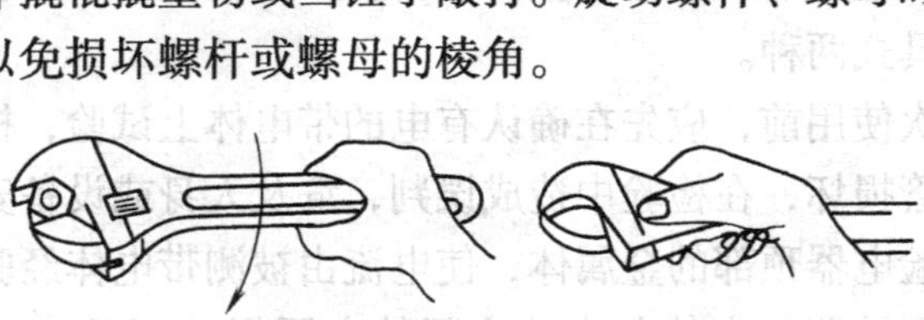

图1-8 活扳手的使用
a）扳大螺母时 b）扳小螺母时

（8）电工刀 电工刀在电气设备安装操作中主要用于剖削导线绝缘层、削制木榫、切割木台缺口等。由于它的刀柄没有绝缘，不能直接在带电体上进行操作。割削时刀口应朝外，以免伤手。剖削导线绝缘层时，刀面与导线成45°倾斜，以免削伤线芯。

（9）镊子　镊子是电子电器维修中必不可少的小工具，主要用于挟持导线线头、元器件等小型工件或物品。通常由不锈钢制成，有较强的弹性。其头部较宽、较硬，且弹性较强者可以夹持较大物件；反之可以夹持较小物件。

2. 安装电工专用工具的正确使用

（1）冲击电钻　冲击电钻常用于在配电板（盘）、建筑物或其他金属材料、非金属材料上钻孔。它的用法是，把调节开关置于“钻”的位置，钻头只旋转而没有前后的冲击动作，可作为普通钻使用。若调到“锤”的位置，通电后边旋转、边前后冲击，便于钻削混凝土或砖结构建筑物上的孔。有的冲击电钻调节开关上没有标明“钻”或“锤”的位置，可在使用前让其空转观察，无冲击动作是在“钻”的位置，有冲击动作则是在“锤”的位置。也有的冲击电钻没有装调节开关，通电后只有边旋转边冲击一种动作。在钻孔时应经常把钻头从钻孔中拔出，以便排除钻屑。钻削较坚硬的工件或墙体时，施加压力不能过大，否则将使钻头退火或电钻过载而损坏。电工用冲击电钻，可钻6～16mm圆孔。作普通钻时，使用麻花钻头；作冲击钻时，使用专用冲击钻头。

（2）管子钳　管子钳是用于电气管道装修或在给排水工程中用于旋转接头及其他圆形金属工件的专用工具。

（3）紧线器　紧线器又名收线器或收线钳，主要由钳头、定位钩、收紧齿轮和手柄组成。在室内外架空线路的安装中用以收紧将要固定在绝缘子上的导线，以便调整弧垂。使用时先将$\phi4\sim\phi16$mm的多股绞合钢丝绳的一端绕于滑轮上栓牢，另一端固定在角钢支架、横担或被收紧导线端部附近紧固的部位，并用夹线钳夹紧待收导线，适当用力摇转手柄，使滑轮转动，将钢丝绳逐步卷入滑轮内，最后将架空线收紧到合适弧垂。如是用于收紧铝导线，应在夹线钳和铝线接触部位包上麻布或其他保护层，以免钳口夹伤导线。

（4）弯管器　弯管器是用于管道配线中将管道弯曲成形的专用工具。电工常用的有管弯管器和滑轮弯管器两类。

管弯管器由钢管手柄和铸铁弯头组成，其结构简单，操作方便，适用于手工弯曲直径在50mm及以下的线管。弯管时，先将管子要弯曲部分的前缘送入弯管器工作部分（如果是焊管，应将焊缝置于弯曲方向的侧面，否则弯曲时容易造成从焊缝处裂口）；然后操作者用脚踏住管子，手适当用力扳动管弯管器手柄，使管子稍有弯曲，再逐点依次移动弯头，每移动一个位置，扳弯一个弧度，如图1-9所示；最后将管子弯成所需要的形状。

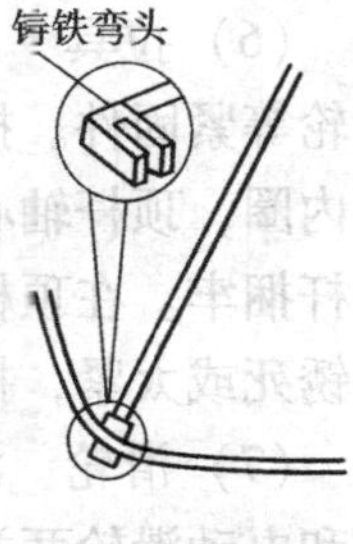

图1-9　弯管器

在钢管加工要求较高的场合，特别是弯曲批量曲率半径相同的、直径在50～100mm 的金属管道时，可采用滑轮弯管器。操作时将钢管穿过两个滑轮之间的沟槽，扳动滑轮手柄，即可弯管。

(5) 登高工具　登高工具是高空作业必备的工具。正确使用、维护登高工具，是高空作业保护人身安全的重要措施之一。

1) 梯子：电工常用的梯子有直梯和人字梯两类。使用梯子时应注意以下几点：第一，使用前应检查有无虫蛀和裂痕（指木梯、竹梯），两脚是否绑有防滑材料，人字梯中间是否连着防自动滑开的安全绳；第二，人在梯上作业时，前一只脚从后一只脚所站梯步高两步的梯空中穿进去，越过该梯步后即从下方穿出，踏在比后一只脚高一步的梯步上，使该腿以膝弯处为着力点；第三，直梯靠墙的安全角度应为对地面夹角60°～75°，梯子安放位置与带电体应保持足够的安全距离。

2) 登高板：登高板又名踏板，由铁钩、绳和踏板组成，是攀登电杆的专用工具。登高板采用质地坚韧的木材制作，其规格如图1-10a 所示。绳用直径为16mm 的三股白棕绳绞成，绳的长度与操作者身高相适应，通常保持人身高再加一手长，如图1-10b 所示。登高板和白棕绳负荷量不得低于800kg，且应每半年校验一次。登高板每次使用前，应在电杆低处做人体冲击试验，将人全身踏在登高板上用爆发力猛蹬，检验板和绳能否承受人的爆发冲击力。绳扣在电杆上的套结，如图1-10c 所示。

3) 脚扣：脚扣又名铁脚，是另一种攀登电杆的专用工具，分为木杆脚扣和水泥杆脚扣。木杆脚扣的扣环上装有铁齿，以便登杆时抓牢木杆，水泥杆脚扣不装铁齿，而是包有橡胶层，用以增强它与水泥杆之间的摩擦力。脚扣使用前应检查有无裂痕和腐朽处，脚扣皮带是否牢固可靠，并进行人体冲击试验。水泥杆脚扣不可用于木杆，木杆脚扣则可用于水泥杆。雨天和冰雪天，两种脚扣都不可使用。使用时上下杆的每一步，都要使扣环完全套入，让其扣牢电杆后，才能移动身体。脚扣攀登速度快，易于掌握，但在杆上作业时没有登高板灵活舒适，易于疲劳，适用于杆上短时作业。

(6) 拉具　拉具又名拉扒、拉钩、拉模。它主要用于拆卸轴承、联轴器、带轮等紧固件。按结构形式不同分为双爪和三爪两种。使用时，爪钩要抓住工件的内圈，顶杆轴心线与工件轴心线重合。为防止爪钩从工件上滑出，可用绳子将拉杆捆牢。在顶杆上加力要均匀，边旋转手柄，边观察紧固件的松动情况，若工件锈死或太紧，拉不下来时不可勉强加力，否则会损坏拉具。

(7) 滑轮　滑轮是电气设备安装中用于起吊重物的工具，电工常用的有手动和电动滑轮两类。手动滑轮的外形和用法如图1-11 所示。

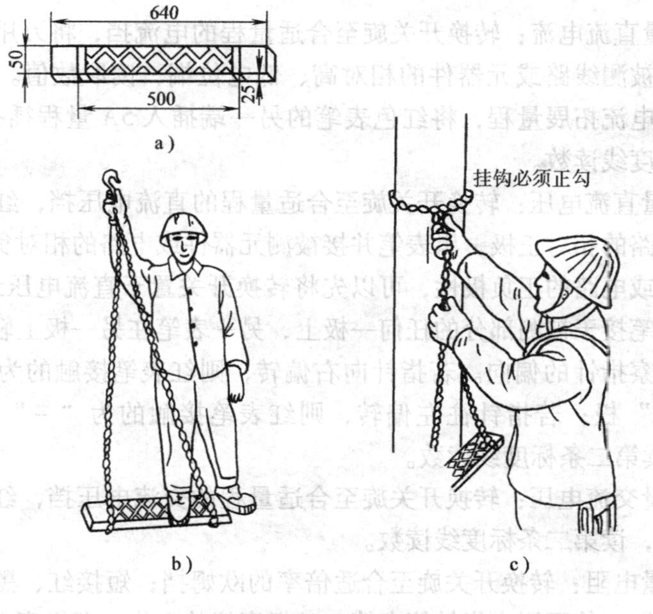

图 1-10　登高板及使用

3. 测量仪表的正确使用

(1) 万用表　万用表又称为多用表，主要用来测量直流电压、直流电流、交流电压、电阻等参数。数字式万用表还能测量频率、周期、时间间隔、晶体管参数和温度等。新型智能数字式万用表，具有程控操作、自动校准、自检故障、数据变换和处理等一系列功能。

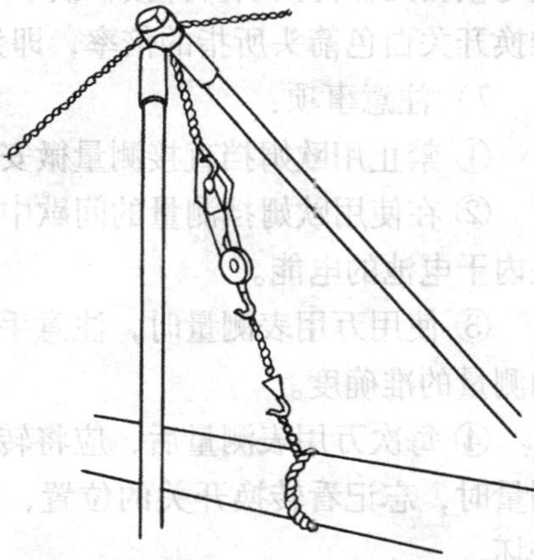

图 1-11　手动滑轮的外形和用法

现以 MF47 型万用表（磁电系测量机构，指针式）为例，介绍其使用方法。

1）选择接线柱或插孔：在用万用表进行测量前，先检查表笔的连接位置。红表笔插入标有“+”的插孔内，黑表笔插入标有“-”(COM) 的插孔内。

2）选择参数和量程：在使用前将量程转换开关旋至被测参数对应位置，并预选好量程或倍率。在测量电压或电流时，最好使指针指示在满刻度的 1/2 或 2/3 以上，这样测量结果较准确。如果被测参数预先无法估计，在测量时应将转换开关旋至该区间的最大量程进行测试，若指针偏转幅度太小，再逐步减小量程。

3）测量直流电流：转换开关旋至合适量程的电流挡，将万用表的红、黑表笔依次串入被测线路或元器件的相对高、低电位端，读取数值。若被测电流太大，可选用电流拓展量程，将红色表笔的另一端插入5A量程插孔，进行测量。读第二条标度线读数。

4）测量直流电压：转换开关旋至合适量程的直流电压挡，红表笔并接被测元器件或电路的相对正极，黑表笔并接被测元器件或电路的相对负极。若不知道被测元器件或电路的正负极性，可以先将转换开关置于直流电压最大量程挡上，然后将一表笔接于被测部分的任何一极上，另一表笔在另一极上轻轻地一触，立即拿开，观察指针的偏向。若指针向右偏转，则红表笔接触的为“+”极，另一极为“-”极；若指针往左偏转，则红表笔接触的为“-”极，另一极为“+”极。读第二条标度线读数。

5）测量交流电压：转换开关旋至合适量程的交流电压挡，红、黑表笔与被测电路并联，读第二条标度线读数。

6）测量电阻：转换开关旋至合适倍率的欧姆挡；短接红、黑表笔，调节欧姆调零电位器，使万用表指针停在第一条标度线的0位，即标度盘的最右端；表笔与被测元器件两引脚并接；读取第一条标度线的示值，单位为Ω；用读数乘以转换开关白色箭头所指的倍率，即为被测元器件阻值。

7）注意事项：

① 禁止用欧姆挡直接测量微安表、检流计、标准电池等。

② 在使用欧姆挡测量的间歇中，不要让两支表笔相碰（短接），以免浪费仪表内干电池的电能。

③ 使用万用表测量时，注意手不要接触表笔的金属部分，以保证人身安全和测量的准确度。

④ 每次万用表测量后，应将转换开关旋至交流最高电压挡，防止在下一次测量时，忘记看转换开关的位置，直接用表去测量电压，这样很容易把万用表烧坏。

（2）钳形电流表　钳形电流表又称为卡表。新型钳形电流表采用数字液晶显示。一般交流钳形电流表量程为0～600A。

测量前应先估计被测电流的大小，或是先用较大量程，然后再视被测电流、电压的大小变换量程。使用时不允许在路换挡。

测量时被测载流导线应放在钳口中央，钳口应紧闭，如有杂声可将钳口重新开合一次，若杂声依然存在，应检查钳口接合面是否有污垢存在。使用时，要与带电部位保持足够距离，380V及以下的线路和设备应保持0.3m以上的距离，操作人员要穿戴整齐，戴好绝缘手套，测量时要有人监护。不允许用钳形电流表在绝缘不良或无绝缘的裸露电线上测量，不准套在三相刀开关或熔断器内测量使用。

测量后，应把调整量程的转换开关放在最大电流量程的位置上，防止下次使用时未经选择量程就进行测量而把仪表损坏。

(3) 绝缘电阻表　绝缘电阻表是一种高电阻表（几兆欧到几百兆欧），专门用来检测和测量电气设备和供电线路的绝缘电阻。因为绝缘材料常因发热、受潮、老化、污染等原因而使其绝缘电阻值降低，以至损坏，造成漏电或发生事故，因此必须定期检查设备的导电部分之间和导电部分与外壳之间的绝缘电阻。绝缘电阻表有手摇发电机式和晶体管式两种。

1）绝缘电阻表的选用：它是根据其电压和测量范围来选择的。选用绝缘电阻表的额定电压要与被测量电气设备或线路的工作电压相对应。通常额定电压在35kV及以上电气设备，使用5000V绝缘电阻表，额定电压为1000V及以上电气设备，使用2500V绝缘电阻表；额定电压在1000V以下的电气设备，使用1000V绝缘电阻表；额定电压不足500V（例如380V）的电气设备，使用500V绝缘电阻表；额定电压为220V及以下的电气设备，可选用250V绝缘电阻表。

2）绝缘电阻表测量范围的选用：选用原则是不要使测量范围过多地超出被测绝缘电阻的数值，以免读数时产生较大的误差。例如标度尺从1MΩ或2MΩ开始的绝缘电阻表，不适合使用在潮湿环境中的低压电气设备的绝缘电阻测量，因为它的绝缘电阻较小，有可能小于1MΩ，这样在仪表标度尺上读不到数值，容易误认为绝缘电阻值为零或不合格。

3）绝缘电阻表的使用方法：

① 测量前对测量设备的检查。必须切断被测量设备的电源，并将设备对地短路放电，使设备处于完全不带电状态，以保证人身和设备的安全与正确的测量结果；有可能感应出高电压的设备，在可能性没有消除以前，不可进行测量；被测物的表面，要用干净的布或棉纱擦干净。

② 测量前对绝缘电阻表安放位置的检查。绝缘电阻表应放在平稳的水平位置，远离大电流导体和强磁场的场合，以免影响读数。测量前先检查绝缘电阻表能否正常使用，具体办法是：摇动手柄到120r/min，这时指针应指在“∞”的位置；然后再将“线路”、“接地”两接线柱短接，缓慢转动手柄，其指针应指在“0”位置。满足这两个条件，表明绝缘电阻表基本正常。

③ 接线。一般测量时只用“线路”(L) 和“接地”(E) 两个接线柱。通常“L”接线柱应接在被试物的“相线”上，“E”接线柱接在被测物的金属外壳上。当被测物表面漏电很严重时，被测物表面的影响很显著而又不易除去时，需使用“保护”或“屏蔽”(G) 接线柱。“屏蔽”(G) 接线柱的接法是将“G”保护线缠绕在绝缘套管上。对电力电缆线路，保护线缠绕在电缆绝缘层上，如图

1-12所示。

④ 测量注意事项：测量时，直流发电机的手摇转动速度要匀速，切忌忽快忽慢。读数时，绝缘电阻值随着测量时间的长短而不同，规定采用1min后的读数，遇电容量特别大的被测物时，可等到指针稳定不变时进行读数。此外，除记录被测物的绝缘电阻外，还要记录当时环境温度、气候、所用绝缘电阻表的电压等级、量程范围和被测物的状况等。

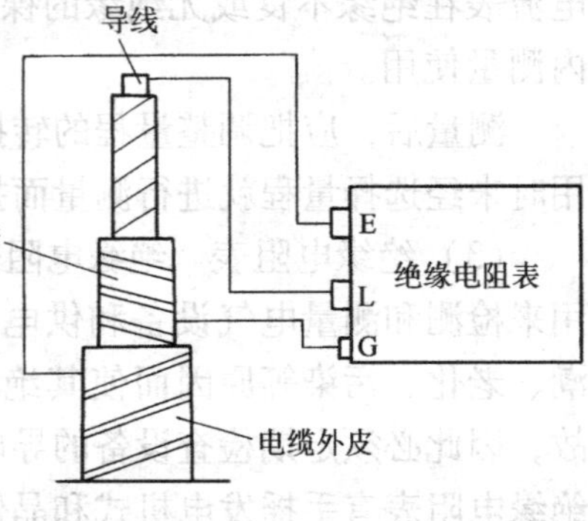

图1-12 测量电缆绝缘电阻的接线

⑤ 拆线。在绝缘电阻表没有停止转动及被测物没有放电以前，不可用手触及被测物的测量部分和进行拆除导线的工作。对储能设备如电容器、变压器或储能线路，如电力电缆在试验测量时，在取得读数后，应先将“线路”（L）接线柱的连接线断开，然后再将手摇发电机减速直到停止转动，以防止储能设备或线路放电而把绝缘电阻表的指针打坏。

（4）接地电阻测试仪 测量地线接地电阻常用电位计型接地电阻测试仪。测量前，应将接地装置和被保护的电气设备断开，在距被测接地极20m和40m处分别打入两根辅助接地极，且两电极必须成一条直线，然后依次将测试仪的3个接线柱分别接接地极、20m处的接地极和40m处的接地极。以120rad/min的速度转动仪表的手柄，同时调节粗、细旋钮，使电位计上的电压与被测电压平衡，指针指零。从电位计调节旋钮的位置读出被测接地电阻。

目前，比较先进的地线电阻测量工具CA6412/6415型钳形接地电阻测量仪。使用该仪器测量时不必使用辅助接地桩，也不需断开待测设备的接地，只要用钳口钳住接地线，就可测出对地电阻。分辨率可达0.01Ω，抗干扰抑制能力达140dB。

4. 导线剖削与连接工艺

（1）线头绝缘层的剖削

1）塑料硬线绝缘层剖削方法：

① 先根据线头所需长度，用电工刀刀口对导线成45°切入塑料绝缘层，注意刀口应刚好削透绝缘且不伤及线芯。

② 调整刀口与导线间的角度以15°向前推进，将绝缘层削出一个缺口。

③ 削去上部的塑料层，并把余下的塑料层向下翻。

④ 用电工刀把线头的塑料层切齐。

2）橡胶线绝缘层剖削方法：

① 先根据线头所需长度，用电工刀在橡胶线棉纱织物层上划破一圈。

② 削去一长条棉纱织物层。

③ 把余下的棉纱织物层剥去，露出橡胶层。

④ 在距离棉纱织物层约10mm处，用电工刀对导线成45°切入橡胶绝缘层，注意刀口应刚好削透绝缘且不伤及线芯。

⑤ 橡胶层剖削方法同塑料硬线绝缘层剖削方法。

3）护套线绝缘层剖削方法：

① 先根据线头所需长度，用电工刀在护套线皮上划一道深痕，但不可切破。

② 对于塑料或橡胶护套线，要对准两线芯中缝，用电工刀把护套线划破；对于铅皮线要把线头向前后上下扳折，折断保护层。

③ 剥去线头的护套层，露出绝缘层。

④ 在距离护套层约10mm处，用电工刀对导线成45°切入绝缘层，注意刀口应刚好削透绝缘且不伤及线芯。

⑤ 绝缘剖削方法同塑料硬线绝缘层剖削方法。

4）花线绝缘层剖削方法：

① 棉纱层的剖削方法同橡皮线。

② 橡胶层的剖削方法同塑料线。

③ 露出棉纱层，使棉纱层松开，用电工刀切断棉纱，露出线芯。

（2）导线的连接　电气设备安装工程中，导线的连接是电工基本工艺之一。导线连接的质量关系着线路和设备运行的可靠性和安全程度。对导线连接的基本要求是：电接触良好，机械强度足够，接头美观，且绝缘恢复正常。

1）铜导线的连接：一般常采用缠绕法和绞接法。

① 单股导线的平接。先把两线芯X形相交，两根线芯互绕3圈后，再用每根线芯去缠绕另一线芯5~6圈，剪去多余线端，用钳子钳平，如图1-13a所示。

② 单股导线的T形接头。如图1-13b所示，用分支的导线线芯，往另一导线段的线芯上缠绕5~6圈。注意，分支线第1圈需反向缠绕。

③ 单股导线的十字接头。用分支出去的一根线芯与导线并紧，另一分支线芯往导线段的线芯上缠绕5~6圈，如图1-14所示。

④ 单股导线的终端接头。当为两根导线时，将两线芯互绕5~6圈，再向后弯曲；当为三或四根导线时，用其中一根线芯往其余线芯上缠绕5~6圈，然后把其余导线向后弯曲，如图1-15所示。

a）

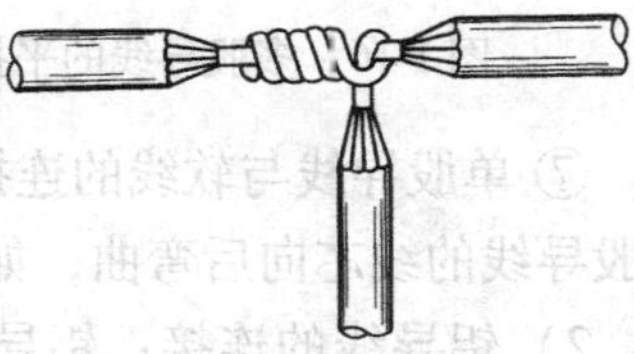

b）

图1-13　单段导线的平接头和T形接头

a）平接头　b）T形接头

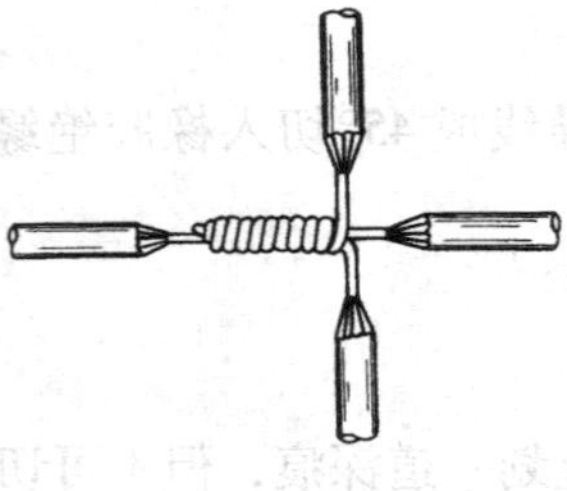

图 1-14 单股导线的十字接头

图 1-15 单股导线的终端接头

⑤ 多股导线的平接头。把多股导线线芯顺次解开，按图 1-16 中步骤 1 把两根导线的每根线芯顺次相互交错，然后分成数小股，每股 2 ~ 3 根，按步骤 2、3 依次缠绕每股导线。最后用钳子压平，修除毛刺，恢复绝缘。

⑥ 多股导线的 T 形接头。把需要分支的导线线芯分成两组，如图 1-17 中的步骤 1；然后一组线芯向前、另一组线芯向后缠绕在另一导线段的线芯上各 3 ~ 4 圈，如图 1-17 中的步骤 2；最后修除毛刺，恢复绝缘。

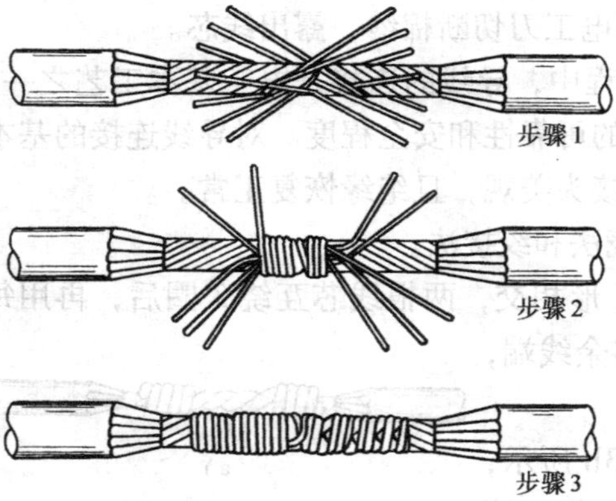

图 1-16 多股导线的平接头

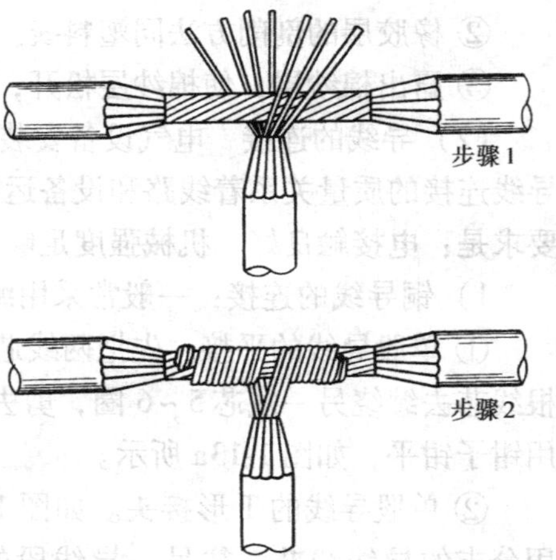

图 1-17 多股导线的 T 形接头

⑦ 单股导线与软线的连接。先将软线线芯往单股导线上缠绕 7 ~ 8 圈，再把单股导线的线芯向后弯曲，如图 1-18 所示。

2）铝导线的连接：铝导线的表面常常有一层氧化铝，如果采用铜导线的缠绕法或绞接法连接，往往会造成接触不良，因此铝导线的连接（或铝、铜导线的连接）常采用手压钳冷压接。其方法是：先将铝导线和铝套管（又称为铝压接管）用带中性凡士林的钢丝刷刷洗干净，然后将导线分别插入铝套管的两端，使两导线在套管中间对头，最后用压模压接成接头。

铝导线与铜导线的连接，使用铝、铜套管，压接方法与铝导线相同。

单股铝导线连接管的形状如图 1-19 所示，其压接方法如图 1-20 所示，压接尺寸见表 1-8。

图 1-18　单股导线与软线的连接

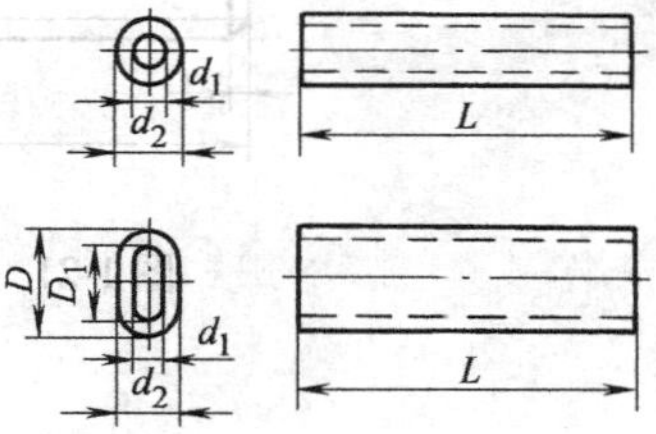

图 1-19　单股铝导线连接管形状

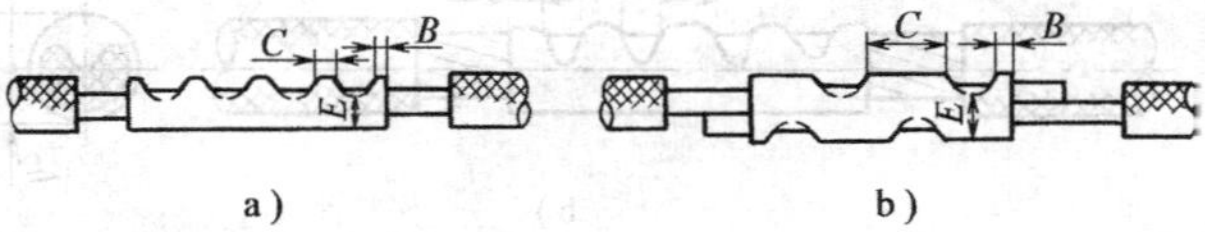

图 1-20　单股铝导线的压接方法

a）圆形压接管　b）椭圆形压接管

表 1-8　单股铝导线连接管压接尺寸

线型	套管形式	导线截面积/mm^2	铝线外径/mm	铝套管尺寸/mm					管压尺寸/mm		压模数	压后尺寸/mm
				d_1	d_2	D_1	D	L	B	C		
单线	圆形	2.5	1.76	1.8	3.8			31	2	2	4	1.4
		4	2.24	2.3	4.7				2	2		2.1
		6	2.73	2.8	5.2				2	1.5		3.3
		10	3.55	3.6	6.2				2	1.5		4.1
	椭圆形	2.5	1.76	1.8	3.8	3.6	5.6	31	2	8.3		3
		4	2.24	2.3	4.7	4.6	7		2	8.4		4.5
		6	2.73	2.8	5.2	5.2	5.6		2	8.4		4.8
		10	3.55	3.6	6.2	7.2	9.8		2	8		5.5

绞线铝导线连接管的形状如图 1-21 所示，其压接方法如图 1-22 所示，压接尺寸见表 1-9。

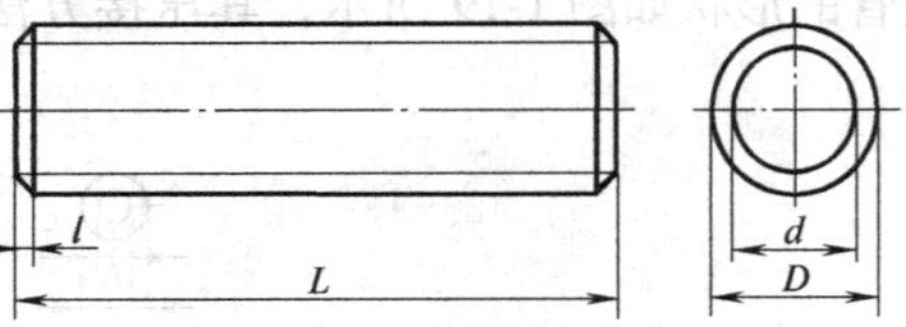

图 1-21 绞线铝导线连接管形状

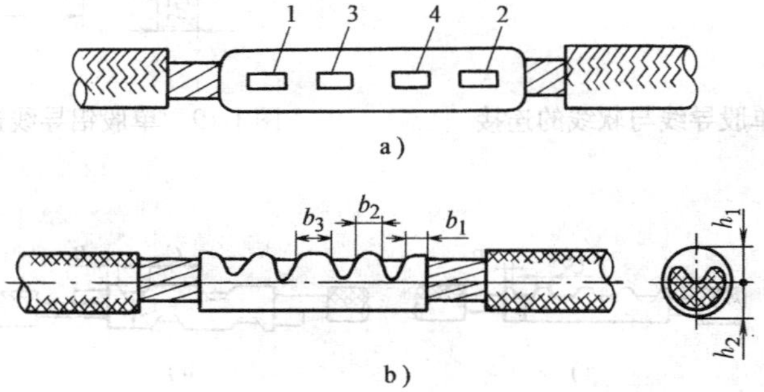

图 1-22 绞线铝导线压接方法
a）压坑顺序 b）压接尺寸

表 1-9 绞线铝导线连接管压接尺寸

线型	套管规格	导线截面积/mm^2	铝线外径/mm	铝套管尺寸/mm				管压尺寸/mm			压模数	压坑深度 h_1/mm	剩余厚度 h_2/mm
				L	d	D	1	b_1	b_2	b_3			
绞线	QL－16	16	5.1	66	5.2	10	2	3	3	4	4	5.4	4.6
	QL－25	25	6.4	68	6.8	12	2	3	3	4		5.9	6.1
	QL－35	35	7.5	72	8	14	3	3	5	4		7	7
	QL－50	50	9	78	9.6	16	4	3	5	6		8.3	7.7
	QL－70	70	10.7	82	11.6	18	4	3	5	6		9.2	8.8
	QL－95	95	12.4	86	13.6	21	5	3	5	6		11.4	9.6
	QL－120	120	14	92	15	23	5	4	5	7		12.5	10.5
	QL－150	150	15.8	95	16.6	25	5	4	5	7		12.8	12.2
	QL－185	185	17.5	100	18.6	27	6	5	5	7		13.7	13.3
	QL－240	240	19.9	110	21	31	6	5	5	7		16.1	14.9

3）铜铝导线连接注意事项：铜铝导线连接时，由于铜、铝两种金属的化学

性质不同，在接触处容易发生电化学腐蚀，日久会引起接触不良、电导率差或接头处断裂。因此，铜（铝）导线的连接，应使用铜（铝）导体向铝（铜）芯线或铝（铜）芯电缆过渡连接，称为铜铝接头（铜、铝或铝、铜接线鼻子），供铝（铜）电线或电缆线芯引出端与其他电器的连接之用；有时铜铝导线和母线连接时，采用将铜线镀锡的方法与铝线连接，以使接触良好；用铜（铝）压接管，作为铜（铝）芯电线或电缆线芯之间的连接。

导线接头接好后，应尽量使接头处的绝缘恢复到原有的绝缘水平。一般采用橡胶带、带粘性的黑胶布带或塑料胶粘带包扎。对橡胶绝缘导线可用橡胶带紧缠一层，再用黑胶布带紧缠两层；塑料导线可用塑料胶粘带紧缠三层。缠绕方法采用斜叠法，使每圈压叠带宽的半幅，再朝另一斜方向缠绕下一层。缠包时为了防止潮气侵入，要用力拉紧胶带，使绝缘带间紧密粘接。

5. 设备紧固件预埋

在建筑物上安装电气线路和设备，必须解决这些线路和设备在建筑物上的固定问题。如何牢固地在建筑物的墙体、天花板、楼板等处埋设电气设备的紧固件，并满足安全、适用、美观的要求，是电气设备安装工需掌握的又一基本工艺。

（1）露筋法　此法常用于未预埋件的场合。它是将表面混凝土凿去，露出里面的钢筋，然后将支架用电焊机焊接于钢筋上。焊接时应用水平支架找平找正，先点焊固定，经校正后再焊牢。

（2）预埋铁件法　此法使用较广泛。它是将固定支架直接焊接在预先埋设在混凝土或砖结构内的带有弯钩圆角钢脚的铁板或角钢上的一种埋设方法。预埋铁件的大小由需焊接的工件大小而定。

（3）预留孔埋设法　此法广泛用于油断路器、电动机、避雷器组等较大设备的固定。安装在混凝土基础或砖墙上的设备，常在设计图上画出预留孔的位置，土建浇灌时预留孔洞或砌墙人员在需要位置留出方形孔洞或长方形孔洞，用细石混凝土灌浆，最后再二次灌浆粉平基础。在用此法埋设时，应注意以下几点：

1）为了使地脚埋设牢固，孔洞应用水冲洗干净，灌浆前应是潮湿的。

2）大的孔洞一般用混凝土灌浆，小的孔洞（如墙上的预留孔）应先以较干的水泥砂浆填实，并加洗过的石块、碎砖以减少水泥的用量和降低砂浆的塌落度。

3）第一次填实不需太满，以固定地脚为目的，第二次才以水泥砂浆粉平。

4）为了保证埋设位置准确，墙上埋设要用粉线弹出十字线。埋设时注意使地脚螺钉等处于十字中心的位置。用铁皮或按实物尺寸做出样板，套在地脚螺钉上然后进行预埋。

5）为了增加抗拉力，固定构件的地脚埋入部分应处理成弯钩、弯圈、焊圆钢、开尾、焊钢筋等样式，图1-23所示为开脚螺栓的埋设。

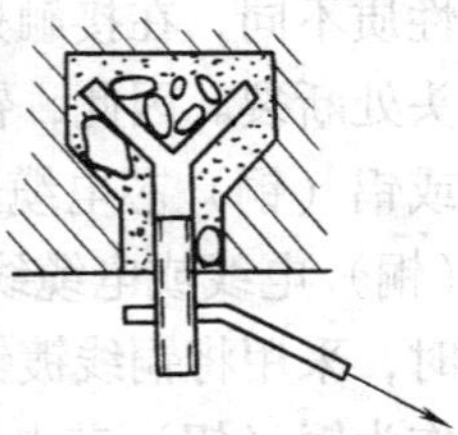

图1-23 开脚螺栓的埋设

（4）打孔埋设法 此法适用于那些既未留孔又无预留铁件的地方安装设备。它是在砖墙或混凝土上，人工凿出孔洞然后再埋设地脚。孔洞的大小、深浅由将埋设的地脚形式或大小而定。位于同一直线的多只孔洞常通过弹出粉线来定位。

（5）膨胀螺钉法 此法是目前较先进的施工方法，具有效率高、劳动强度低、定位准确、工艺美观等特点，主要用于配电箱、各种小设备的安装固定。操作时，先在物体需要固定的混凝土或砖墙上，用冲击电钻或电锤钻出洞眼，孔径的大小和深度应刚好与膨胀螺钉的大小和深度相配合，然后轻轻打入膨胀螺钉，套上螺母并用扳手拧紧，螺钉逐渐伸出。这时开口圈被锥形头部胀开，便将螺钉紧固在混凝土或砖墙内，这样便可固定支架或设备。

（6）射钉法 此法可以固定安装照明灯具、管道、电线电缆等小型设备。它是用专用射钉工具（即射钉枪）将专用射钉射入混凝土或钢板内。射钉为M6及M8，长度有8mm、15mm和20mm三种。射钉法施工具有快速方便、能缩短工期、降低劳动强度等特点，但由于射钉较小，其使用范围受到限制。

四、电气设备安装基本过程

电气设备安装工程是依据设计与生产工艺的要求，依照施工平面图、规程规范、设计文件、施工标准图集等技术文件的具体规定，按特定的线路保护和敷设方式将电能合理分配输送至已安装就绪的用电设备及用电器具上；通电前，进行元器件各种性能的测试、系统的调整试验，在试验合格的基础上，送电试运行，使之与生产工艺系统配套，使系统具备使用和投产条件。其安装质量必须符合设计要求，符合施工及验收规范，符合质量检验评定标准。

总而言之，电气设备安装基本过程通常包括准备、施工、收尾调试和竣工验收四个阶段。

1. 准备阶段

电气设备安装前的施工准备阶段是安装工程中一项极为重要的工作，它关系到安装工作能否顺利进行，并影响工程安装的质量。因此在施工前必须认真做好准备工作。

（1）技术准备工作 首先应熟悉和审查施工图样，掌握有关施工验收规范内容，参加建设单位、设计单位组织的图样会审。了解与电气工程有关的土建情况，根据土建进度划分电气施工程序，编制施工组织设计或施工方案，做出施工预算。

（2）施工组织 施工前应组成项目管理机构，包括项目负责人和管理人员，并根据具体情况配备作业人员，做好劳动力组织和劳动力计划。根据工程情况编制施工进度计划。

（3）安装材料、设备供应准备 应按照图样或工程预算提供的材料单进行备料，如需采用代用设备和代用材料时，必须征得设计单位的同意，并办好变更手续。

（4）施工机具、设备准备 根据工程情况，准备工机具、仪器仪表等，列出主要施工机具设备表，并对上述机具、设备做好维护、保养工作。

（5）临时设施 根据工程平面布置图，提供设备、材料和工具的存放地点，落实加工场所，实现施工现场的三通（场地道路通、施工用水通、工地用电通）、一平（场地平整）。

2. 施工阶段

当施工准备工作均已完成、具备施工条件后，就可进入安装工程的施工阶段。

（1）预埋工作 预埋工作的特点是时间性强，需要与土建施工交叉配合，并应密切配合主体工程的施工进行。隐蔽工程的施工，如电气埋地保护管等，需在土建铺设地坪时预先敷设好；一些固定支撑件的预埋，如固定配电箱、避雷带的支座等，需在土建砌墙或浇灌时同时埋设。预埋工作相当重要，如漏埋、漏敷或错埋、错敷，不仅会给安装带来困难，影响工程进度和质量，有时候还会造成安装无法进行而不得不修改设计。

（2）电气线路敷设和设备的安装 电气线路敷设和设备的安装是按照电气设备的安装方法和电气管线的敷设方法进行安装施工，大致包括定位划线、配件加工和安装工程、管线的敷设、电器的安装、电气系统的接线和接地方式的连接等。

3. 收尾调试阶段

（1）电气线路和设备的调试 当各电气项目施工完成后，要进行系统的检查和调整（如线路、开关、用电设备的相互连接情况；检查线路的绝缘和保护整定情况；动力装置的空载调试等），发现问题应及时进行整改。

（2）施工资料的整理和竣工图的绘制 工程结束后，应整理施工中的有关资料，如图样会审记录、设计变更通知单、隐蔽工程的验收报告、电气试验的记录表以及施工记录等，特别是因情况不符，施工与原施工图的要求不同时，在交工前应按实际情况画出竣工图，以便交付用户，为用户运行维护、扩建、改建提供依据。

（3）安装的质量评定 质量评定包括施工班组的自检、互检和施工单位质量部门的检查评定。质量评定应按国家颁布的安装技术规范、质量标准以及本部门的有关规定进行，若不符合标准和要求，应进行整改。

（4）通电试运行和竣工报告　质量检查合格后，需通电试运行，验证工程能否交付使用。上述项目完成后，即可撰写竣工报告书。

4. 竣工验收阶段

电气安装工程施工结束，应进行全面质量检验，合格后办理竣工验收手续。质量检验和验收工程应依据现行电气装置安装工程施工及验收规范，按分项、分部和单位工程的划分，对其保证项目、基本项目和允许偏差项目逐项进行检验和验收。

一般工程正式验收前，应由施工单位自检预验收，检查工程质量及有关技术资料，发现问题及时处理，充分做好交工验收前的准备工作，然后提出竣工验收报告，由建设单位、设计单位、施工单位、当地质检部门及有关工程技术人员共同进行检查验收。

五、施工前的准备工作

1. 领会图样，看懂技术资料

（1）理解电气施工图中常用电气图形和文字符号的含义　详见表1-3、表1-4、表1-5。尤其是表中所列常用电气设备的图形符号和文字符号，初学者必须花精力牢记。

（2）看懂一般的电气控制图　电气图样种类较多，大家会在今后的学习和工作中逐步涉及。初级工只要求能看懂一般的电气控制图，如电气平面图、原理图、安装接线图、概略图、简单的加工详图及施工说明等。

1）电气平面图：电气平面图是安装电气设备的最基本的施工图样，一般有电力平面布置图和防雷接地平面图。它表示电气设备在建筑平面上的布置情况。看图时有时要结合概略图（也称为一次系统图），弄清图上的电源从何而来、采用哪种配线方式、使用多大截面积的导线、电气设备的安装地点和安装方式、设备的电气连接方式、线路的走向等，并要注意施工图提出的施工要求。

2）电气原理图和安装接线图：电气原理图（简称原理图或展开图）和安装接线图（简称接线图或二次接线图）分别表示电气设备主回路（一次回路）及控制回路（包括控制、操作、信号、测量、保护等装置）的电气原理和接线情况。看图时，应先弄清原理图，再看元器件实际排列情况和接线方式。

3）概略图：它多采用单线路表示各设备的连接关系和电气负荷的分配情况，而不表示线路的走向和设备的安装位置。看图时，宜与电气平面图配合阅读，并注意线路的根数，确切了解图中各文字符号的含义。

4）加工详图：对于某些非标准的电气构件（如设备的安装构架、防护板、网等），设计人员往往按加工尺寸、材质等工艺要求提供加工详图。看图时，应对照电气样本和安装部位的建筑状况进行综合考虑。

5）施工说明：施工图的施工说明主要介绍电气工程设计与施工特点，补充图样的设计依据、技术指标、线路敷设内容以后，才有助于进一步理解施工图。

此外，施工人员还应了解有关施工及验收规范，以确保施工质量。

（3）熟悉施工现场情况 掌握施工现场的电源、水源、交通及工具、材料存放场所等临时设施的准备情况。

2. 安装设备及材料的检查、清点与编号

电气安装工程中，安装设备和安装材料进入现场后，要对其进行检查、清点与编号，确认符合国家规定的，才能在施工中应用。

（1）安装设备与材料的检查

1）变压器、箱式变电所、高压电器及电瓷制品等的检查：

① 查验合格证和随带技术文件及出厂记录。

② 外观检查。有铭牌，附件齐全，绝缘件无缺损、裂纹，充油部分不渗漏，充气高压设备气压指示正常，涂层完整。

2）高低压成套配电柜、控制柜（屏、台）及动力、照明配电箱（盘）等的检查：

① 查验合格证和随带技术文件，对施行生产许可证和安全认证制度的产品，检查许可证编号和安全认证标志。

② 外观检查。有铭牌，柜内元器件无损坏丢失，接线无脱落、脱焊，充油、充气设备无泄漏，涂层完整，无明显碰撞凹陷。

3）开关、插座、接线盒及其附件的检查：

① 查验合格证。对防爆产品，查验防爆标志和防爆合格证；对施行安全认证产品，查验安全标志。

② 外观检查：开关、插座的面板及接线盒盒体完整、无破损、零件齐全。

③ 对开关、插座的电器和力学性能进行抽样检测。包括：不同极性的电气间隙、绝缘电阻、螺钉的旋合性等。

④ 开关、插座、接线盒及其面板等绝缘材料阻燃性能抽样检测。

4）电线、电缆的检查：

① 按批查验合格证，安全认证标志，合格证要查生产许可证编号。

② 外观检查：包装完好，抽样检测的电线绝缘层完整无损，厚度均匀。电缆无压扁、扭曲，铠装不松卷。耐热、阻燃的电线、电缆外护层有明显标识和制造厂标。

③ 按制造标准，现场抽样检测绝缘层厚度和圆形线芯的直径；线芯直径误差不大于标称直径的1%；常用的BV型绝缘电线的绝缘层厚度不小于表1-10中

规定值。

表1-10 常用BV型绝缘电线绝缘层厚度的规定

线芯标称截面积/mm^2	1.5	2.5	4	6	10	16	25	35	50	70	95	120	150
绝缘层厚度/mm	0.7	0.8			1.0		1.2		1.4		1.6		1.8

④ 对电线、电缆绝缘性能、导电性能和阻燃性能有异议时，按批抽样送检。

其他安装设备及材料的检查规定，参见《建筑电气工程施工质量验收规范》（GB50303—2011）。

（2）安装设备与材料清点与编号

1）对安装设备认真检查后应填写设备开箱记录，并参照工程设计图样对设备进行编号。

2）对安装材料认真检查后应填写详细记录；仔细查看图样，了解需领取的安装材料，按施工预算材料消耗定额进行领取，并对安装材料进行清点；根据安装要求和设计图样对安装材料进行编号，所领取的材料堆放应做到安全、整齐、存取方便，每月进行盘点。

3. 准备安装器具

根据施工要求，准备好施工过程中用到的仪器、仪表、工具及设备。初级工要求能正确使用与保养万用表、绝缘电阻表、钳形电流表和接地电阻测试仪等电气测量仪表；能正确使用与保养手电钻、冲击电钻、压接钳、弯管机、套螺纹机等安装工机具。施工单位和个人必须严格按操作规程进行。

第三节 安全文明生产与触电急救

一、安全用电

电力是国民经济的命脉，用好电、管好电、防好电自然也就成为工矿企业安全运行和人民安居乐业的可靠保证。尤其是从事电气设备安装工作的从业人员，更应该加强这方面的学习和训练，确保在安装、维护和运行中，严格遵守安全操作规程，全面执行电气工程施工质量验收规范，安排检修和预防性试验工作，及时发现并消除事故隐患。

1. 安全用电的基本要求

（1）对电气工作人员的要求　电气工作人员必须经过医师鉴定，无妨碍工作的病症；必须具备电气安全知识并定期进行考核；必须学会紧急救护和处理。

（2）对安全设施和防护用具的要求　运行中，对可能出现的爆炸、火灾、漏电、雷击等事故，必须装置安全设施；工作人员必须配备绝缘手套、绝缘靴、绝缘垫等防护用具，并对带电作业的电工工具和登高工具定期进行绝缘强度和机械强度试验。

2. 安全用电的措施

（1）组织措施　主要包括制定必要而合理的规章制度，如根据不同的电气工种建立各种安全操作规程；定期进行安全检查，最好每季度进行一次，特别应该注意雨季前和雨季中的安全检查；通过岗位培训和组织学习等形式进行安全教育；建立安全技术档案。

（2）技术措施　主要包括绝缘措施、屏护措施、设置障碍物、间隔措施、漏电保护、安全电压等。

二、安全生产

1. 保证安全的组织措施

具体是指工作票制度、工作许可制度、工作监护制度、工作间断、转移和终结制度。安全管理的组织措施见表 1-11。

表 1-11　安全管理的组织措施

序号	组织措施	作　用	具体措施
1	工作票制度	工作票是准许在电气设备上工作的书面命令，也是明确安全职责，向工作人员安全交底的依据	1. 工作票分为第一种工作票和第二种工作票　视作业范围不同选用 2. 填写第一种工作票的工作有：在停电的线路或同杆（塔）架设多回路中的部分停电线路上的工作；在全部或部分停电的配电设备上的工作。所谓全部停电，系指供给该配电设备上的所有电源线路均已全部断开者；高压电力电缆停电的工作 3. 填写第二种工作票的工作有：带电线路杆塔上的工作；在运行的配电设备的工作；高压电力电缆不需停电的工作
2	工作许可制度	工作许可制度是确保电气检修作业安全所采取的一种重要措施	1. 填写第一种工作票进行工作，工作负责人应在得到全部工作许可人的许可后方能开始工作 2. 线路停电检修，工作许可人应在线路可能受电的各方面（含变电站、发电厂、环网线路、分支线路）都拉闸停电，并挂好地线后，方能发出许可工作的命令 3. 许可开始工作的命令，应通知工作负责人。其方法可采用当面通知、电话下达、派人传达等形式 4. 电话下达时，工作许可人及工作负责人应记录清楚明确，并复诵核对无误。对直接在现场许可的停电工作，工作许可人和工作负责人应在工作票上记录许可时间，并签名 5. 若停电线路还涉及其他单位配合停电的线路时，工作负责人应在得到指定的配合停电设备运行管理单位联系人通知这些线路已停电和接地，并履行书面许可手续后，方可开始工作。严禁约时停、送电 6. 填写第二种工作票时，不需要履行工作许可手续

（续）

序号	组织措施	作　用	具体措施
3	工作监护制度	执行工作监护制度的目的是防止工作人员违反安全规程，及时纠正不安全动作和其他错误做法，使工作人员在整个工作过程中得到监护人的指导和监督	1. 完成工作许可手续后，工作负责人、专职监护人应向工作班成员交待工作内容、人员分工、带电部位和现场安全措施、进行危险点告知，并履行确认手续，工作班方可开始工作。工作负责人、专职监护人应始终在工作现场，对工作班人员的安全进行认真监护，及时纠正不安全的行为。在线路停电时进行工作，工作负责人在工作班成员确无触电等危险的条件下，可以参加工作班工作 2. 工作票签发人和工作票负责人对有触电危险、施工复杂容易发生事故的工作，应增设专职监护人和确定被监护的人员。专职监护人不得兼作其他工作。专职监护人临时离开时，应通知被监护人员停止工作或离开工作现场，待专职监护人回来后方可恢复工作 3. 工作期间，工作负责人因故暂时离开工作现场时，应指定能胜任的人员临时代替，离开前应将工作现场交待清楚，并告知工作班成员。原工作负责人返回工作现场时，也应履行同样的交接手续。若工作负责人必须长时间离开工作的现场时，应由原工作票的签发人变更工作负责人，履行变更手续，并告知全体工作人员及工作许可人
4	工作间断、转移和终结制度	坚持工作间断、转移和终结制度，可以有效地提高工作效率，减少施工隐患，更好地明确工作职责，保证安全生产	1. 设备改动情况，工作地点所挂的接地线，个人在工作中遇雷、雨、大风或其他任何情况威胁到工作人员的安全时，工作负责人或专职监护人可根据情况，临时停止工作 2. 白天工作间断时，工作地点的全部接地线仍保留不动。如果工作班必须暂时离开工作地点，则应采取安全措施和派人看守，不让人、畜接近挖好的基坑或未竖立稳固的杆塔以及负载的起重和牵引机械装置等。恢复前，应检查接地线等各项安全措施的完整性 3. 填用数日内工作有效的第一种工作票，每日收工时如果将工作地点所装的接地线拆除，次日恢复工作前应重新验电挂接地线。如果调度允许的连续停电、夜间不送电的线路，工作地点的接地线可以不拆除，但次日恢复工作前应派人检查 4. 完工后，工作负责人（包括小组负责人）应检查线路检修地段的状况，确认杆塔上、导线上、绝缘子串上及其他辅助设备上没有遗留的个人保安线、工具、材料等，查明全部工作人员确由杆塔上撤下后，再命令拆除工作地段所挂的接地线。接地线拆除后，应即认为线路带电，不准任何人再登杆进行工作。多个小组工作，工作负责人应得到所有小组负责人工作结束的汇报 5. 工作终结后，工作负责人应及时报告工作许可人，报告方法可以是当面报告或用电话报告并经复诵无误。若有其他单位配合停电线路，还应及时通知指定的配合停电设备运行管理单位联系人 6. 工作终结报告应简明扼要，并包括下列内容：工作负责人姓名，某线路上某处（说明起止杆号、分支线名称等）工作已完工，保安线已全部拆除，线路上已无本班组工作人员和遗留物，可以送电 7. 工作许可人在接到所有工作负责人（包括用户）的完工报告，并确认全部工作已经完毕，所有工作人员已由线路上撤离，接地线已全部拆除，与记录簿核对无误并做好记录后，方可下令拆除各侧安全措施，向线路恢复送电 8. 已终结的工作票、事故应急抢修单、工作任务单应保存一年

2. 保证安全的技术措施

现行安全技术规程规定在全部停电或部分停电的电气设备上工作时，必须完成停电、验电、装设接地线以及悬挂标示牌和装设遮栏等技术措施。

（1）停电　在线路或设备检修前必须将下列设备停电。

1）检修的设备。

2）工作人员与带电设备之间的安全距离小于规定的设备。通常，电压等级在10kV及以下的带电设备的安全距离不得低于0.35m。

3）在44kV以下的设备上工作，工作人员与带电设备的距离小于设备不停电时的安全距离且无安全遮拦措施的情况下，设备也必须停电。

4）带电部分在工作人员的后面或两侧，并且无安全措施的设备也必须停电。

（2）验电　验电前应先将验电器在确认有电的线路或设备上检验是否良好，然后对线路或设备进出线逐相进行验电。高压验电必须佩戴绝缘手套。注意，同杆多层电力线路验电时，应先验低压，后验高压，先验上层，后验下层。

（3）装设接地线　装设接地线是保证工作人员在工作地点防止突然送电的可靠安全措施。对于可能送电到停电设备的各种设备，或停电设备可能产生感应电压的都要装设接地线，所装接地线与带电部分应符合安全距离的规定。接地线应采用多股软裸铜线，其截面积不得低于$25mm^2$。装设时应先接接地端后接导线端，使用专用线夹，不准缠绕；拆除时先拆导线端再拆接地端。

（4）悬挂标示牌及装设遮栏　在一经合闸操作即可送电到工作地点或施工设备上的开关和刀开关的操作手柄上，均应悬挂“禁止合闸，有人工作!”的标示牌，该标示牌应采用白底红字的式样，其他内容的标示牌式样按规定选用。在室外配电装置上进行部分停电工作时，应该在工作地点四周用绳子做好围栏，以限制检修人员的活动范围，防止误登邻近有电设备和构架。围栏上还应该悬挂适当数量的“止步，高压危险!”的标示牌。

3. 安全操作的具体规定

1）工作前必须检查工具、测量仪表和防护用具是否完好。

2）任何电气设备内部未经验明无电时，一律视为有电，不准用手触及。

3）不准在运行中拆卸与修理电气设备。检查时必须停止运行，切断电源，并验明无电后，方可取下熔丝或熔体，挂上“禁止合闸，有人工作!”的标示牌。

4）在总配电盘及母线上进行工作时，在验明无电后应接临时接地线，装拆接地线都必须由值班电工进行。

5）临时工作中断后或每班开始工作前，都必须重新检验电源确已断开，并验明无电。

6）由专门检修人员修理电气设备时，值班电工要负责进行登记，完工后要做好交待，共同检查，然后方可送电。

7）必须在低压配电设备上进行带电工作时，要经领导批准，并要有专人监护。

8）工作时要戴安全帽，穿长袖衣服，戴绝缘手套，使用绝缘良好的工具，并站在绝缘物上进行操作。相邻带电部分和接地金属部分应用绝缘板隔开。带电工作时，严禁使用锉刀、钢尺等金属工具。

9）禁止带负荷操作配电箱中的隔离开关。

10）电气设备的金属外壳必须接地，接地线要符合标准，不准断开带电设备的外壳接地线。

11）拆除电气设备或线路后，对可能继续供电的线头必须立即用绝缘布包好。

12）安装灯头时，开关必须接在相线上，灯头（座）螺纹端必须接在零线上。

13）对临时装设的电气设备，必须将金属外壳接地。严禁将电动工具的外壳地线和工作零线接在一起插入插座。必须使用两线带地或三线插座时，可以将外壳接地线单独接到干线的零线上，以防止接触不良引起外壳带电。

14）动力配电盘、配电箱、开关、变压器等各种电气设备附近，不准堆放各种易燃、易爆、潮湿和其他影响操作的物体。

15）熔断器的容量要与设备和线路安装容量相适应。

16）使用梯子时，梯子与地面之间的角度以60°左右为宜，在光滑地面使用梯子时，要有防滑措施。

17）使用喷灯时，油量不得超过容器容积的3/4，打气要适当，不得使用漏油、漏气的喷灯，不准在易燃、易爆物品的附近将喷灯点燃。

18）使用Ⅰ类电动工具时，要戴绝缘手套，并站在绝缘垫上。

19）用橡胶软电缆连接移动设备时，专供保护接零的芯线中不允许有工作电流通过。

20）当电气设备发生火灾时要立即切断电源，然后使用“1211”灭火器或二氧化碳灭火器灭火，严禁用水或泡沫灭火器灭火。

4. 文明施工

文明施工对保障电气设备及人身的安全至关重要，因而每一位电气设备安装工都应做到文明施工。文明施工主要包括以下内容：

1）对工作认真负责，对机器设备、工具、原材料等要极为珍惜，具有较高的道德风尚和高度主人翁责任感。

2）要熟练掌握电气设备安装工基本操作技能，熟悉本岗位工作的规章制度和安全技术知识。

3）具有较强的组织纪律观念，服从领导的统一指挥。

4）工作现场应保持整齐清洁，环境布置合乎要求，工具摆放合理整齐。

5）电工工具、电工仪表及电工器材的使用应符合规程的要求。

6）工作要有计划、有节奏地进行，在对重要的电气设备进行施工或登高作业时，施工前后均应清点工具及零件，以免遗漏在设备内。

7）要不断学习，提高科学文化和业务水平，除了应熟练掌握本职工作技能外，还应熟悉本岗位生产过程中的各项规章制度和安全技术知识。

三、触电与触电急救

1. 安全电压

我国的安全电压的额定值为42V、36V、24V、12V和6V。如手提照明灯、危险环境的携带式电动工具，应采用36V安全电压；金属容器内、隧道内、矿井内等工作场合，狭窄、行动不便及周围有大面积接地导体的环境，应采用24V或12V安全电压，以防止因触电而造成的人身伤害。

2. 电流对人体的伤害

电流通过人体时，对人体伤害的严重程度与通过人体的电流的大小、电流通过人体的持续时间、电流通过人体的途径、电流的频率以及人体条件等多种因素有关。实验资料表明：对于工频交流电而言，成年男性感知电流约为1.1mA，摆脱电流为16mA；成年女性感知电流约为0.7mA，摆脱电流约10mA；一般认为50mA以上的电流会引起触电者心室颤动或窒息。

3. 人体触电的类型

人体触电的类型通常分为电击和电伤两大类。电击是电流通过人体内部破坏人的心脏、肺部及神经系统等造成的一种内伤；电伤是由于电流的热效应、化学效应或机械效应对人体造成的一种外伤。触电一般有这样三种情况：单相触电、两相触电和跨步电压触电。

4. 触电急救

发现有人触电，首先应采取安全、有效的方法使触电者迅速脱离电源，紧接着组织现场急救。

（1）脱离电源　对于低压触电事故，若触电地点附近有电源开关应立刻切断电源，若无电源开关可用绝缘工具切断或挑开电线，使触电者脱离电源；对于高压触电事故，应立即通知有关部门停电并带上绝缘手套，穿上绝缘靴，用相应电压等级的绝缘工具拉开开关，或者将金属线的一端可靠接地，然后抛掷另一端使线路短路接地，保护装置动作，从而切断电源。

脱离电源时必须注意下列问题：

1）救护人不可直接用手或其他金属及潮湿的物件作为救护工具。

2）防止触电者脱离电源后从高处摔伤。

3）如事故发生在夜间，应迅速解决临时照明问题。

（2）现场急救　当触电者脱离电源后，应立即组织抢救。若条件许可，组织抢救时应做好以下几方面的工作：一是安排人员正确救护；二是派人通知有资格的医务人员到触电现场；三是做好将触电者送往医院的一切准备工作；四是维护现场秩序，防止无关人员妨碍现场救护工作。

参加急救者可根据触电者受伤程度不同，采取相应措施。触电者一般有下面五种表现：

1）有知觉：触电者伤势不重，神志清醒，但有些四肢发麻、心悸头晕、全身无力。应使触电者安静休息、严密观察，并待医生前来或送医院诊治。

2）无知觉，但心肺正常：触电者伤势较重，已失去知觉，但心跳、呼吸正常。急救者可用手或薄纸片放在触电者的鼻孔处，判断是否有呼吸；用手触摸其颈动脉，如感觉有搏动，说明有心跳。急救者可使其舒适平躺，松开衣服，以利呼吸，保持空气流通，冷天注意保暖；同时立即请医生前来，或送医院诊治。

3）无呼吸，但有心跳：可采用口对口人工呼吸法及时抢救。具体操作是：将触电者向天仰卧，把头侧向一边，张开其嘴巴，清除口腔中的血块、异物、假牙等，如果舌根下陷，应将其拉出来，使呼吸道畅通，同时解开衣领，拉开身上紧身衣服，使胸部可以自由扩张。急救者站在触电者一边。近头的一只手紧捏触电者的鼻孔，并将该手掌的外缘压住其额部，扶正其头部使鼻孔朝天；另一只手托着触电者的颈后，将其颈部略向上抬，一般病人的嘴巴都能自动张开，准备接受吹气。急救者先深呼吸，然后紧凑触电者的嘴巴，向他大口吹气。同时观察其胸部是否膨胀隆起，以决定吹气是否有效和适宜。吹气完毕，立即离开触电者的口腔，待病人胸部自动回缩，可达到呼气目的。按照上述步骤不断进行，每分钟12次。对幼童施行此法时，鼻子不必捏紧，使其漏气，同时注意胸部不至过分膨胀，以免肺泡破裂。如果张口有困难，可用口对准其鼻孔吹气，效果与口对口吹气相似。

4）无心跳，但有呼吸：可采用胸外按压法及时抢救。其要领是：

① 确定正确的按压位置。右手的食指和中指沿触电者的右侧肋弓下缘向上，找到肋骨和胸骨接合处的中点；右手两手指并齐，中指放在切迹中点（剑突底部），食指平放在胸骨下部，另一只手的掌根紧挨食指上缘置于胸骨上，掌根处即为正确按压位置。

② 掌握正确的按压姿势。使触电者仰面躺在平硬的地方并解开其衣服，仰卧姿势与口对口（鼻）人工呼吸法相同；急救者立或跪在触电者一侧肩旁，两肩位于触电者胸骨正上方，两臂伸直，肘关节固定不屈，两手掌相叠，手指翘

起，不接触触电者胸壁；以髋关节为支点，利用上身的重力，垂直将正常成人胸骨压陷 3 ~ 5cm（儿童和瘦弱者酌减）；压至要求程度后，立即全部放松，但急救者的掌根不得离开触电者的胸壁。按压有效的标志是在按压过程中可以触到颈动脉搏动。

③ 把握恰当的按压频率。胸外按压要以均匀速度进行。操作频率以 80 次/min为宜，每次包括按压和放松一个循环，按压和放松的时间相等。

5）无心跳，无呼吸：可将人工呼吸法和胸外按压法同时进行。如果只有一人抢救，可先吹气两次，再按压 15 次，如此交替进行，直到触电者恢复正常的心肺功能或医务人员赶来接替抢救工作。习惯上把对触电者急救时采取的通畅气道、口对口（鼻）人工呼吸、胸外按压等措施称作心肺复苏法。

（3）注意事项

1）抢救过程中应适时对触电者进行判定是否恢复自然呼吸和心跳。

2）在医务人员未来接替抢救前，不得放弃现场抢救。

3）心肺复苏应在现场就地坚持进行。

4）移动触电者或将其送往医院，应使用担架并在其背部垫以木板；移送途中应继续抢救，在医务人员未接替救治前不可中断抢救。

5）严密监护触电者，要随时准备再次抢救。

6）人工呼吸和胸外挤压是对触电“假死”者的主要急救措施，任何药物都不可替代。

复习思考题

1. 直流电和交流电有何区别？电压和电位有何区别？
2. 常用的导电材料有哪些？绝缘材料有哪些？
3. 电气工程识图基本方法是什么？
4. 常用焊接方法有哪几种？如何引弧？焊接安全有哪些要求？
5. 常用电工用具及专用工具有哪些？
6. 如何正确使用万用表测量电阻、电压和电流？
7. 铜铝导线连接时，应该注意什么？
8. 常用设备固定件预埋方法有哪些？
9. 施工前应该进行哪些准备工作？电气设备安装可分为哪几个阶段？
10. 怎样做好安装设备和安装材料进场时的清点、检查与编号？
11. 安全操作技术方面有哪些一般性规定？
12. 安全用电可采用哪些具体的措施？
13. 保证安全的技术措施有哪些？
14. 对于重症触电者常采用哪些具体的救护方法？

第二章

电缆线路施工

培训学习目标 了解电缆耐压试验和泄漏电流、绝缘电阻的检测要求，电缆升温要求及方法，电缆敷设的基本要求和注意事项等。能够完成电缆的详细检查，进行电缆绝缘检测或耐压试验，做好电缆线路施工前的放缆机具的安装和电缆的搬运、电缆升温等准备工作。能够参与完成电缆的直埋敷设，以及沿支架、桥架敷设。熟练掌握低压电缆的终端和接头的制作。

第一节 电缆线路施工专业知识

一、电缆耐压试验和电缆绝缘检测

1. 电缆绝缘电阻检测

由于电力电缆在运行中不但必须承受电网电压，而且在运行中还会经常遇到各种过电压的冲击，如操作过电压、故障电压等。因此，对电力电缆进行绝缘试验是保证安全运行的重要措施。电力电缆在交接和预防性试验中，以及直流耐压试验前应测量绝缘电阻。该项试验对于检查电缆绝缘受潮、脏污及局部缺陷是非常灵敏的，并可检查由耐压检出的缺陷性质。

（1）测量仪表的选用　电缆绝缘电阻检测采用绝缘电阻表。额定电压为1kV及以上的电力电缆应使用2500V绝缘电阻表测量电阻，1kV以下的电力电缆使用1000V绝缘电阻表测量电阻，接线如图2-1所示。

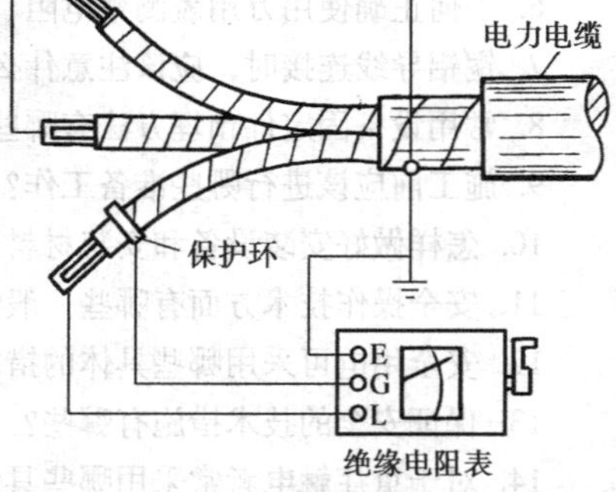

图2-1　测量电力电缆的绝缘电阻

(2) 测量注意事项

1) 对运行中的电缆应充分放电，拆除一切对外连接线，并用清洁干燥的布擦净电缆头，然后将非被试相缆芯与铅皮一同接地，逐相测量。

2) 测量时，应读取1min的指示值。为了测量准确，应在缆芯端部绝缘或套管端部装有屏蔽环，并接在绝缘电阻表的屏蔽端子上。

3) 测量完毕，应先断开相线，再停止摇动，以免因电容电流反向充电而损坏电阻表。每次测量后要充分放电，操作均应采用绝缘工具防止电击。

4) 电力电缆的绝缘电阻值与电缆的长度和测量时的温度有关，为便于比较，应进行温度和长度的换算，换算到20℃的公式，即

$$R_{20} = R_t K_t$$

式中 R_{20}——温度为20℃时绝缘电阻值，单位为MΩ；

R_t——温度为t℃时绝缘电阻值，单位为MΩ；

K_t——电缆绝缘电阻温度换算系数（见表2-1）。

表2-1 电缆绝缘电阻温度换算系数 K_t

温度/℃	0	5	10	15	20	25	30	35	40
绝缘电阻温度换算系数	0.48	0.57	0.70	0.85	1.0	1.13	1.41	1.66	1.92

电力电缆的绝缘电阻没有规定明确的标准数值，一般不应小于表2-2中规定的数值。

表2-2 电缆长度为250mm时的绝缘电阻参考值

额定电压/kV	≤1	3	6~10	20~35
绝缘电阻/MΩ	10	200	400	600

注：1. 电缆长度为250mm以下时，其绝缘电阻值不必按长度核算。

2. 电缆长度为250mm以上时，其绝缘电阻值按与长度成反比计算。

此外，对多芯电缆在测量绝缘电阻后，还可用不平衡系数来分析判断绝缘状况。不平衡系数等于同一电缆各芯线的绝缘电阻值中最大值与最小值之比。绝缘良好的电缆，其不平衡系数一般不大于2.5。

2. *直流耐压试验和泄漏电流的测量*

直流耐压试验和泄漏电流的测量是在电缆绝缘电阻检测合格后的又一项绝缘试验。由于电力电缆的电容较大，施工及运行单位受设备限制，难以进行工频交流耐压试验。此外，电缆在直流电压的作用下，电缆绝缘中的电压按绝缘电阻分布，当在电缆中发现局部缺陷时，则大部分电压将加在与缺陷串联的未损坏部分上。直流耐压试验是检查电缆耐电强度的常用方法。又因泄漏电流的测量和直流

耐压试验所用设备与接线完全相同，所以泄漏电流的测量可以与直流耐压试验同时进行。电缆直流耐压试验电压标准见表2-3，泄漏电流的参考值见表2-4。

表2-3 电缆直流耐压试验电压标准

电缆类型	额定电压/kV	试验电压	电缆类型	额定电压/kV	试验电压
油浸纸绝缘电缆	2~10 15~35 63~110 220	5倍额定电压 4倍额定电压 2.6倍额定电压 2.3倍额定电压	油浸纸绝缘电缆 橡胶绝缘电缆 塑料绝缘电缆	330 2~35 2~35	2倍额定电压 2.5倍额定电压 2.5倍额定电压

表2-4 油浸纸绝缘电力电缆长度为250m及以下时泄漏电流的参考值

电缆类型	工作电压/kV	试验电压/kV	泄漏电流/μA	说 明
三芯电缆	3 6 10 20 25	15 30 50 80 140	20 30 50 80 85	1. 在试验电压下应读取1min及5min的泄漏电流值 2. 电缆长度超过250m时，泄漏电流可按长度适当增加 3. 电缆泄漏电流只作为判断绝缘情况的参考，不作为决定是否能投入运行的标准。不确定时，应缩短试验周期
单芯电缆	3 6 10	15 30 50	30 45 70	

电缆直流耐压试验接线如图2-2所示。

（1）试验步骤

1）使电缆放电，检查接线；将调压器及仪表调到零位，再合上电源。

2）调节调压器使电压平稳上升，试验电压的升高速度约为1kV/s。

3）试验时，在加压过程中分别取0.25倍、0.5倍、0.75倍的试验电压，并在每点停留1min读取泄漏电流值，最后在全试验电压下进行耐压，并读取在1min、2min、3min、4min、5min时的泄漏电流值。

4）到达额定试验电压后，按规定保持一段时间后，迅速将试验电压降到零，并放电。放电时应先经限流电阻接地放电几分钟，然后再直接接地，放电时间应足

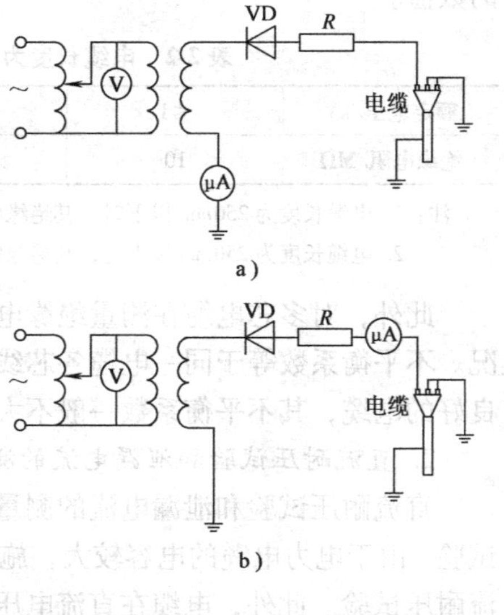

图2-2 电缆直流耐压试验接线
a）微安表接在低压侧 b）微安表接在高压侧

够长。

（2）注意事项

1）当电缆连接于其他设备时，应尽量分开做耐压试验。

2）三芯电缆试验时，在一相上加电压，其他两相应与铅包一同接地。

3）一般将导电线芯接负极（因为当正极性接于线芯时，击穿电压往往比负极性高约10%），测试电缆泄漏电流的微安表接在高压侧（也可接在低压侧），并在两端加以屏蔽或采用消除杂散电流影响的其他接线方式。

4）操作微安表时必须使用绝缘棒。

5）在测量电压时应在高压侧直接测量，对于试验电压太高时，需要采用倍压装置满足试验要求。

6）由于电缆的绝缘温度系数很大，所以需要对测得的结果进行温度换算。表2-5列出油松粘性浸渍纸绝缘电力电缆的温度换算系数。在换算时，泄漏电流应除以温度系数，绝缘电阻应乘以温度系数。对于地下敷设的电缆，其周围土壤温度与气温不同，如停运时间较长，可用周围土壤温度作为缆芯温度；否则应以缆芯温度为准，缆芯温度可由测量导体直流电阻算出。

表2-5　油松粘性浸渍纸绝缘电力电缆的温度换算系数

温度/℃	0	5	10	15	20	25	30	35	40
温度换算系数	0.48	0.57	0.70	0.85	1.00	1.30	1.41	1.56	1.92

（3）电缆存在缺陷的常见表现　在直流耐压及泄漏电流试验过程中，当泄漏电流发生突然变化，或者随时间增长而增大，或者与试验电压不成比例急剧上升时，则说明电缆存在故障，应找出原因并加以消除，必要时，可视具体情况酌量提高试验电压或延长耐压持续时间。

1）泄漏电流周期性摆动：这说明电缆绝缘有局部的孔隙性缺陷，因为在一定电压的作用下，孔隙会被击穿，使试验电流突然增大。同时，已充电的电缆电容经击穿后的孔隙放电，于是电缆的充电电压下降直至孔隙绝缘恢复。上述现象重复发生，就使电流发生周期性摆动。

2）相间的泄漏电流差值很大：当三相之间的不平衡系数（即泄漏电流的最大一相与最小一相的比值）大于2（塑料电缆除外），以及与以往的测量数值比较差异较大时（但是要考虑泄漏电流的绝对值，最大一相泄漏电流对于10kV及以上者，小于20μA时；6kV及以下者，小于10μA时，不平衡系数可允许大些），则表明泄漏较大的一相可能存在局部缺陷。当不平衡系数大于2时，必须将连接电缆的三相尾线全部拆除后重新读取不平衡系数。

3）泄漏电流随时间增长而增大：当泄漏电流随时间增长而增大，且绝对值较大时，应查明原因，若排除其他原因后，现象仍存在，则说明被试电缆已存在缺陷。

二、电缆升温

在低温情况下敷设电缆将损伤电缆的绝缘层和外护层。当电缆存放地点在敷设前24h内，平均温度和敷设时温度低于表2-6数值时，应将电缆升温。

表2-6 电缆允许敷设最低温度

电缆类型	电缆结构	允许敷设最低温度/℃
油浸纸绝缘电力电缆	充油电缆	-10
	其他油浸纸电缆	0
橡皮绝缘电力电缆	橡皮或聚氯乙烯护套	-15
	裸铅套	-20
	铅护套钢带铠装	-7
塑料绝缘电力电缆		0
控制电缆	耐寒护套	-20
	橡皮绝缘聚氯乙烯护套	-15
	聚氯乙烯绝缘聚氯乙烯护套	-10

电缆升温的方法有以下两种：

一是采用提高周围空气温度的方法升温。当空气温度为5~10℃时，需要72h；空气温度为25℃时，需要24~36h。

二是采用电流通过电缆线芯的方法升温。升温电流不应大于电缆的额定电流，升温后电缆表面温度不得低于+5℃。用单相电流升温铠装电缆时，应采用能防止在铠装内形成感应电流的电缆芯连接方法。

当用电流升温法时，无论在何种情况下，油浸纸电缆表面温度应符合下列规定：35kV电缆表面温度不超过25℃；6~10kV电缆表面温度不超过35℃；3kV及以下电缆表面温度不超过40℃。加热时应随时用钳形电流表监视电缆的升温电流及电缆表面温度，敷设时间最好选择在中午气温最高时进行。周围环境温度低于-10℃时，只有在紧急情况下并在敷设前和敷设中均用电流升温的，才允许敷设电缆。

经过升温后的电缆应尽快敷设，敷设前放置时间一般不得超过1h。当电缆冷却到低于上述规定环境温度时，不得再弯曲。

三、电缆施工前的准备工作

（1）现场勘察　根据工程设计的内容到现场勘察，核实工程内容并收集以下有关资料：

1）勘察电缆线路所经地段的地形及有无障碍物，核对和记录各地段的长度。

2）了解及核对地下设施，如上水管、下水管、热力管、煤气管、电信电缆、电力电缆等各种管线的位置，必要时采用地下管线探测仪器实地勘测，以便确定需要挖样洞的位置和数量。

3）确定电缆穿越各路口需埋设预埋管的数量、长度和方法。

4）确定挖沟和敷设电缆的方法和次序。

5）根据该项工作的特点确定所需的特殊材料。

（2）制定施工计划　根据现场勘察结果制定施工计划、技术措施和安全措施。

1）根据电缆路径的特点和每盘电缆的长度，确定中间接头的位置和电缆的施放次序。

2）应尽量少作中间接头，并避免将接头安排在交通要道和地势狭窄处。

3）几条电缆同沟敷设时，应将中间接头的位置错开，其净距离不应小于0.5m。

4）用机械牵引施放电缆时，应将电缆线盘放在路径弯曲端，使电缆少承受侧压力。

（3）对外联系工作　电缆直埋敷设时，不可避免地要遇到各种地下设施，要与各种地下管线平行或交叉，因此要事先与各有关单位联系，防止在施工中误伤各种地下管线；当电缆路径在厂区外时，还应与交通、市政、园林、环卫等部门联系，事先做好安排。

（4）准备好必要的工具、材料　电缆敷设用工具主要分为挖沟、敷设及锯断电缆和封焊用三大类。挖沟工具有镐、撬棍、风镐、空压机、水泵、顶管设备等；敷设工具有钢轴、千斤顶、电缆盘支架、钢丝绳、滑轮、钢丝网套、牵引头拉杆、牵引机械（卷扬机或绞磨）、铁线等；锯线和封焊工具有钢锯、钳子、电工刀、喷灯（或液化石油气、喷枪）。材料有汽油、铜绑线、封铅、抹布、硬脂酸、橡胶电缆的热塑帽、自粘带和聚氯乙烯粘带等。

四、电缆敷设的基本要求和安全注意事项

1. 电缆敷设的基本要求

电缆敷设的基本要求参照《电力工程电缆设计规范》（GB 50217—2007）。

1）直接埋于地下的电缆，应选用铠装电缆；承受拉力（如跨越河流、敷设在竖井内）的电缆，应采用粗钢丝或细钢丝铠装的电缆；敷设在电缆沟、排管、隧道内的电缆，可采用无铠装电缆。

2）直埋电缆的敷设应符合以下规定：

① 电缆埋设深度应不小于0.7m，电缆周围应铺以100mm的细土或细砂，

电缆正上方100mm处应盖水泥保护板，板的宽度应超出电缆直径两侧各50mm。直埋电缆埋设状况如图2-3所示。

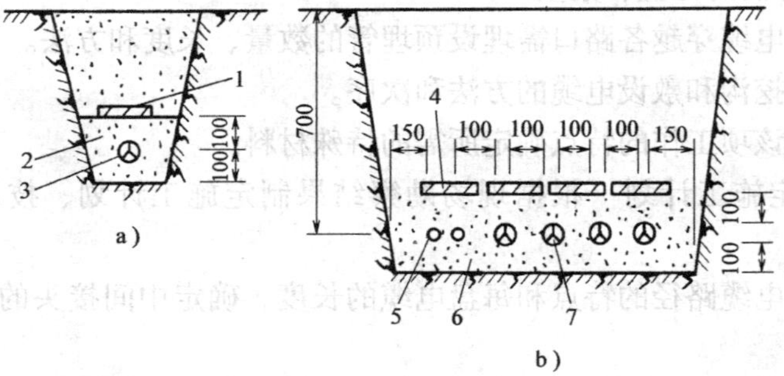

图2-3 直埋电缆埋设状况

a）单根电缆 b）多根电缆

1、4—盖板 2、6—细土或细砂 3—电缆 5—控制电缆 7—10kV及以下电力电缆

② 电缆穿过马路或街道时，电缆应穿于保护管内，管的内径应不小于电缆外径的1.5倍，且不小于100mm；单芯电缆不应单独穿于铁管内，以免因铁管发热而影响输送容量。

③ 电缆从地下或电缆沟引出地面时，地面上2m一段应采用保护管或保护罩，保护管或保护罩的下端应伸入地面下0.1m；在发电厂、变电站内的铠装电缆，如无机械损伤的可能时，可不加保护管。

④ 电缆间或电缆与其他管道、建筑物相互接近或交叉时，其间的距离应符合表2-7的规定。电缆间或电缆与其他管道间要保持一定的距离，是因为：第一，距离太近，各类管线检修时容易误伤，且增加了检修的难度。第二，防止电缆发生故障时烧坏其他管线，或其他管线故障时损伤电缆。第三，电缆间或与热力管道间距离近将影响散热，降低了载流量。第四，各种管线所处的地域不同，地电位不同，或因变压器低压侧中性点位移引起接地极地电位升高。导致电缆护层电位升高等原因，两管线接触时容易产生电腐蚀。

⑤ 直埋敷设的电缆，严禁位于地下管道的正上方或正下方。

表2-7 电缆之间，电缆与管道、道路、建筑物之间平行和交叉时的最小净距

（单位：m）

项　目		平行	交叉
电力电缆间及其与控制电缆间	10kV及以下	0.10	0.50
	10kV以上	0.25	0.50

（续）

项 目		平 行	交 叉
控制电缆间		—	0.50
不同使用部门的电缆间		0.50	0.50
电缆与热管道（管沟）及热力设备间		2.00	0.50
电缆与油管道（管沟）间		1.00	0.50
电缆与可燃气体及易燃液体管道（沟）间		1.00	0.50
电缆与其他管道（管沟）间		0.50	0.50
电缆与铁路路轨间		3.00	1.00
电缆与电气化铁路路轨间	非直流	3.00	1.00
	直流	10.0	1.00
电缆与公路间		1.50	—
电缆与城市街道路面间		1.00	0.70
电缆与杆基础（边线）间		1.00	—
电缆与建筑物基础（边线）间		0.60	—
电缆与排水沟间		1.00	—

注：1. 电缆与公路平行的净距，当情况特殊时可酌减。

2. 当电缆穿管或者其他管道有保温层等防护设施时，表中净距应从管壁或防护设施的外壁算起。

3）当电缆路径不平，敷设位差较大时，应采用无敷设位差限制的电缆，如橡塑电缆。粘性油浸纸绝缘电缆允许的最大位差不超过表2-8中的规定。

表2-8 粘性油浸纸绝缘电缆的最大允许敷设位差

电压/kV	电缆护层结构	最大允许敷设位差/m
1	无铠装	20
	铠装	25
6～10	铠装或无铠装	15
35	铠装或无铠装	5

4）电缆弯曲过度，将损伤电缆的绝缘层和外护层，因此电缆的安装和敷设过程中，电缆的弯曲半径不应小于表2-9中的数值。

表2-9 电缆最小弯曲半径

电 缆 型 式			多芯	单芯
橡皮绝缘电力电缆	无铅包、钢铠护套		10*D*	
	裸铅包护套		15*D*	
	钢铠护套		20*D*	
聚氯乙烯绝缘电力电缆			10*D*	
交联聚乙烯绝缘电力电缆			15*D*	20*D*
油浸纸绝缘电力电缆	铅包		30*D*	
	铅包	有铠装	15*D*	20*D*
		无铠装	20*D*	
自容式充油（铅包）电缆				20*D*

注：表中*D*为电缆外径。

5）当敷设现场的温度低于表2-6中的数值时，应采取措施加热电缆，否则不宜敷设。

6）电缆敷设于电缆沟或隧道内应符合以下规定：

① 电缆沟和隧道断面形状如图2-4、图2-5所示，其内各电缆支架间的距离应不大于1m，控制电缆支架间的距离不大于0.8m；支架各层间的距离不应小于表2-10中的规定，但层间净距不应小于两倍电缆外径加10mm，35kV及以上高压电缆不应小于2倍电缆外径加50mm。

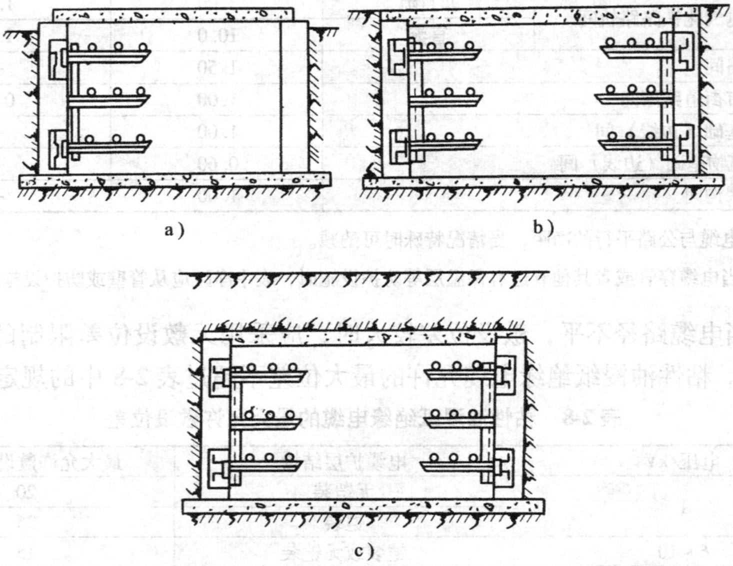

图2-4 电缆沟断面形状

a）电缆沟顶高出地面 b）电缆沟顶同地面相平 c）电缆沟顶低于地面

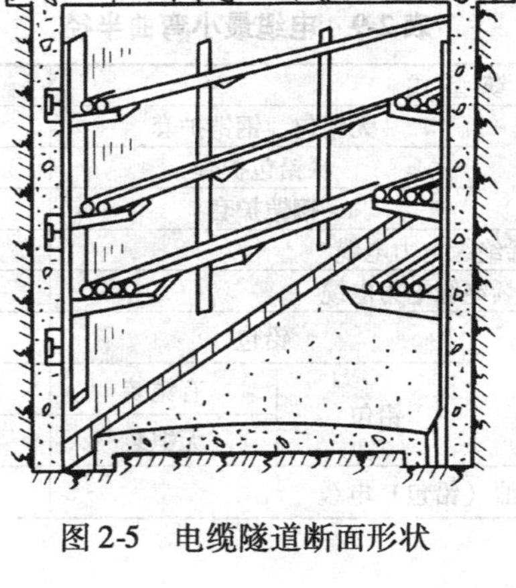

图2-5 电缆隧道断面形状

表 2-10 电缆支架的层间允许最小距离值

（单位：mm）

电缆类型和敷设特征		支（吊）架	桥架
控制电缆		120	200
电力电缆	10kV 及以下（除 6~10kV 交联聚乙烯绝缘外）	150~200	250
	6~10kV 交联聚乙烯绝缘	200	300
	35kV 单芯	250	
	35kV 三芯 110kV 及以上，每层多于 1 根	300	350
	110kV 及以上，每层 1 根	250	300
电缆敷设于槽盒内		$h+80$	$h+100$

注：h 表示槽盒外壳高度。

② 高低压电缆同沟敷设时，高压电缆应在下层，低压电缆在上层；若有控制电缆同沟敷设时，则应采用两侧敷设，或将控制电缆敷设在最下层。

③ 电缆沟和隧道内的架构应接地，并与电缆的接地极相连接，保持同一电位。

7）电缆垂直敷设或安装时，应有卡子固定，其间距不应大于 1.5m。

8）当采用机械牵引敷设电缆时，电缆允许的最大牵引力不应超出表 2-11 中的规定。必要时应进行计算，防止电缆因受拉力过大而造成损伤。

表 2-11 电缆最大牵引强度 （单位：N/mm^2）

牵引方式	牵引头		钢丝网套		
受力部位	铜芯	铝芯	铅套	铝套	塑料护套
允许牵引强度	70	40	10	40	7

2. 电缆敷设安全注意事项

1）架设电缆轴架的地方必须平整坚实，支架必须采用有底盘支架，不得用千斤顶代替。临时搭设的支架必须用两只三角架架设转轴。必要时电缆轴架应设置临时地锚。

2）采用撬动电缆轴的边框展放电缆时，不得用力过猛，不要将身体伏在边框上面，同时应有制动措施，防止边框滑脱损坏。

3）牵引电缆时，速度宜慢，用力均匀，不得猛拉猛跑，看轴人员不得站在电缆轴的前面。

4）敷设时，处于转角地段的人员必须站在电缆弯曲的外侧，切不可站在内侧，以防挤伤摔倒。

5）电缆穿管时，操作人员必须做到：送电缆时，手不可距离管口太近，以防对方拉拽过猛而挤手；迎电缆时，眼及身体各个部位不可直对管口，以防戳伤。

6）人工滚动电缆时，应站立在轴架的侧面，且不宜超过电缆轴的中心，以防压伤。上下坡时，必须在轴心孔中穿钢管，在钢管两端系绳拖拉；中途停止时，应用楔子制动卡住，并把绳子系在可靠固定处。

7）车辆运输电缆时，电缆应放在车厢的前方，并用钢绳、木楔固定，防止起动或刹车时滚动或撞击。

8）在已送电运行的变电站室或生产车间敷设电缆时，必须做到电缆所进入的柜和所涉及的柜均停电，且必须有专人看管或上锁。操作人员应有防止触及带电设备的措施。在任何情况下与带电体的操作安全距离，低压不得小于1m，高压不得小于2m。

9）在道路附近或较繁华地段进行电缆施工时，要设置栏杆或标示牌，夜间要设置红色标志灯。

10）在隧道或竖井内敷设电缆，临时照明用的电源电压不得大于36V。工作时必须戴安全帽。

11）装卸电缆时，不允许将吊索直接穿入轴心孔内或直接吊装轴盘，应将钢管穿入轴心孔，吊索套在钢管的两端吊装，其钢管的强度应满足电缆重量的需要。

12）采用斜面装卸车时，应将钢管穿入轴心孔内，并用钢绳或大绳套好系在牢固地方作保护；滚上或滚下时，任何人不得站于斜面的下面，应站立于轴盘的两侧滚动电缆，以防脱落。保护钢索或大绳必须有良好可靠的制动装置，如用树、地锚等。

第二节 电缆线路施工技能训练实例

训练1 直埋电缆敷设

1. 训练目的

熟悉直埋电缆的敷设过程。

2. 训练准备

1）准备直埋电缆敷设的施工图样及相关的技术资料。

2）施工机具及材料：详见直埋电缆施工的设备和材料单。

3. 训练要领

（1）挖电缆沟样洞　按施工图在电缆敷设线路上开挖样洞，以便了解土壤和地下管线布置情况。样洞的一般尺寸：长为0.4～0.5m，宽与深均为1m。开挖数量可根据电缆敷设的长度和地下管线的复杂程度来确定。

（2）放样划线　根据施工图和开挖样洞的资料确定电缆线路的实际走向，用石灰粉画出电缆沟的开挖宽度和路径。其宽度可参照表2-12选择，沟深一般为0.8m，如遇特殊情况则应适当加深。电缆的转弯处应开挖成圆弧形，以保证电缆敷设的弯曲半径要求。

表2-12　直埋电缆沟开挖宽度　（单位：mm）

10kV及以下电缆根数 \ 控制电缆根数	0	1	2	3	4	5	6
0		350	280	510	640	770	900
1	350	450	580	710	840	970	1100
2	550	600	780	800	990	1120	1250
3	650	750	880	1010	1140	1270	1400
4	800	900	1010	1160	1290	1420	1550
5	950	1050	1180	1310	1440	1570	1800
6	1120	1200	1330	1460	1590	1720	1850

（3）开挖电缆沟　开挖电缆沟可采用人工或机械开挖两种方法。

（4）铺设下垫层　开挖工作结束后，在沟底铺一层100mm厚的细砂或松土，作为电缆沟的下垫层。

（5）埋设电缆保护管　电缆如穿越建筑物、道路或与其他设施交叉时，应事先埋设电缆保护钢管（有时用水泥管等），以便敷设电缆时穿入管内。

（6）敷设电缆　应将电缆铺设在沟底砂土垫层的上面，电缆长度应略长于电缆沟长（一般为1%～1.5%），并按波浪形铺设（不要过直），以使电缆能适应土壤温度的冷热伸缩变化。其铺设方法有人工铺设和机械牵引铺设两种。

1）人工铺设：由人工扛着电缆沿电缆沟道走动铺设，或站在沟中不动并用手传递电缆。这种方法工作量大，一般用于工程量较小、电缆线路较短的情况。

2）机械牵引敷设：先沿沟底每隔2～3m放一个电缆滚轮，然后将电缆放在滚轮上，使电缆牵引时不致于地面摩擦，最后使用牵引机械（如卷扬机、绞盘等）和人工两者兼用牵引电缆，如图2-6所示。

（7）铺设上垫层　电缆敷好后，在电缆上面再铺一层100mm厚的细砂或松土，然后在砂土层上铺盖水泥预制板或砖，以防电缆受机械损伤。

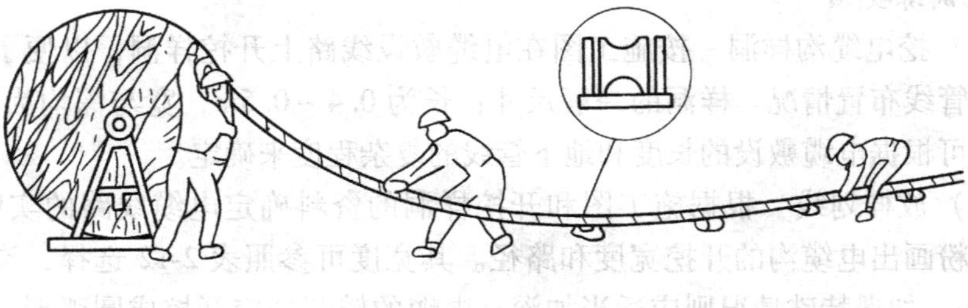

图2-6 机械牵引敷设电缆

（8）回填土 将电缆沟回填土分层填实，覆土应高于地面150～200mm，以防松土沉陷。

（9）设置电缆标示牌 电缆敷设完毕后，在电缆的引出端、引入端、中间接头、转弯等处，应设置防腐材料（如塑料或铅等）制成的标示牌。注明线路编号、电压等级、电缆型号规格、起止地点、线路长度和敷设时间等内容，以备检查和维护之用。在含有酸、碱、矿渣、石灰等的场所，电缆不应直埋敷设。如必须直埋敷设时，应采用瓷瓦管、水泥管等防腐保护措施。

4. 注意事项

1）直埋在地下的电缆，应使用铠装电缆。

2）人工开挖时应注意不得采用掏空挖掘。

3）铺设时，要注意电缆不能过度弯曲，在转弯处要保证电缆的弯曲半径要求。

4）机械牵引铺设时，牵引速度应缓慢，并在线路中间地段配以人工拖动，以防止电缆损伤。

5）如遇有含酸、碱等腐蚀物质的土壤，应更换无腐蚀性的松软土作为回填土。

训练2 电缆支架安装

1. 训练目的

熟悉角钢挑架、扁钢挂架、圆钢挂架等电缆支架的安装。

2. 训练准备

1）准备电缆支架安装的加工图样及相关的技术资料。

2）施工机具及材料：

主要工具：金属切割锯、螺钉旋具、手电钻和钻头、锉刀、C形轧头、呆扳手、指针式扭力扳手、划线器、棘轮扳手等。

主要材料：安装材料、膨胀螺栓、防锈漆、线绳等。

主要测量工具及仪表：水平仪、钢卷尺、直角尺等。

3. 训练要领

(1) 角钢挑架的安装

1) 预埋紧固件，如图 2-7b 所示。

2) 安装角钢底座。

3) 安装角钢挑架。

4) 在角钢挑架上安装衬垫橡胶垫、黄麻带或塑料带等软性绝缘材料。

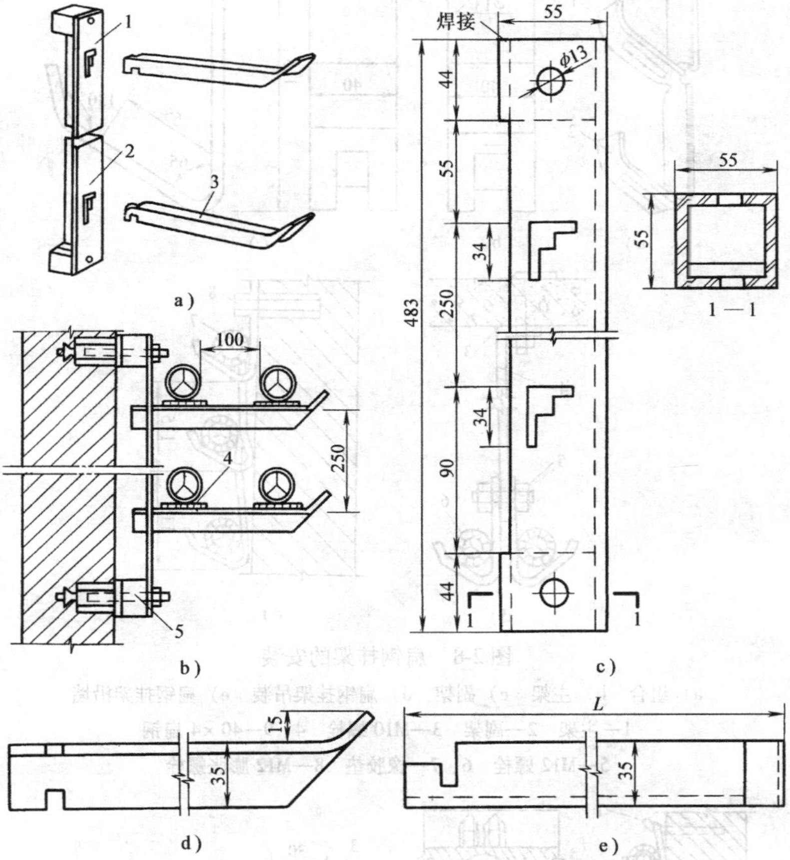

图 2-7 角钢挑架的安装

a) 角钢挑架组合示意图 b) 预埋紧固件 c) 角钢底座 d) 挑架侧面 e) 挑架平面

1—50×50×5 角钢 2—底座 3—角钢挠架 4—橡胶垫 5—M12 膨胀螺栓

(2) 扁钢挂架的安装

1) 预埋紧固件，如图 2-8d、e 所示。

2) 安装主架。

3) 安装副架。

4）在支架上安装衬垫橡胶垫、黄麻带或塑料带等软性绝缘材料。

（3）圆钢挂架的安装

1）预埋挂钩，如图2-9a所示。

2）安装挂架。

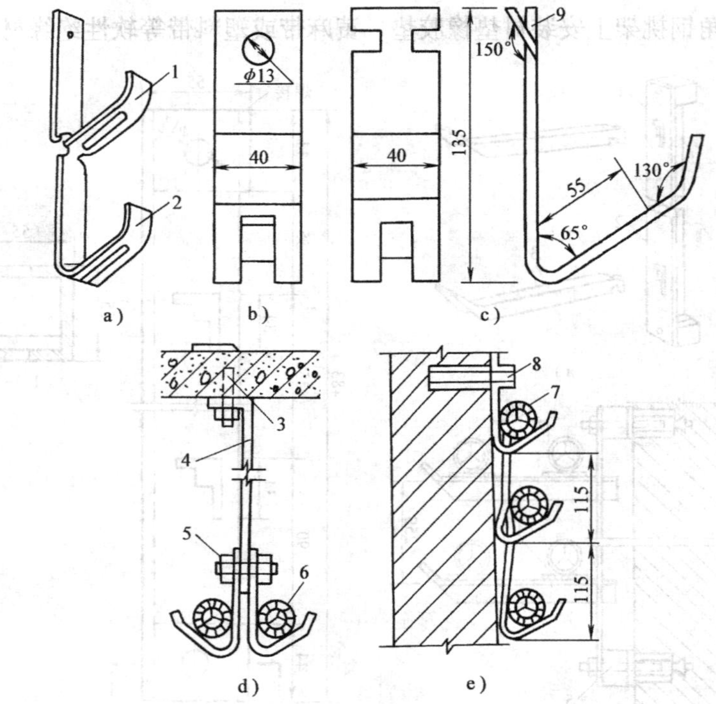

图2-8 扁钢挂架的安装

a）组合 b）主架 c）副架 d）扁钢挂架吊装 e）扁钢挂架沿墙

1—主架 2—副架 3—M10螺栓 4、9—40×4扁钢

5—M12螺栓 6、7—橡胶垫 8—M12膨胀螺栓

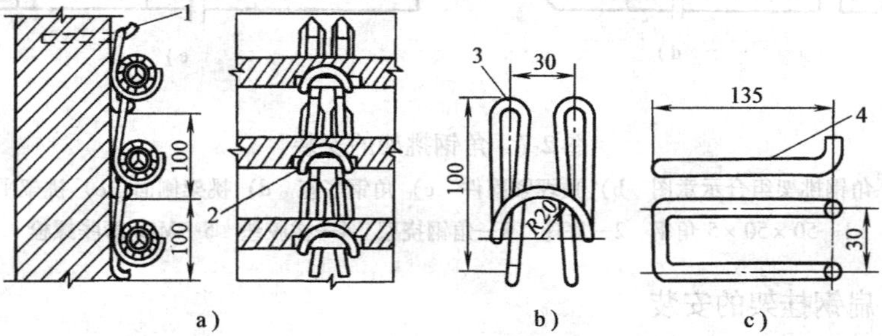

图2-9 圆钢挂架的安装

a）圆钢挂架安装图 b）挂架 c）挂钩

1—预埋挂钩 2—橡胶垫 3—ϕ6圆钢 4—ϕ8圆钢

3）在支架上安装衬垫橡胶垫、黄麻带或塑料带等软性绝缘材料。

4. 注意事项

1）紧固件预埋及支架的安装必须牢固，不得松动。

2）支架应进行防腐处理（如刷防锈漆等）。

训练3 电缆沿桥架敷设

1. 训练目的

熟悉电缆桥架不同的安装方式及安装过程，学会正确使用安装工具等。

2. 训练准备

1）准备电缆沿桥架敷设的施工图样及相关技术资料。

2）施工机具及材料：

主要工具：金属切割锯、螺钉旋具、手电钻和钻头、锉刀、C形轧头、呆扳手、指针式扭力扳手、划线器、棘轮扳手等。

主要材料：修补材料、尼龙绳、安装材料等。

主要测量工具及仪表：水平仪、钢卷尺、直角尺、激光器等。

3. 训练要领

（1）前期配置

1）用激光器或尼龙绳，按要求尺寸找出从地平面到桥架底部的高度，并在此高度处打上水平线。

2）调整吊杆上的螺母。

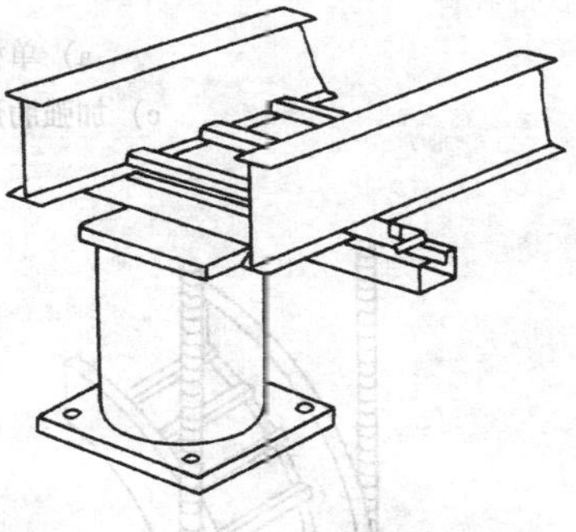

图2-10 楼面支撑立柱

（2）楼面立柱的安装

1）如图2-10所示，安装楼面立柱。

2）把桥架用压板或导向头固定在立柱上。

（3）托臂的安装 选择图2-11中一种托臂的组装示例，将托臂用膨胀螺栓直接固定在墙壁上（或混凝土构件上）。

（4）垂直安装 选择图2-12中一种方法进行安装。

（5）直线安装

1）直线段的定位与安装：按图2-13所示确定桥支架、吊架的位置，并使直通之间的连接点落在支架、吊架及跨距的1/4处。安装时，先把两节直线段搁置在相邻两支架、吊架上，如图2-14a所示，使直线段不直接落在支架上。再用一对节点板及其他五金件，将两节相连。节点板应放在桥架的外侧，螺栓头放在内侧，用足够的力矩将其紧固，使节点板与梯边平服，如图2-14b所示。

2）确定膨胀节点板间的距离：按表2-13确定膨胀节点板间的距离。

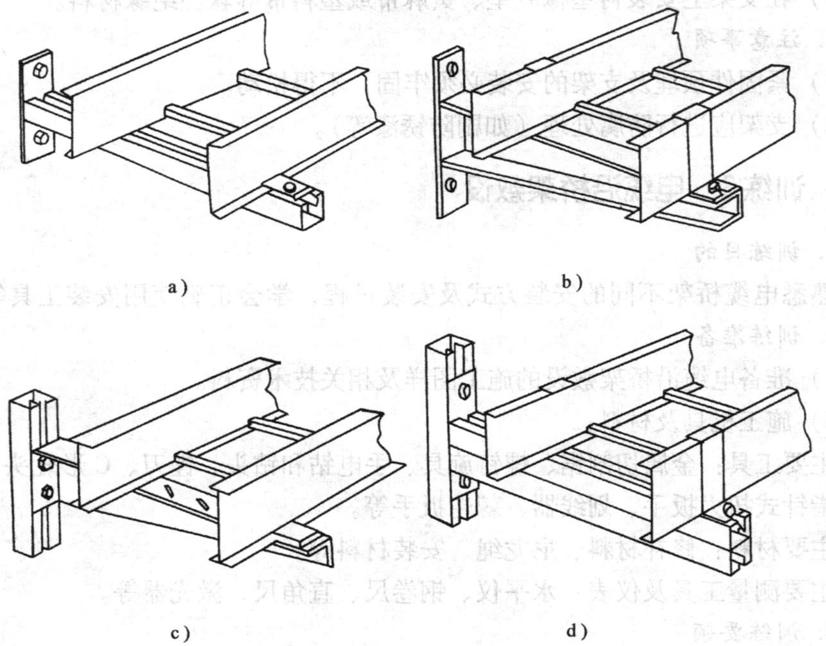

图2-11　各种托臂的安装

a）单槽悬臂式托臂　b）墙装悬臂式托臂

c）加强肋形悬臂式托臂　d）双槽钢形悬臂式托臂

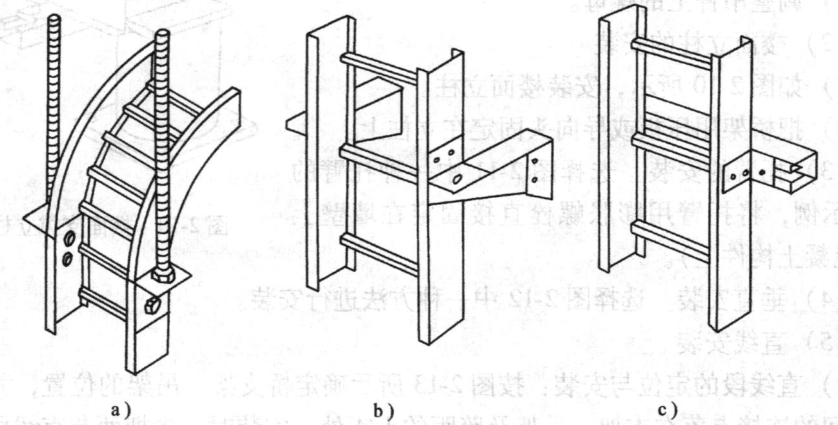

图2-12　桥架垂直安装

a）垂直螺杆吊装　b）垂直加强板悬臂支架　c）垂直槽钢支架

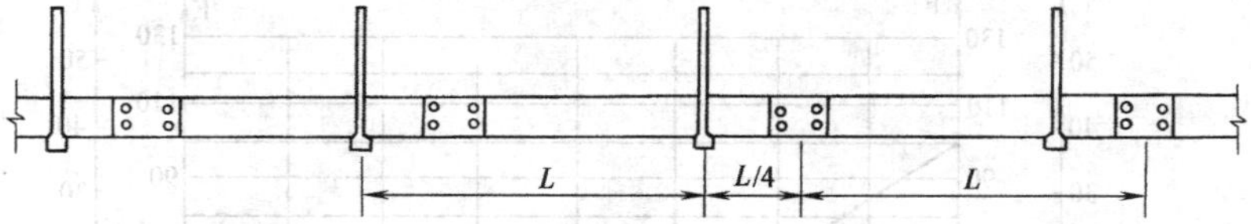

图 2-13 桥支架、吊架位置

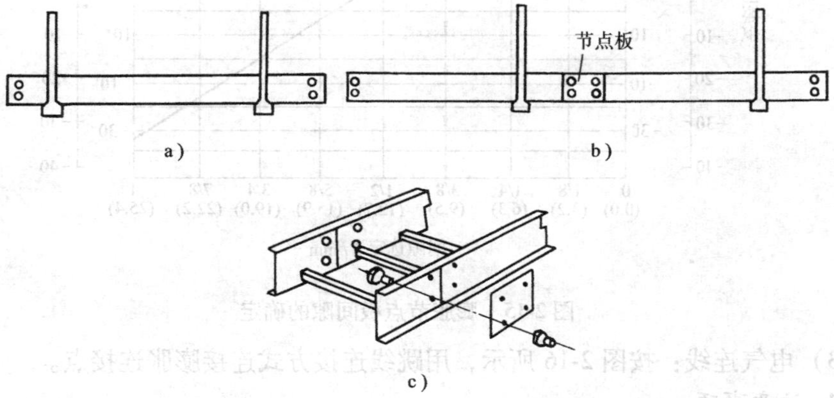

图 2-14 桥架直线段安装

a）单节点预放位置 b）两节相连的位置 c）节点板连接位置

表 2-13 伸缩 25mm 时膨胀节点的最大间距 （单位：m）

温差/℃	钢	铝合金	温差/℃	钢	铝合金
-4	156	79	51	31	16
10	78	40	65	26	13
24	52	27	79	22	11
38	39	20			

如图 2-15 所示，按下列步骤确定正确的间隙：

① 在最高温度线上找出该桥架金属预计会到达的最高温度，例如 38℃。

② 在最低温度线上找出该桥架金属预计会到达的最低温度，例如 -33℃。

③ 在两点之间连一条直线。

④ 在连线上找出安装时的金属温度，可找到相应该选定的间隙，例如，10℃时其间隙应为 9.5mm。

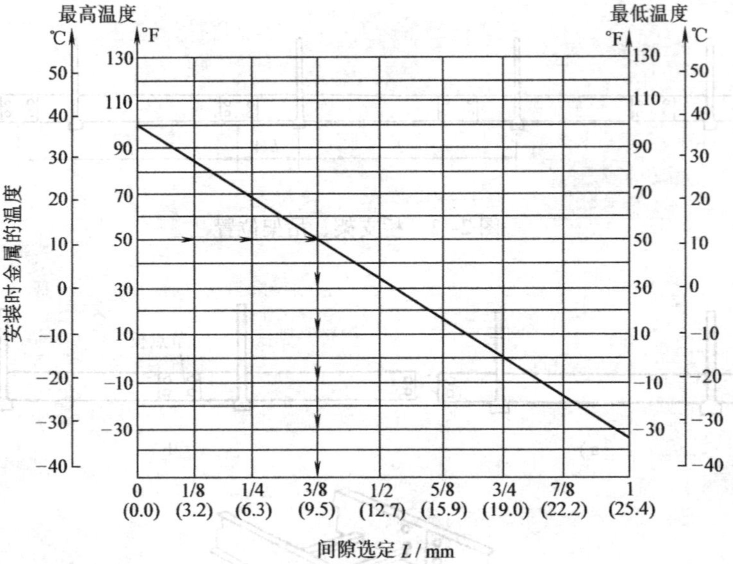

图 2-15　膨胀节点板间隙的确定

3）电气连线：按图 2-16 所示，用跳线连接方式连接膨胀连接点。

4. 注意事项

1）托臂安装时要使其保持水平，并使各托臂之间相互平齐。

2）支架、吊架间距应不大于单节桥架的长度，应避免桥架连接点落于支架、吊架上或跨距的中间。

3）电缆桥架应在两个膨胀连接板之间的中心点处被固定住，使其只能从固定点向两侧作沿长度方向的伸缩。

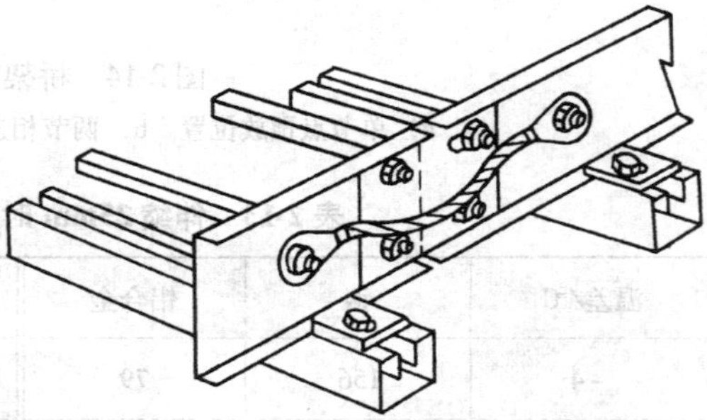

图 2-16　跳线连接方式

4）膨胀连接点要求有可靠的电气连线。

5）锯割、钻孔等操作时，应注意相应的操作要领。

训练 4　低压电缆终端制作

1. 训练目的

掌握低压电缆终端制作方法。

2. 训练准备

1）熟悉低压电缆终端制作的要领及技术规范。

2）仪表、施工机具及材料：

主要工具：手锯、电烙铁、喷灯、电工常用工具等。

主要材料：1kV 及以下橡塑电缆、塑料管、塑料带、相色箍、手套、密封胶带、尼龙绳、线鼻子、裸铜线、焊锡、中性凡士林、硬脂酸及铜绑线等。

主要测量工具及仪表：钢卷尺、游标卡尺、绝缘电阻表等。

3）做好电缆终端制作前的准备工作，如检查电缆是否受潮；测量电缆绝缘电阻是否符合要求；核对电缆终端相序是否与电缆一致等。

3. 训练要领

（1）定位　根据安装位置确定加工长度（见图 2-17），最小长度为 200 mm，将电缆固定好。

（2）剥外护套　量取规定长度，剥除电缆的外护套。注意，为防止剥外护套时钢铠松散，可先对电缆末端的钢铠作简单绑扎处理。

（3）绑铜扎线　在锯钢铠部位用 2.5 ~ 4mm² 铜线顺钢带缠绕方向绑 3 ~ 4 圈。

（4）锯钢铠　在铜绑扎线的边缘锯一环形深痕，深度约为钢带厚度的 2/3；锯完后用电工刀或螺钉旋具从钢铠锯环的尖角处将钢带挑起，再用钳子夹牢挑起的钢带往电缆的末端撕下。

（5）剥除内护套和填料　用电工刀在内护套剥除的起点处切一环形深痕，约为内护套厚度的 1/2；再用电工刀沿电缆纵向切深痕，注意刀口的切入部位应在两相邻线芯之间，防止刀伤及内部绝缘；纵向剥切内护套层。

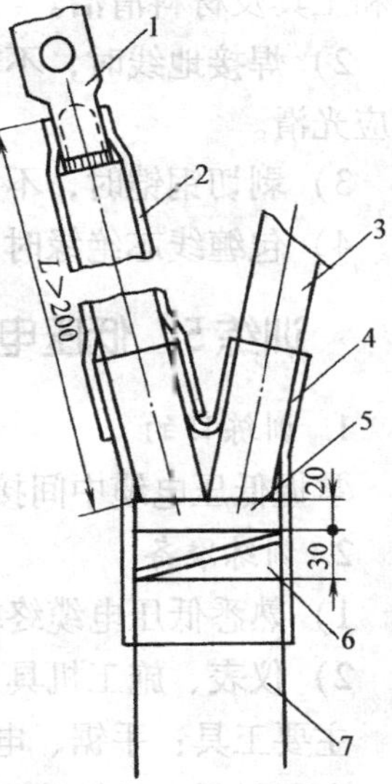

图 2-17　电缆终端剥切尺寸
1—接线端子　2—绝缘管
3—线芯　4—热缩手套
5—内护套　6—铠装　7—外护套

（6）焊接地线　将钢铠焊接地线部位打毛镀锡，焊接地线。接地线必须采用铜绞线或镀锡铜编织线。接地线的截面积《建筑电气工程施工质量验收规范》（GB50303—2002）规定：电缆芯线截面积在 16mm² 及以下的电缆，其接地线的截面积应与电缆芯线截面积相等；电缆芯线截面积在 120mm² 及以下的电缆，其接地线的截面积应不小于 16mm²；电缆芯线截面积在 150mm² 及以上的电缆，其接地线的截面积应不小于 25mm²。焊接时请注意，不可用喷灯直接封焊接地线，防止损伤内部绝缘。

（7）安装热缩手套　将电缆套手套部位的外护套用粗砂纸打毛，并将在此部位的地线包一层密封胶带，将手套套至根部后进行热缩。热缩手套应从中部开始，然后再缩手指和下端外护套部分。

(8) 固定终端并安装接线端子　锯掉多余线芯；按接线端子孔深加5mm的尺寸将绝缘剥除；按压接工艺要求进行压接后，将端子上的尖刺棱角打磨光滑(在套入接线端子后压接前应检查接线端子的方向)。

(9) 安装绝缘管　用密封胶带将接线端子下部的空隙填平，并在端子的圆管部位绕一层密封胶带；将绝缘管分别套至手套的手指上，从下部向上加热收缩(套绝缘管时应注意，将涂有密封胶的一头朝下套至手指上)。

(10) 安装相色箍　将相色箍分别套至相应相端子下端，热缩相色箍。

4. 注意事项

1) 制作现场应保证干燥、清洁，不应在雨天、雾天施工。操作时，应保证手和工具及材料清洁。

2) 焊接地线时，不能损伤电缆护套和绝缘，各股铜线都要与钢铠焊牢，焊点应光滑。

3) 剥切钢铠时，不要伤及护套。

4) 包缠线芯绝缘时，应平整、紧密，不得有皱褶和空隙。

训练5　低压电缆中间接头制作

1. 训练目的

掌握低压电缆中间接头制作方法。

2. 训练准备

1) 熟悉低压电缆终端中间接头制作的要领及技术规范。

2) 仪表、施工机具及材料：

主要工具：手锯、电烙铁、喷灯、电工常用工具等。

主要材料：1kV及以下橡塑电缆、塑料管、塑料带、手套、密封胶带、尼龙绳、粗砂纸、裸铜线、焊锡、中性凡士林、硬脂酸及铜绑线等。

主要测量工具及仪表：钢卷尺、游标卡尺、绝缘电阻表等。

3) 做好电缆中间接头制作前的准备工作，如检查电缆是否受潮；测量电缆绝缘电阻是否符合要求；核对中间接头的相序，并做好记录，以确保连接后两端的相序一致等。

3. 训练要领

1) 确定电缆接头重叠中心位置（两电缆重叠150~200mm），并做好标记，锯掉多余部分。

2) 参考图2-18所示尺寸，按正确的操作方法，依次剥除电缆的外护套、钢铠、内护套及填料。

3) 将线芯分开，先找准零线，再将各相线芯依次对正绑好。

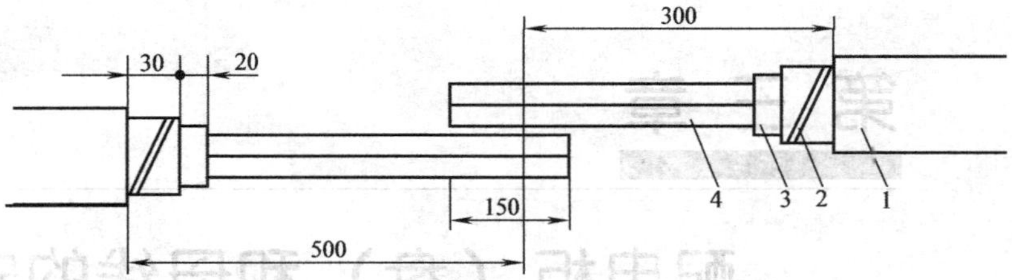

图2-18 电缆中间接头剥切尺寸

1—外护套 2—铠装 3—内护套 4—线芯

4）按连接管长的1/2加5mm的长度剥除线芯绝缘层。

5）套入护套管及绝缘管。

6）各相线芯对应地套入连接管内进行压接，压接完毕还需用锉刀和砂纸将连接管的棱角及毛刺打光磨平。

7）安装绝缘管：擦净各相端线芯；用填充胶将连接管两端的孔隙和连接管上的压坑填平；在各相线芯上已打毛的部位包一层密封胶带；将各相线芯上的绝缘管移到接头中心；从中间向两端均匀加热收缩。

8）安装接地线：用焊锡将接地线正确焊接在接头两端的钢甲上。

9）热缩外护套：将各线芯并拢，用白布带将线芯绑紧，用白布带或填充胶包缠钢铠断口，防止刺破热缩管；将接头外护套移至接头中间，使两端与电缆外护层的重叠长度相等，从中间向两端加热收缩。

4. 注意事项

1）基本要求同训练4。

2）点压接时，通常先压两端，后压中间；围压时，可先压中间，后压两端。

复习思考题

1. 试绘制电缆直流耐压试验接线图。
2. 简述电缆直流耐压试验步骤。
3. 电缆升温有哪两种方法，具体如何操作？
4. 简述电缆施工前的准备工作。
5. 电缆敷设时有哪些安全注意事项？
6. 简述直埋电缆敷设的主要过程。
7. 简述1kV及以下橡塑电缆终端制作要领。
8. 电缆终端接地线的选择有哪些具体规定？
9. 简述1kV及以下橡塑电缆中间接头的制作要领。

第三章

配电柜（盘）和母线的安装

培训学习目标 通过本章的学习，了解配电柜（盘）安装的操作方法及允许偏差；熟悉电流互感器的原理；能完成基础型钢的安装、配电柜（盘）的安装和手车式开关柜的安装；能完成电流互感器的接线；完成隔离开关的安装和调整；掌握母线弯曲方法及母线排列和颜色要求，并完成母线的制作和安装。

第一节 安装配电柜（盘）和母线专业知识

一、配电柜（盘）安装操作方法及允许偏差

成套配电柜的安装工序可分为基础型钢埋设、配电柜的搬运和检查、立柜、内部清扫等项。成套配电柜安装工艺流程如图 3-1 所示。

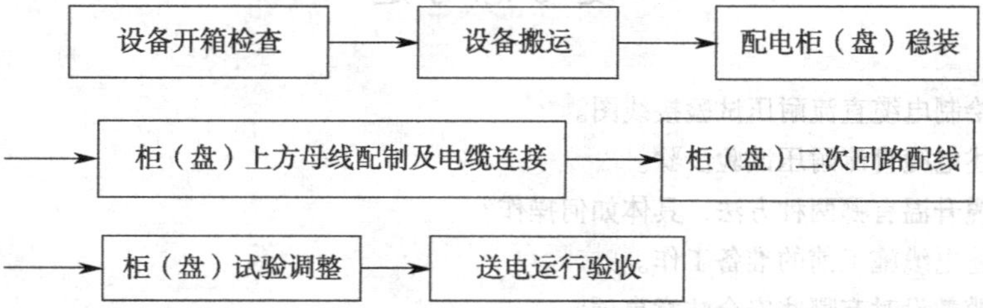

图 3-1 成套配电柜安装工艺流程

1. 基础型钢埋设

配电柜通常安装在基础上。基础大多采用槽钢或角钢制作而成，并在土建施

工时埋设好。其方法有以下三种。

（1）直接埋设法 这种埋设法是在土建浇注混凝土时，直接将基础钢埋设好。埋设前先将型钢校直，除去铁锈，按图样尺寸下好料并钻好孔。再按图样的标高尺寸，测量其位置，并做好记号，以免造成过大误差。配电柜的基础型钢一般为两根，埋设时应使其平行，并处于同一水平。埋设的型钢可高出地表面 5~10mm（或根据设计规定）。水平调好后，可将型钢固定，如图 3-2a 所示为配电柜底盘安装示意图。

（2）预留槽埋设法 此法埋设型钢是在土建浇注混凝土时，根据图样要求的位置预埋好钢筋钩（焊接在型钢上，使型钢基础牢固地打入混凝土内），并预留出型钢的空位，在地面上埋入比型钢略大的木盒（一般大 30mm 左右）。待混凝土凝固后，将埋入的木盒取出，再埋设基础型钢。并按上述方法和要求调好水平，再把预埋的钢筋钩焊接在型钢上，使其固定，如图 3-2b 所示。

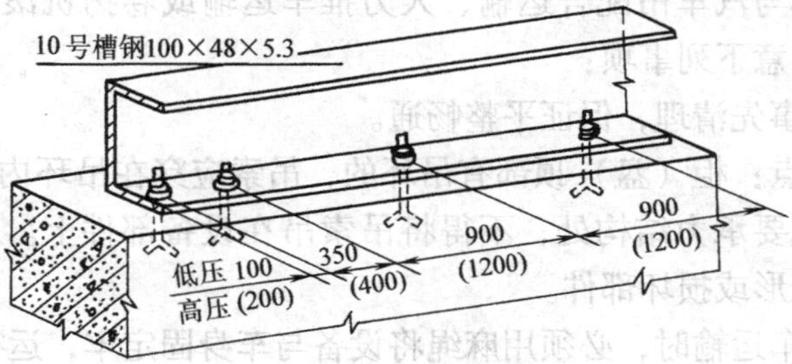

a）

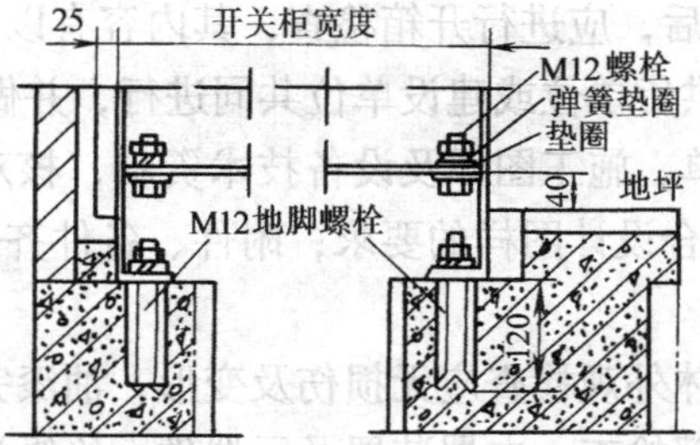

b）

图 3-2 配电柜底盘安装示意图
a）槽钢与地基的固定 b）采用预留槽方法

（3）地脚螺栓埋设法 在土建施工做基础时，先按底座尺寸预埋地脚螺栓，待基础凝固后再将槽钢底座固定在地脚螺栓上。

埋设的基础型钢应作良好接地，接地点不应少于两处，且露出地面的部分应涂一层防锈漆。

基础型钢安装的允许偏差见表3-1。

表3-1 基础型钢安装的允许偏差

项目	允许偏差	
	mm/m	mm/全长
顶部平面度	<1	<5
侧面平面度	<1	<5
位置误差及平行度		<5

2. 搬运

搬运配电柜应在较好的天气进行，以免受潮。在搬运过程中，要防止翻倒、冲击和振动。

一般设备运输，由起重工作业，电工配合。根据设备重量、距离长短可采用汽车运输、汽车与汽车吊配合运输、人力推车运输或卷扬机滚杠运输。设备运输、吊装时应注意下列事项：

1）道路要事先清理，保证平整畅通。

2）设备吊点：柜（盘）顶部有吊环的，吊索应穿在吊环内；无吊环时，吊索应挂在四角主要承力结构处，不得将吊索吊在设备部件上。吊索的绳长应一致，以防柜体变形或损坏部件。

3）采用汽车运输时，必须用麻绳将设备与车身固定牢，运行要平稳。

3. 检查

配电柜搬到现场后，应进行开箱检查，其内容有以下几方面：

1）安装单位、供货单位或建设单位共同进行，并做好检查记录。

2）按照设备清单、施工图样及设备技术资料，核对设备本体及附件、备件的规格型号，其应符合设计图样的要求；附件、备件齐全；产品合格证件、技术资料、说明书齐全。

3）柜（盘）本体外观检查应无损伤及变形，油漆完整无损。

4）柜（盘）内部检查：电器装置及元器件、绝缘瓷件齐全、无损伤、裂纹等缺陷。

4. 立柜

立柜应在浇注基础型钢的混凝土凝固后进行，并按图样规定的顺序将配电柜做好标记。立柜时，可以先将每柜调整到大致水平的位置，然后再精确地调整第一柜，再以第一个柜为标准将其他柜逐柜调整。调整顺序，可以从左到右，或从右到左，也可以先调中间，然后左右分开调整。配电柜的水平调整，用水平尺测量。垂直情况调整，可在柜顶沿柜面悬挂一线垂，测量柜面上下端与吊线的距离，直到调整达到要求为止。调整完毕后再全部检查一遍，是否符合质量要求，然后用电焊（或连接螺栓）将配电柜底座固定在基础型钢上。如用电焊，每个柜的焊缝不应少于四处，每处焊缝长约 10mm。焊缝应在柜体的内侧。安装好的配电柜如图 3-3 所示。成列的配电柜安装好后，应将两头的边屏装上，将端面封闭，如制造厂家没有供应边屏，可用 2mm 厚的钢板自行制作，最后用折边机弯制，制好的边屏应喷相同颜色的漆。

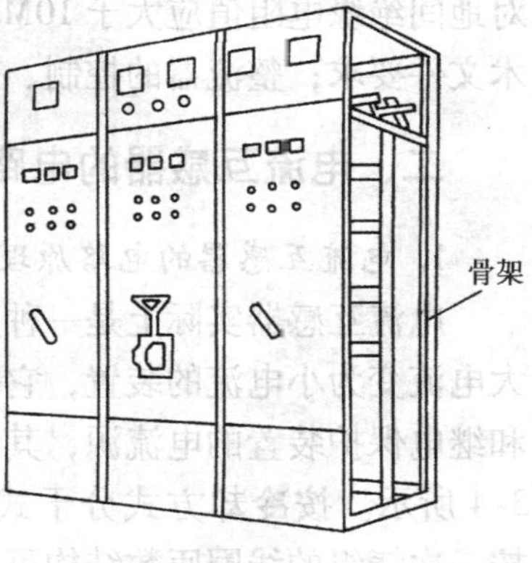

图 3-3　安装好的配电柜

盘、柜单独或成列安装时，其垂直度、水平度以及盘、柜面偏差和盘、柜间接缝的允许偏差应符合表 3-2 中的规定。

表 3-2　盘、柜安装的允许偏差

项　目		允许偏差/mm
垂直度（每米）		<1.5
水平偏差	相邻两柜（盘）顶部	<2
	成列柜（盘）顶部	<5
盘面偏差	相邻两柜（盘）边	<1
	成列柜（盘）面	<5
柜（盘）间接缝		<2

5. 内部清扫

配电柜固定好后，应进行内部清扫。柜内不应有杂物，同时应检查机械活动部分是否灵活，导线连接是否紧固。

6. 交接试验

低压成套配电柜交接试验，必须符合下列规定：

1）每路配电开关及保护装置的规格、型号，应符合设计要求。

2）相间和相对地间的绝缘电阻值应大于 10MΩ。

3）电气装置的交流工频耐压试验电压为 1kV，当绝缘电阻值大于 10 MΩ 时，可采用 2500V 绝缘电阻表摇测，试验持续时间 1min，无闪络击穿现象。

4）柜、屏线路的线间和线对地间绝缘电阻值，馈电线路必须大于 10MΩ；二次回路必须大于 10MΩ。

5）柜、屏二次回路交流工频耐压试验，当绝缘电阻值大于 10MΩ 时，用 2500V 绝缘电阻表摇测 1min，应无闪络击穿现象；当绝缘电阻值在 1～10MΩ 时，做 1000V 交流工频耐压试验，时间 1min，应无闪络击穿现象。

6）直流屏试验，应将屏内电子元器件从线路上退出，检测主回路线间和线对地间绝缘电阻值应大于10MΩ，直流屏所附蓄电池组的充、放电应符合产品技术文件要求；整流器的控制、调整和输出特性试验应符合产品技术文件要求。

二、电流互感器的电路原理及安装

1. 电流互感器的电路原理

电流互感器实际上是一种变流器，是将大电流变为小电流的装置，它作为测量仪表和继电保护装置的电流源，其电路原理如图3-4所示。按冷却方式分干式和油浸两种；按一次绕组的线圈匝数结构可将它分为单匝和多匝两种；图3-5所示为LDC—10/100型瓷绝缘单匝穿墙式电流互感器。

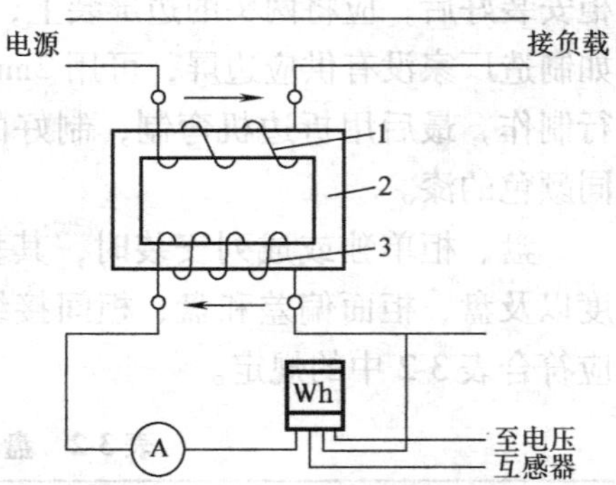

图3-4 电流互感器电路原理

1—一次绕组 2—铁心 3—二次绕组

2. 电流互感器的安装

（1）电流互感器安装前的外观检查 查看瓷体外表是否有脱落、裂纹等现象，法兰盘有无裂纹，穿心导电杆固定是否牢固等。

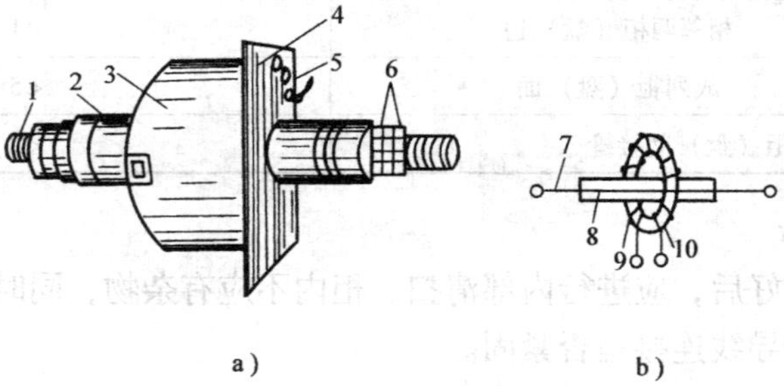

图3-5 LDC—10/100型瓷绝缘单匝穿墙式电流互感器

a）外形 b）结构示意图

1、7—一次接线 2—瓷套管 3、10—一次绕组

4—法兰盘 5—二次绕组接线端子 6、8—绝缘构件 9—铁心

（2）电流互感器的安装与固定 视设备装置不同，一般有下列几种情况：

1）将电流互感器安装在金属构架上（如母线架上）。

2）在母线穿过墙壁或楼板的地方，将电流互感器直接用基础螺栓固定在墙壁或楼板上，或者先将角钢做成矩形框架，埋入墙壁或楼板中，再将与框架同样大小的铁板（厚约4mm）用螺栓固定在框架上，然后将电流互感器固定在铁板上。

3）安装在成套配电柜内的电流互感器不再进行本体安装，只检查接线。

4）如电流互感器装大墙孔及楼板孔中心时，其周边应有2～3mm的最小间隙，然后塞油纸板以便于拆卸，同时也可以避免外壳生锈。

5）电流互感器安装完成后，必须经检验合格后，方可投入运行。

（3）电流互感器的接线（见图3-6）

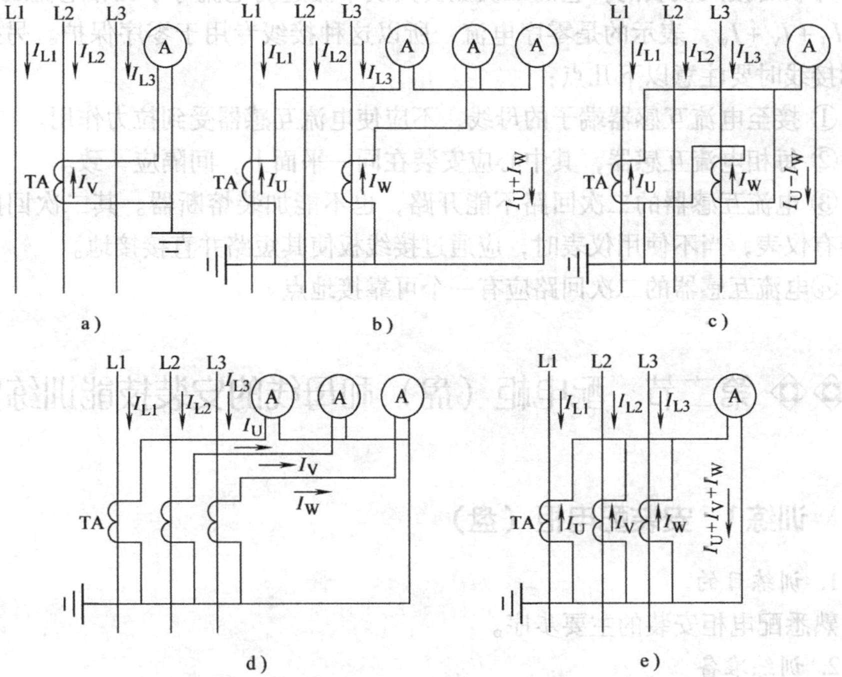

图3-6　电流互感器在三相交流电路中的接线

a）单相式接线　b）两相V形接线

c）两相电流差接线　d）三相Y接线　e）零序接线

1）单相式接线如图3-6a所示。电流表通过的电流代表一次电路中某一相（图中为L2相）的电流。这种电路接线简单，但只能代表某一相电流，所以只适用于平衡的三相电路中。

2）两相V形接线如图3-6b所示。这种接线也叫做两相不完全Y接线，是电力系统中常用的接线方式。两相接线的三只电流表，分别表示了三相电流，因而节约了一只电流互感器，但不能表示出所有的接地故障。所以，它广泛用于三相三线制系统中，供测量或保护用。

3）两相电流差接线如图3-6c所示。这种接线方式中二次侧公共线中流过的电流，等于其他两相电流之差。即二次侧公共线中流过的电流等于相电流的$\sqrt{3}$倍，在相位上滞后30°，不能表示所有的接地故障。所以，一般只用于三相三线制电路的继电器保护装置中。

4）三相Y接线如图3-6d所示。这种接线广泛用于三相三线制和低压三相四线制电路中，供测量或保护用。

5）零序接线如图3-6e所示。这种接线是在三只同型号电流互感器的同极性端子并联后接入仪表的，它的二次侧公共线中流过的电流等于三相电流之和，即$I_N = I_U + I_V + I_W$，表示的是零序电流，所以这种接线专用于零序保护。另外，在实际接线时要注意以下几点：

① 接至电流互感器端子的母线，不应使电流互感器受到拉力作用。

② 每相电流互感器，其中心应安装在同一平面上，间隔应一致。

③ 电流互感器的二次回路不能开路，也不能加装熔断器。其二次回路一般都接有仪表，当不使用仪表时，应通过接线板使其短路并直接接地。

④电流互感器的二次回路应有一个可靠接地点。

第二节 配电柜（盘）和母线的安装技能训练实例

• 训练1 安装配电柜（盘）

1. 训练目的

熟悉配电柜安装的主要步序。

2. 训练准备

1）准备施工图样及相关的技术资料，了解配电柜的基本结构。

2）施工机具及材料：

吊装搬运机具：汽车、汽车吊、手推车、卷扬机、钢丝绳、麻绳索具等。

安装工具：台钻、手电钻、电锤、砂轮、电焊机、气焊工具、台虎钳、锉刀、扳手、钢锯、钢丝钳、螺钉旋具、电工刀等。

量具：水准仪、绝缘电阻表、万用表、水平尺、验电器、钢直尺、钢卷尺、吸尘器、塞尺、线锤等。

器材：PGL—1/2型低压开关柜、镀锌螺栓、螺母、垫圈、弹簧垫、地脚螺栓。

其他材料：镀锌铁丝、塑料软管、异型塑料管、尼龙卡带、小白线、绝缘胶垫、标志牌、焊条、锯条、氧气、乙炔气等。

3. 训练要领

1）按正确的吊运方法（或人工搬运）将柜体搬运到安装现场；然后开箱检查并清扫柜体。

2）熟悉开关柜的结构，如图3-7所示。

3）根据图样排列好开关柜的位置，单独柜（盘）只找柜面和侧面的垂直度。成列柜（盘）各台就位后，先找正两端的柜，在从柜下至上2/3高的位置绷上小线，逐台找正，找正时采用0.5mm铁片进行调整，每处垫片最多不能超过3片。然后按柜固定螺孔尺寸，在基础型钢架上用手电钻钻孔。一般低压柜钻ϕ12.2mm孔，用M12镀锌螺栓固定。

4）柜（盘）就位、找正、找平后，除柜体与基础型钢固定外，柜体与柜体、柜体与侧挡板均用镀锌螺栓连接。

5）柜（盘）接地：每台柜（盘）单独与基础型钢连接。每台柜在后面左下部的基础型钢侧面上焊上鼻子，用截面积为6mm^{2}铜线与柜上的接地端子连接牢固。

6）配电柜内部的清扫和检查。

4. 注意事项

1）开关柜体与基础型钢要连接牢固，接地可靠，柜体接缝平整，盘面标志牌、标志框齐全、准确并清晰。

2）柜体内外清洁，柜门开闭灵活，接线整齐，装有电器的可开启门，应以裸铜软线与接地的金属构架可靠接地。

3）成套柜应有供检修用的接地装置。

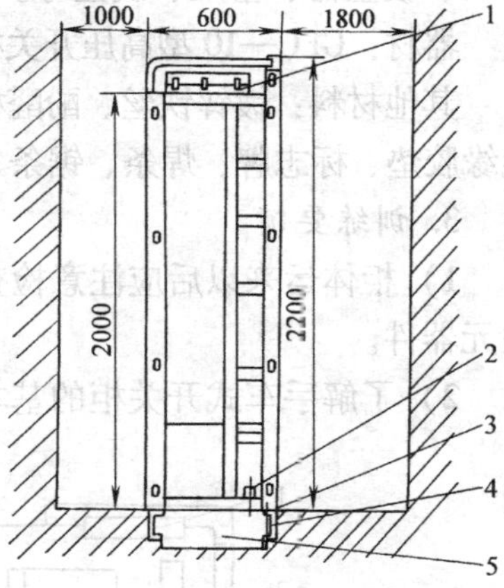

a）

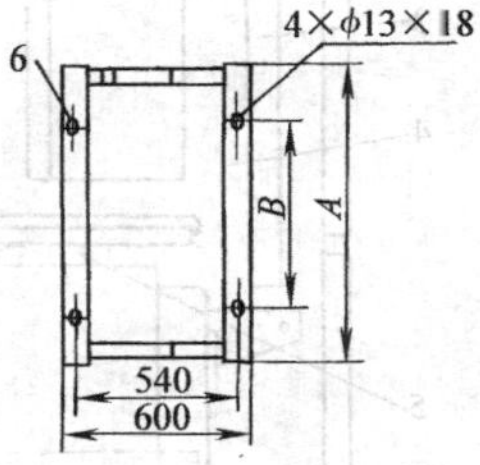

b）

A/mm	B/mm
400	200
600	400
800	600
1000	800

c）

图3-7　PGL型低压开关柜的安装结构

1—母线绝缘柜　2—中性线绝缘子　3—M12螺栓　4—槽钢　5—电缆沟　6—接地螺钉

训练2　安装手车式开关柜

1. 训练目的

熟悉手车式开关柜的就位安装与调整。

2. 训练准备

1）准备加工图样及相关的技术资料，了解手车式开关柜的基本结构。

2）施工机具及材料：

吊装搬运机具：汽车、汽车吊、手推车、卷扬机、钢丝绳、麻绳索具等。

安装工具：台钻、手电钻、电锤、砂轮、电焊机、气焊工具、台虎钳、锉刀、扳手、钢锯、钢丝钳、螺钉旋具、电工刀等。

量具：水准仪、绝缘电阻表、万用表、水平尺、高压测试仪器、钢直尺、钢卷尺、吸尘器、塞尺、线锤等。

器材：GFC—10型高压开关柜、镀锌螺栓、螺母、垫圈、弹簧垫、地脚螺栓。

其他材料：镀锌铁丝、酚醛板、塑料软管、异型塑料管、尼龙卡带、小白线、绝缘胶垫、标志牌、焊条、锯条、氧气、乙炔气等。

3. 训练要领

1）柜体运来以后应注意检查包装箱是否完整，在运输过程中有无损坏或丢失元器件。

2）了解手车式开关柜的基本结构，如图3-8所示。

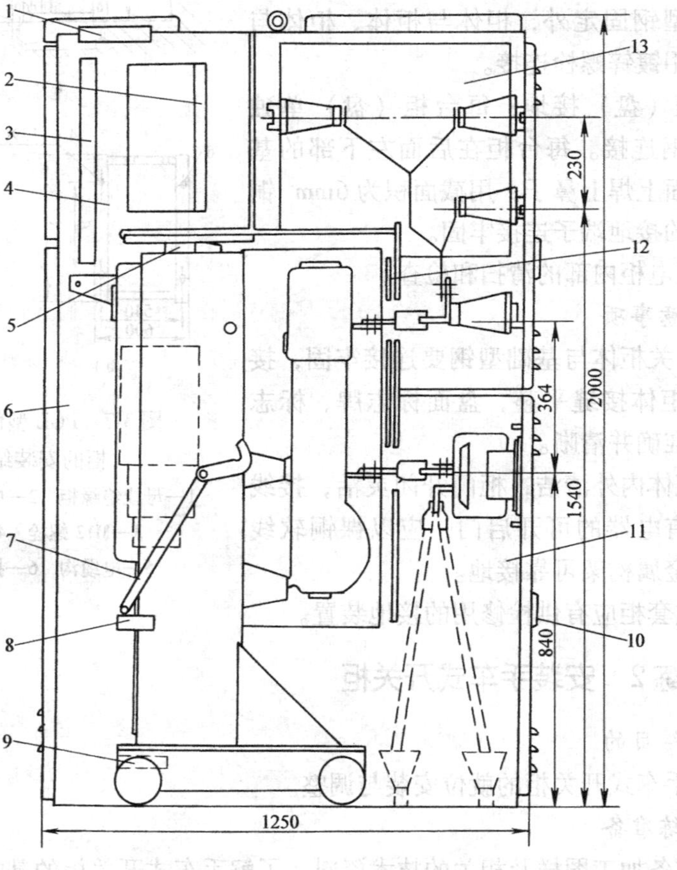

图3-8 GFC—10型高压开关柜结构图

1—小母线座 2—继电器屏 3—熔断器和接线板 4—仪表继电室 5—接地触头 6—小车室 7—推进机 8—锁扣装置 9—滚轮 10—视察窗 11—电流互感器室 12—自动帘板 13—主母线室

3）GFC—10 型高压开关柜采用离墙安装，并在埋设好的基础槽钢上将柜体固定。

4）手车式开关柜就位后，首先将开关柜间接地母线可靠接地，同时对开关柜内接地回路进行检查。

5）安装进线母线、主母线、联络母线。

6）安装一次与二次电缆。

7）清扫配电室和开关柜上的灰尘及杂物，保证开关柜内无其他杂物，然后进行调整和试验工作。

8）小车在柜外时，用手将二次隔离触头来回推动几次，应移动灵活，并在道柱上涂以薄层润滑油，以减小摩擦。

9）将推进机构上的锁扣向前推动，解除闭锁，提起操作杆，即可把小车推入柜内，固定在工作位置，此时要求如下：

① 锁扣装置应正确地扣住推进机构的操作杆。

② 一次隔离触头的中心线应同水平和垂直中心线相重合，动、静触头的底面间隙应为（5±3）mm，并检查同类小车的互换性。

③ 测量一次隔离触头的接触电阻，应不大于 100μΩ。在使用中接触电阻与安装时测定的数值相比较，如果大于 20% 时应立即进行检修。当断路器短路跳闸后，也必须要检修一次隔离触头。

④ 用操作棒将断路器合闸，将推进机构的操作杆向上提起，应先使断路器跳闸，然后移动小车，如达不到这个操作程序，应进行调整。

⑤ 接地触头的表面应清洁，接触电阻不应大于 1000μΩ。

10）当断路器检修后需要进行试验时，先将小车推到工作位置固定，使二次隔离触头完全闭合，然后从工作位置退到试验位置。当试验位置固定以后，即可对断路器进行试验。

4. 注意事项

1）检查防止电气误操作的“五防”装置是否齐全，以及动作是否灵活可靠。

2）小车推拉应灵活轻便，无卡阻、碰撞现象，相同型号的小车应能互换。

3）小车推入工作位置后，动触头顶部与静触头底部的间隙应符合产品要求。

4）小车和柜体间的二次回路连接插件应接触良好。

5）安全隔离板应开启灵活，随小车的进出而相应动作。

6）柜内控制电缆的位置不应妨碍小车的进出，并应牢固。

7）小车与柜体间的接地触头应接触紧密，当小车推入柜内时，其接地触头应比主触头先接触，拉出时接地触头比主触头后断开。

• 训练3　安装调试隔离开关

1. 训练目的

掌握隔离开关的安装方法与调整要领。

2. 训练准备

1）准备施工图样及相关的技术资料，熟悉隔离开关的作用、结构与安装技术规范。

2）施工机具及材料：

工具：常用电工工具、手电钻、扳手、软钢丝刷（或砂纸）、锤子、扳手、高凳等。

量具：水平尺、线锤、直角尺、塞尺。

器材：隔离开关、销钉、中性凡士林。

3. 训练要领

（1）隔离开关的外观检查

1）检查开关的型号、规格是否与设计相符。

2）检查零件有无损坏、触刀及触头有无变形，如不正常应进行校正。

3）检查动触头与静触头的接触情况：触头上如有铜的氧化层，应用细砂布擦净，然后涂上凡士林油。用 0.05mm × 10mm 塞尺检查触头接触情况，对于线接触的应塞不进去；对于面接触的其塞入深度规定为：在接触表面宽度为 50mm 及其以下时，应不超过 4mm；在接触表面宽度为 60mm 及其以上时，不应超过 6mm，如图 3-9、图 3-10 所示。

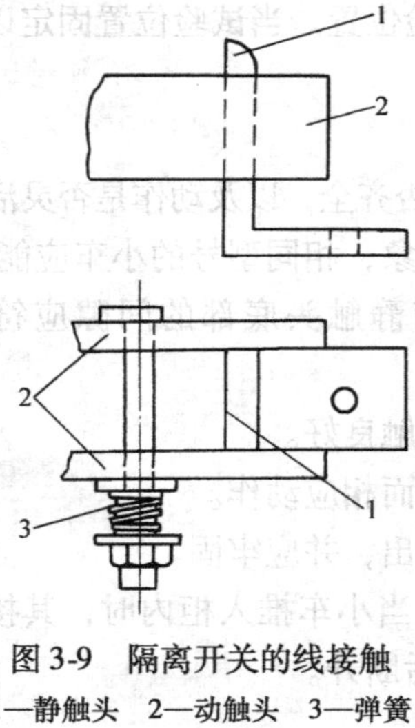

图 3-9　隔离开关的线接触

1—静触头　2—动触头　3—弹簧

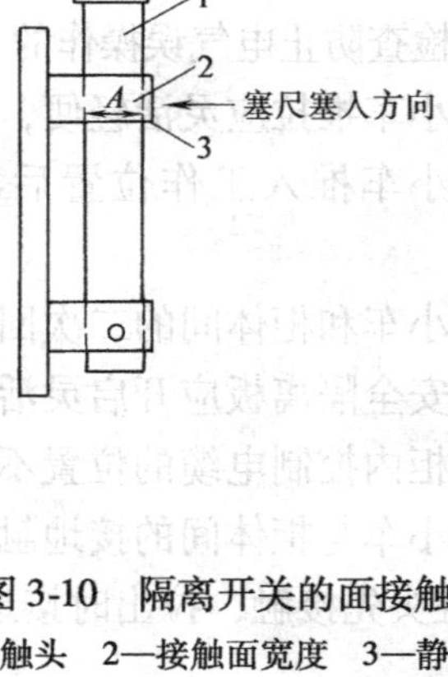

图 3-10　隔离开关的面接触

1—动触头　2—接触面宽度　3—静触头

4）用2500V绝缘电阻表测量绝缘电阻，额定电压为10kV的隔离开关的绝缘电阻应在800～1000MΩ以上。

（2）隔离开关的安装

1）用人力或滑轮吊装：把开关本体放于安装位置，使开关底座上的孔眼套入基础螺栓，稍拧紧螺母，用水平尺和线锤找正、找平，然后拧紧基础螺母。

2）安装操作机构：将操作机构固定在事先埋设好的支架上，并使其扇形板与隔离开关上的传动转杆处在同一垂直平面上。

3）连接操作拉杆：连接拉杆之前应将弯连接头连接在开关的传动转杆（即转轴上），直连接头连接在扇形板的舌头上，然后把调节元件拧入直连接头。操作拉杆应在开关和操作机构处于合闸位置时装配，先测量好操作拉杆的长短，然后下料。拉杆一般用直径为20mm的黑铁管，而不用镀锌管，因其力学性能不如黑铁管。拉杆加工好后，将其一端与弯连接头焊接；另一端与调节元件焊接。如用销钉连接，则必须在操作拉杆、弯连接头及调节元件上钻孔，然后再组装。

4）隔离开关的底座和操作机构的外壳应安装接地螺栓，安装时应将接地线的一端接在接地螺栓上；另一端与接地网接通，使其妥善接地。

（3）隔离开关安装后的检查

1）检查有无损坏的零件，触头有无变形及其他机械有无缺陷。当导体铜片有破裂和断折时应进行更换，用直角尺检查触头并整直。

2）检查动触头对静触头的贴紧程度：对于线接触的隔离开关，在接通时动触头应正确地嵌入静触头的槽中。

3）检查刀片的中心线并校正进入刀口的刀片：刀片进入刀口应无侧击。刀片和刀口中心线应重合，如有偏差，可稍扳一扳刀片或改变支柱绝缘子上的刀口。

4）检查触头弹簧及其压力：可分相从刀口拉出刀片，拉力应符合表3-3所列范围。拉出刀片不应润滑，需要的压力可通过调节固定螺母达到。

表3-3　隔离开关触头拉力表（用测力计算试验）

隔离开关的额定电流/A	触头拉出时的最小拉力/N	隔离开关的额定电流/A	触头拉出时的最小拉力/N
400	100	2000	800
600	200～250	3000	800
1000	400		

注：1. 拉力是指一相的数值。

2. 表中所列拉力为触头压力数值的30%～35%。

3. 调整压力时，弹簧螺钉之间的间隙应为0.5～0.7mm。

5）清扫和润滑隔离开关及传动装置：润滑前接触部分用软钢丝刷或砂纸轻擦，受擦的零件再用浸汽油的抹布或砂布擦净，然后涂润滑脂。对机械部分摩擦的润滑：当温度为0℃及其以上时用凡士林油或润滑脂；而在温度低于0℃时，用特别的防冻油进行润滑。对导电体接触部分表面的润滑，使用中性的凡士林油。

（4）隔离开关的调整　隔离开关、操作机构和连杆安装完毕后，应对隔离开关进行调整。

1）第一次操作开关时，应慢慢合闸和开闸。合闸时，应观察可动触头有无侧向撞击，如有侧向撞击现象，可改变静触头的位置，使动触头刚好进入。动触头进入的深度应不小于90%，但也不应过大，以免冲击绝缘子的端部。动触头与静触头的底部应保持3～5mm的间隙，如不能满足要求，应进行调整。调整方法是将直连接头拧进或拧出（从而改变操作拉杆的长度和调节开关轴上的制动螺栓），或改变轴的旋转角度，来调整动触头的插入深度。

2）合闸时，三相动触头应同时投入，35kV以下的隔离开关，各相前后相差不得大于3mm。检查方法是：将开关慢慢合闸，当一相开始接触静触头时，用尺测量其他两相与静触头的距离，此距离不得超过3mm。当不能达到要求时，可调整升降绝缘子（即操作绝缘子）连接螺栓的长度，这样可以改变动触头的位置，而使三相动触头同时投入。

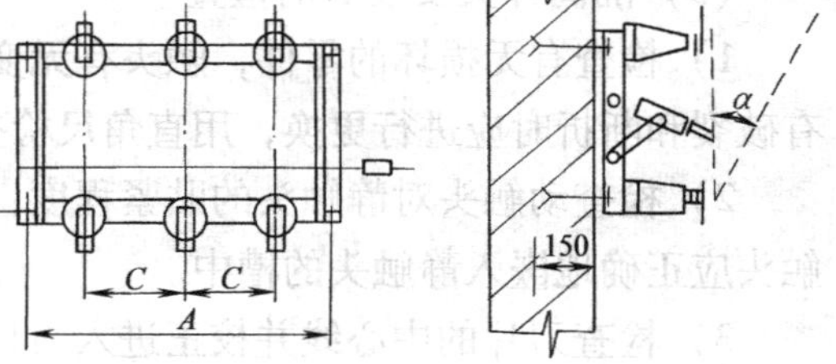

图3-11　隔离开关动触头张开角度和安装尺寸

3）开关分闸时，其动触头的张开角度应符合制造厂的规定，如制造厂无规定时，可参照图3-11和表3-4所示数值进行检验，如不符合要求应进行调整。其方法是：调整操作拉杆的长度和改变舌头扇形板的位置。

表3-4　隔离开关动触头张开角度和安装尺寸

隔离开关型号	尺寸/mm			α/（°）
	A	B	C	
GN2—6/400～600	580	280	200	41
GN2—10/400～600	680	350	250	37
GN2—10/1000～2000	910	346	350	37
GN6—6/200～400～600	546	280	200	65
GN6—10/100	646	280	250	65

4）调整动触头两边的弹簧压力，保证动、静触头有紧密的接触面。

5）若开关带有辅助触头时，应进行调整。合闸信号触头（动合触头）应在开关合闸行程80% ~90%时闭合，分闸信号触头（动断触头）应在开关分闸行程的75%时闭合，辅助触头可根据情况改变耦合盘的角度进行调整。

6）开关操作机构手柄的位置应正确，合闸时手柄应向上，分闸时手柄应向下。合闸与分闸操作完毕，其弹性机械销应自动地进入手柄末端的定位孔中。

7）开关调整完毕后，应将操作机构的全部螺栓固定好，所有的开口销必须分开，并进行数次分、合闸操作，以检验开关的各部分是否有变形和失调现象。

隔离开关也常安装在成套配电柜内，对这种开关，其本体不需要安装，根据上述调整方法进行调整后即可投入运行。在一般情况下，隔离开关在投入运行前不另做耐压试验，而是与母线一起进行。

4. 注意事项

1）隔离开关的底座转动部分应灵活，并应涂以适合当地气候条件的润滑脂。

2）操作机构的零部件应齐全，所有固定连接部分应紧固，转动部分应涂以适合当地气候条件的润滑脂。

3）支柱绝缘子应垂直于底座平面（V型隔离开关除外），且连接牢固；同一绝缘子柱的各绝缘子中心线应在同一垂直线上；同相各绝缘子柱的中心线应在同一垂直平面内；安装时可用金属垫片校正其水平或垂直偏差，使触头相互对准，接触良好，缝隙应用腻子抹平后涂以油漆。

4）拉杆的内径应与操作机构转轴的直径相配合，两者间的间隙不应大于1mm；连接部分的锥形销子不应松动；当拉杆损坏或折断可能接触带电部分而引起事故时，应加装保护环。

5）延长轴、轴承、联轴器、中间轴轴承及拐臂等传动部件，其安装位置应正确，固定应牢靠；传动齿轮应啮合准确，操作轻便灵活；定位螺钉应调整适当，并加以固定，防止传动装置拐臂超过止点。

6）操作机构应安装牢固，同一轴线的操作机构安装位置应一致；动作平稳，无卡阻、冲击等异常情况。

7）限位装置准确可靠，到达规定分、合闸指示应与设备的实际分、合闸位置相符。

8）隔离开关的闭锁装置应动作灵活、准确可靠；带有接地刀刃的隔离开关，接地刀刃与主触头间的机械联锁应准确可靠。

• 训练4　母线安装

1. 训练目的

熟悉母线安装的基本工序，按规范要求正确安装支持绝缘子、加工母线和装接母线。

2. 训练准备

（1）准备加工图样及相关的技术资料。

（2）施工机具及材料：

工具：常用电工工具、母线平弯机、母线立弯机、台钻、母线矫正机、电动圆齿锯、母线扭弯器、母线平整机、摇臂钻床、铣床、刨床等，还有木槌、铁平锤、钢丝刷、喷灯等。

量具：水平尺、直角尺。

器材：母线、型钢、铝皮、铜皮、中性凡士林、支持绝缘子、母线金具、各种连接螺栓、螺母、平垫圈、弹簧垫圈及焊锡膏、锡等。

3. 训练要领

（1）安装支持绝缘子

1）支架的制作：支架应根据施工图制作，通常用角钢或扁钢制成。加工支架时，其螺孔宜钻成椭圆形，以便进行绝缘子中心距离的调整（中心偏差不应大于2mm）。支架安装的间距要求是：母线为水平敷设时，一般不超过3m；上下敷设时，一般不超过2m；或根据设计确定。母线支架有多种形式，常见的几种如图3-12

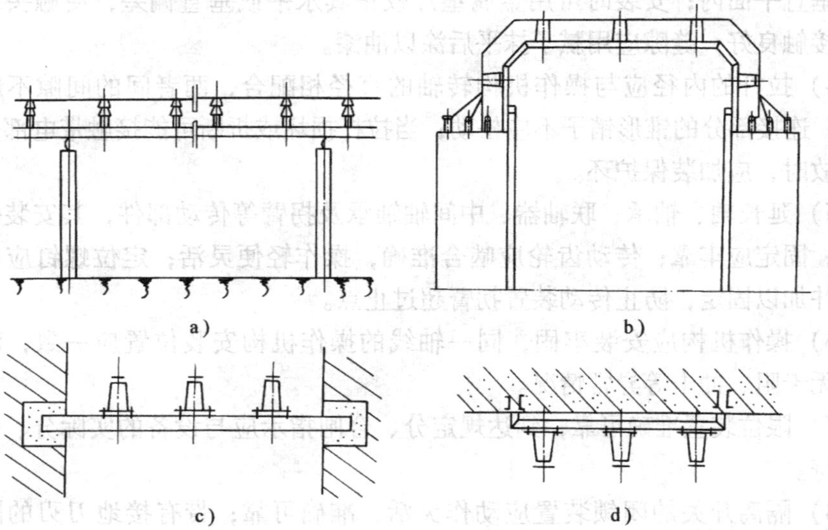

a)　b)　c)　d)

图3-12　母线支架

a）户外桥架　b）户内桥架　c）梁式支架　d）墙式支架

所示。

2）支架的安装：一般是首先安装首尾两个支架，以此为固定点，拉一直线，然后沿线安装，使绝缘子中心在同一条直线上。支架的安装方法如图 3-13 所示。

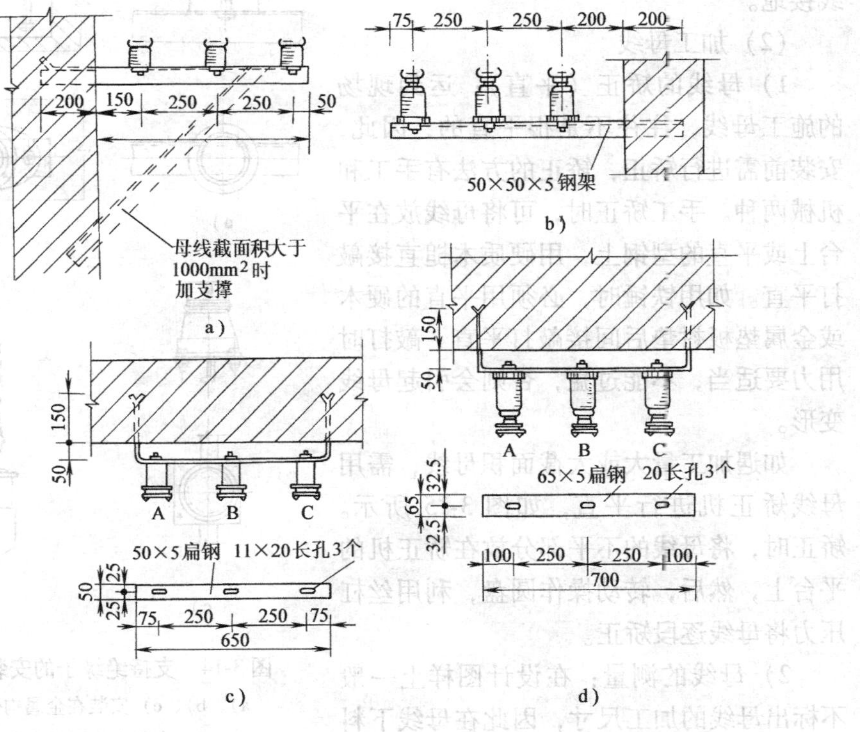

图 3-13 绝缘子支架的安装方法

a）低压绝缘子支架水平安装 b）高压绝缘子支架水平安装

c）低压绝缘子支架垂直安装 d）高压绝缘子支架垂直安装

3）绝缘子的安装：支持绝缘子在安装前要检查外表有无裂缝、细孔或机械损伤，用抹布浸汽油将瓷体擦净，用 1000V 或 2500V 绝缘电阻表进行绝缘测试，其值大于 1000MΩ 为合格。

固定用镀锌螺栓的规格和数量根据绝缘子的型式而定。支架上的穿钉、螺孔最好开长形孔，以便安装时调整间距。支持绝缘子的安装方法如图 3-14 所示。

在直线上安装绝缘子时，首先安装首尾两个，再拉好一条线绳作基准线，然后按基准线安装中间的绝缘子，使绝缘子中心误差不超过 ±0.5mm；绝缘子的铸铁顶盖应在同一水平面或垂直面上，其误差不得超过 2mm。当不能满足要求时，可在绝缘子底座下加垫铁来调整，但不要超过三块，同时垫铁不要伸出底座之外。垂直安装绝缘子时，应从高处往下安装，以免工具或材料掉落时打坏绝缘子。已安装好的绝缘子，如果旁边或上部还有电焊接以及其他工作，此时需要妥善保护起来。

绝缘子的底座及支架需用扁钢或裸铜线接地。

（2）加工母线

1）母线的矫正（平直）：运到现场的施工母线，往往不是很平直的，因此，安装前需进行矫正，矫正的方法有手工和机械两种。手工矫正时，可将母线放在平台上或平直的型钢上，用硬质木槌直接敲打平直。如用铁锤时，必须用平直的硬木或金属垫板衬垫后间接敲打平直。敲打时用力要适当，不能过猛，否则会引起母线变形。

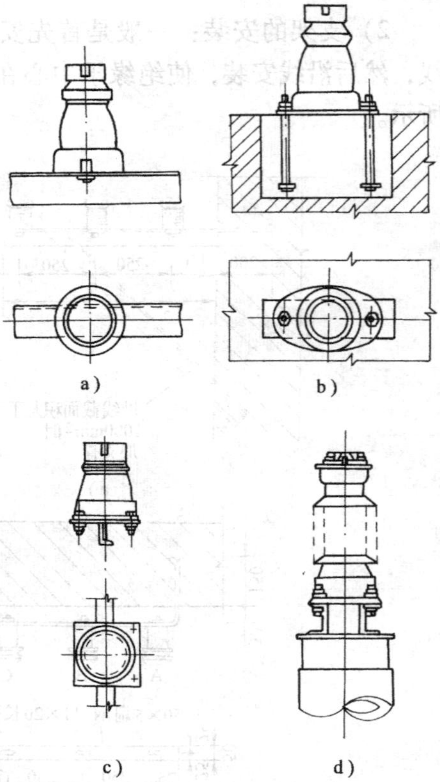

图3-14　支持绝缘子的安装方法
a）、b）、c）安装在金属构件上
d）安装在水泥基础上

如遇加工量大或大截面积母线，需用母线矫正机进行平直，如图3-15所示。矫正时，将母线的不平部分放在矫正机的平台上，然后，转动操作圆盘，利用丝杠压力将母线逐段矫正。

2）母线的测量：在设计图样上一般不标出母线的加工尺寸，因此在母线下料前，应到现场直接测量出母线实际的安装尺寸。测量时，可用线锤、直角尺、卷尺等工具。例如在两个不同垂直面的绝缘子上安装母线，可按图3-16所示方法进行测量，先在与母线接触的绝缘子上，各放一只线锤，用尺量出两绝缘子垂直面间的距离 A_1 及两绝缘子中心线距 A_2。B_1 与 B_2 的尺寸可根据实际情况而定。然后在平台上划出大样，也可用铁丝弯成样板，作为母线的弯曲依据。

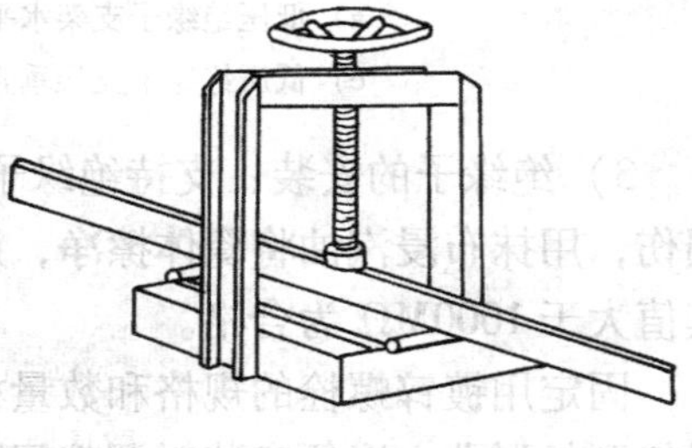

图3-15　母线矫正机

3）母线的切断：母线切断前，应按预先测得的尺寸，用铅笔在母线上划好线，然后进行切断。截面积小和量少的母线切断，可用钢锯切断，如图3-17a所示。大截面积250mm×90mm以上的母线切断，可用电动圆齿锯进行切断，如图

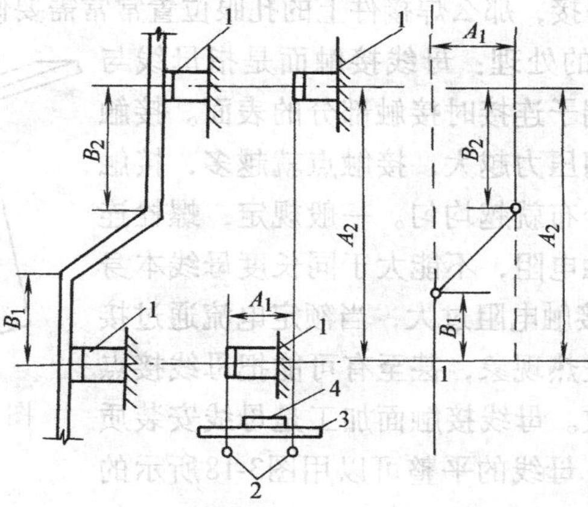

图 3-16　测量母线装设尺寸

1—支持绝缘子　2—线锤　3—平板尺　4—水平尺

3-17b 所示。对于母线断口处的毛刺，要用锉刀或其他割削工具将其去掉。需要弯曲的母线，最好在母线弯曲后再进行切断。

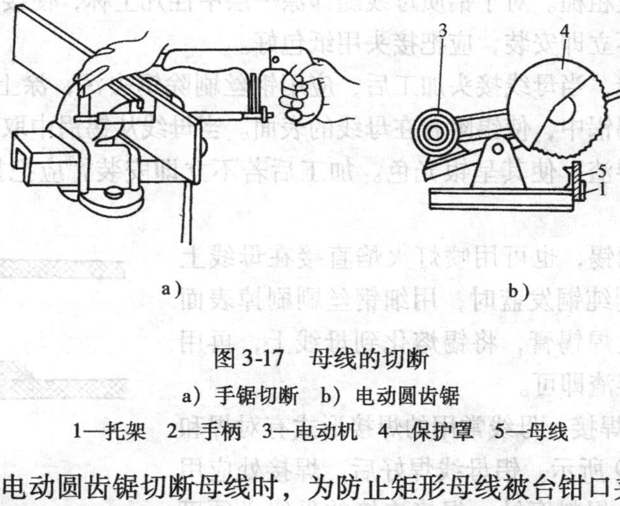

a）　　　　b）

图 3-17　母线的切断

a）手锯切断　b）电动圆齿锯

1—托架　2—手柄　3—电动机　4—保护罩　5—母线

用手锯或电动圆齿锯切断母线时，为防止矩形母线被台钳口夹出印痕，一般钳口应用薄铜片或用硬平板把钳口垫好。切断缝距离钳口侧面约 20mm，防止锯割时产生振动。

4）母线的弯曲：参见本章第一节内容。

5）母线的钻孔：母线在钻孔前，应先划出孔的位置，并用冲头在钻孔中心处冲眼，然后用台钻或手电钻钻孔。钻孔时，孔眼直径与连接螺栓直径的差不大于 1mm，同时孔眼应垂直。孔眼钻好后，应去掉孔口毛刺。如果母线需要焊接，那么焊接工作应放在钻孔之前，弯曲之后。因为焊接的尺寸不易做到十分准确，如果在钻孔之后才焊接，那么焊接件上的孔眼位置常常需要修改。

6）母线接触面的处理：母线接触面是指母线与母线或母线与设备端子连接时接触部分的表面。接触面加工越平，相互间压力越大，接触点就越多，接触电阻越小，电流的分布就越均匀。一般规定，螺栓连接母线接触面的接触电阻，不能大于同长度母线本身电阻的20%。如果接触电阻过大，当额定电流通过接触面时，就会发生过热现象，甚至有可能把母线接点熔化，以致引起事故。母线接触面加工是母线安装质量的关键工艺之一。母线的平整可以用图3-18所示的母线平整机来进行。

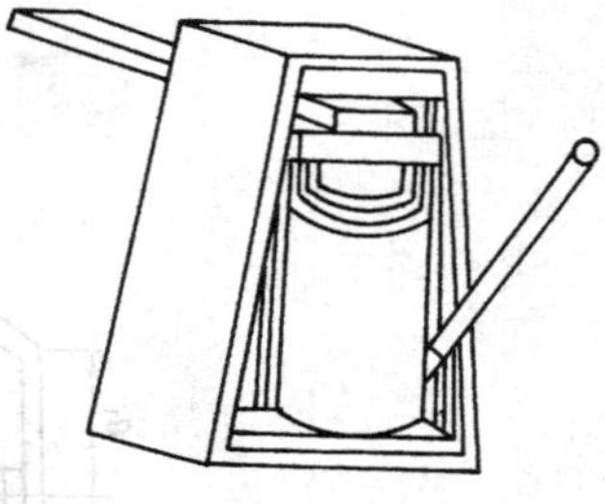

图 3-18 母线平整机

母线平整机的结构简单，一般可以自制，用两块 150mm × 150mm × 50mm 的铜板，平面用磨床磨光，放在千斤顶上部，作为平整母线的模具。该机操作时，将母线端部放在两模具之间，然后操作千斤顶，使两模具顶紧而将母线压平。压好后，用平尺检查是否符合要求，如已平整，用钢丝刷清除母线连接部件的氧化膜，使母线略呈粗糙。对于铝质母线随即涂一层中性凡士林，使接触面与空气隔绝。加工后若不立即安装，应把接头用纸包好。

如用铜母线，当母线接头加工后，应用钢丝刷除锈去污，涂上一层焊锡膏，浸入已熔化的锡锅中，使锡附着在母线的表面。当母线从锡锅中取出时，用干净抹布擦去表面浮渣，使其呈银光色。加工后若不立即安装，应把接头部分用纸包好。

对于母线搪锡，也可用喷灯火焰直接在母线上搪锡部位加热到纯铜发蓝时，用细钢丝刷刷掉表面的氧化层，涂上焊锡膏，将锡熔化到母线上，再用抹布擦去表面浮渣即可。

7）母线的焊接：母线常用的焊接形式有对焊和叠焊，如图 3-19 所示。铝母线焊好后，焊接处应用清水洗净，以免焊料腐蚀。焊接连接的母线必须可靠，焊接缝应饱满呈半圆形，不得有砂眼、裂纹、气孔、夹渣和根部未焊透、未焊全的现象。

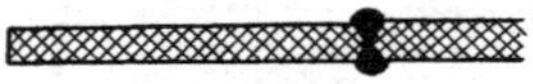

a）

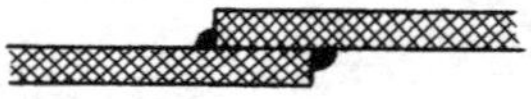

b）

图 3-19 母线焊接

a）母线的对焊 b）母线的叠焊

（3）装接母线

1）矩形母线在绝缘子上的固定训练：固定母线的绝缘子有高压和低压两种，高压母线用高压绝缘子固定，低压母线用低压绝缘子固定。不管是高压母线还是低压母线，固定方法通常有三种。

① 用螺栓直接将母线拧紧在绝缘子上，如图 3-20 所示。这种方法必须事先

在母线上钻削出椭圆形孔，椭圆形孔的长轴必须沿母线走线方向，以便母线温度变化时有一定伸缩余地，不致拉坏绝缘子。

② 用夹板将母线固定在绝缘子上，如图 3-21 所示。这种方法母线不需钻孔，只将母线穿过夹板中间，两边用螺栓紧固即可。母线夹板的规格见表 3-5。

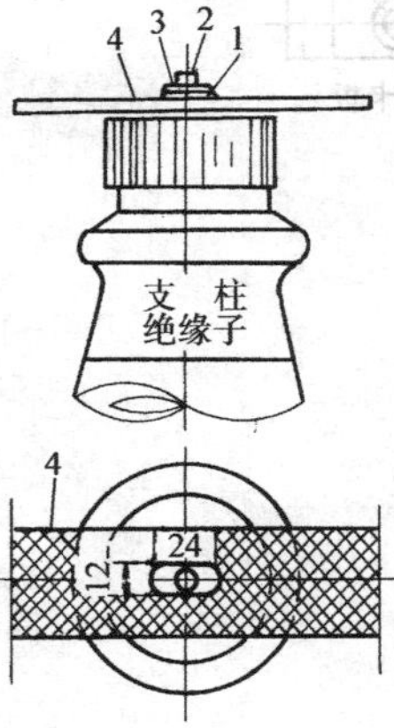

图 3-20 用螺栓直接固定母线

1—垫圈 2—M10 六角头螺栓

3—弹簧垫圈 4—母线

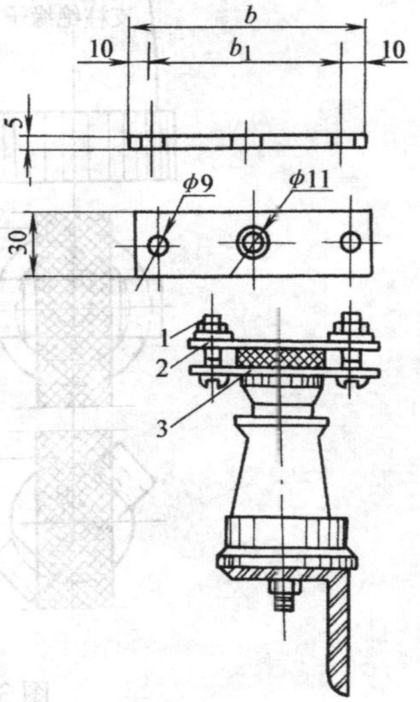

图 3-21 用夹板固定母线

1—螺栓 2—夹板 3—母线

表 3-5 母线夹板的规格

夹板规格	母线宽度/mm		夹板规格	母线宽度/mm	
	40 ~ 80	100		40 ~ 80	100
b	120	140	b_1	100	120

③ 用卡板将母线固定在支柱绝缘子上，如图 3-22 所示。这种方法只要把母线放入卡板内，将卡板扭转一定角度即可卡住母线。母线卡板的规格见表 3-6。

表 3-6 母线卡板的规格

卡子规格	母线截面尺寸（长/mm × 宽/mm）		
	40 × 5	80 × 6 和 100 × 6	100 × 8
B/mm	55	105	105
H/mm	8	8	12
全长/mm	130	180	190

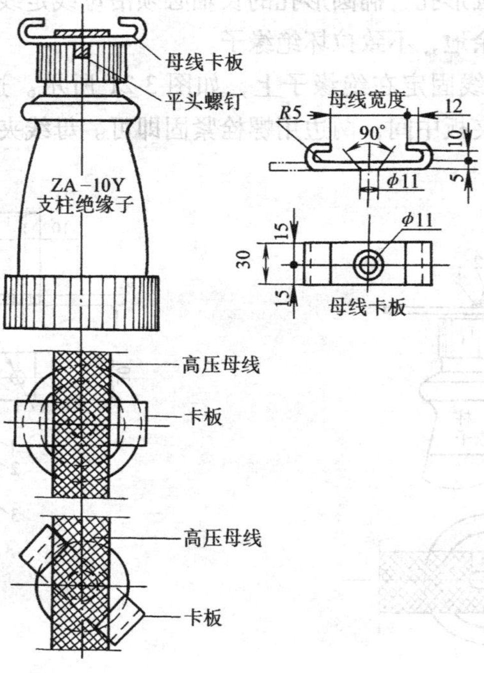

图 3-22 用卡板固定母线

另外，还有一种情况是母线在绝缘子上的终端固定，如图 3-23 所示。当绝缘子横装时，用直角板连接，直角板与母线连接的一面通常加工成椭圆形孔，如果连接螺栓是 M10，则椭圆孔长约 24mm，以便母线温度变化时能自由伸缩。当绝缘子竖装时，则将母线终端加工成凹口，其凹口长约 40mm，并用螺栓将母线固定在绝缘子上。

2）母线的螺栓联接训练：母线螺栓连接方法分为搭接、对接及压板连接三种，如图 3-24 所示。母线搭接方法简单，连接时把两段母线搭头处搭叠在一起钻孔，用螺栓穿过，把螺母旋紧即可，如图 3-24a 所示。母线对接是把两段母线的端部对头排列起来，用一对夹板（连板）把母线连接处上下连接起来，然后钻孔，用螺母压紧，如图 3-24b 所示。母线的压板连接和搭接方法相仿，采用专用压板，把连接的母线搭接起来。压板上有固定的螺栓孔，将需要连接的母线搭接起来，放入压板，旋紧压板螺栓，用加压的方法，把母线压紧，如图 3-24c 所示。

4. 注意事项

1）母线加工时，应注意以下几点：

① 矩形母线宜进行冷弯，不得进行热弯。

② 母线应矫正平直，切断面应平整。

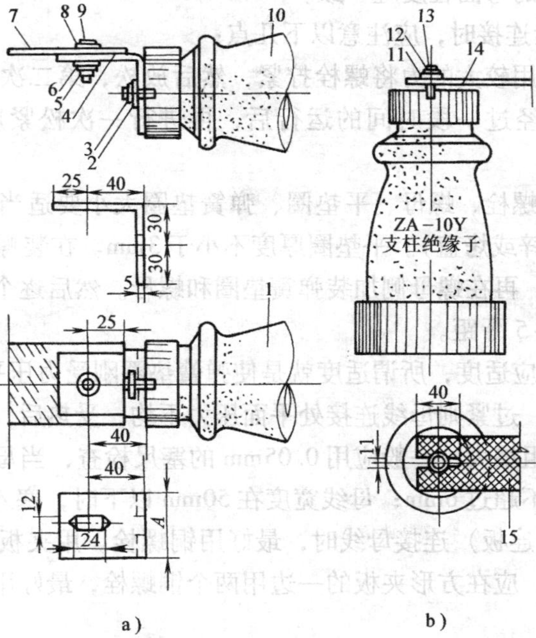

图3-23　母线在绝缘子上的终端固定

a）绝缘子横装　b）绝缘子竖装

1、10—支柱绝缘子　2、6、8、11—垫圈　3、5、12—绝缘垫圈

4—卡板　7、14、15—母线　9、13—M10六角头螺栓

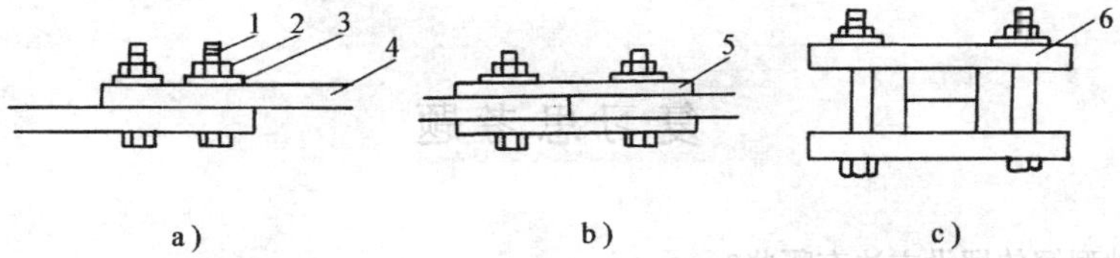

图3-24　母线的螺栓联接

a）母线的搭接　b）母线的对接　c）母线的压板连接

1—螺栓　2—螺母　3—垫片　4—母线　5—夹板　6—压板

③ 母线的接触面加工应平整，无氧化膜，经加工后，其截面积减少值规定为：铜母线应不超过原截面积的3%，铝母线应不超过原截面积的5%。

④ 母线开始弯曲处距最近绝缘子的母线支持夹板边缘不应大于0.25L（L为母线两支点之间的距离），不得小于50mm；距母线连接位置不应小于50mm。

⑤ 矩形母线应减少直角弯曲，弯曲处不得有裂纹及显著的折皱，母线的最小弯曲半径应符合规定。

⑥ 多片母线的弯曲程度应一致。

2）母线螺栓连接时，应注意以下几点：

① 安装时先用较大的力将螺栓拧紧，然后放松，第二次再将螺栓拧至弹簧垫圈压平即可。经过一段时间的运行后，再进行一次松紧度和接触面情况的复查。

② 连接用的螺栓、螺母、平垫圈、弹簧垫圈大小要适当，除弹簧垫圈外均应有防锈层（镀锌或烤蓝）。平垫圈厚度不小于3mm。在装螺栓时，应在螺栓两侧先放上平垫圈，再在螺母侧加装弹簧垫圈和螺母。然后逐个拧紧，拧紧后的螺栓应露出螺母3~5牙距。

③ 螺栓拧紧应适度，所谓适度就是使弹簧垫圈刚受力压平即可。如果过松，则接触电阻增大；过紧则母线连接处平面压力不均，受热后，会使母线接触部位变形，使接触电阻增大。一般应用0.05mm的塞尺检查，当母线宽度在60mm以上时，塞入深度不超过6mm；母线宽度在50mm以下时，塞入深度不超过4mm。

④ 用压板（连板）连接母线时，最好用铜螺栓。用夹板时，不允许四角同时使用铁质螺栓，应在方形夹板的一边用两个铜螺栓，最好用非磁性夹板，以减少涡流损耗。

⑤ 母线与设备端子连接时，如果是铜铝连接或铜母线与铝母线连接，则应采用铜铝过渡板。如无合适的铜铝过渡板，则可用薄铜皮搪锡后，垫在铜铝接头之间。

⑥ 母线用螺栓连接后，为使连接部位密封良好，要擦去接头部位的油垢，在接头的表面和缝隙处涂上2~3层能产生弹性薄膜的透明清漆，以保证接触密封良好。

复习思考题

1. 基础型钢的埋设方法有哪些？
2. 母线的弯曲方法有哪些？
3. 电流互感器一般有哪几种接线方式？
4. 简述配电柜的基本安装过程。
5. 简述母线安装的主要工序。
6. 母线排列的相序和颜色有哪些具体规定？
7. 简述隔离开关安装和调试的要点。

第四章

滑接线和移动式电缆的安装

培训学习目标 熟悉滑接线和移动式电缆的安装质量标准，了解安装材料和附件的检验要求。掌握滑接线的测量定位要求，能够完成支架和绝缘子的安装、滑接线的加工与安装、滑接器的安装等。

第一节 安装滑接线和移动式电缆专业知识

在工业厂房内，常采用滑接线来连接起重设备的电源，特别是双梁式起重机多采用角钢滑接线。此外，还有圆钢、扁钢、工字钢、铜电车线等形式的滑接线，其安装工艺流程如图4-1所示。

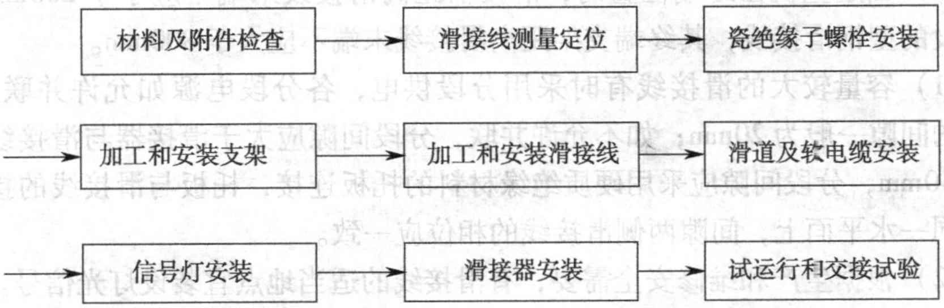

图4-1 滑接线安装工艺流程

一、滑接线和移动式电缆安装质量标准

1. 滑接线的布置要求

1）距离地面的高度不得低于3.5m；有车辆通过部分不得低于6m。

2）距离一般管道不应小于1m；距离设备和氧气管道不应小于1.5m；距离易燃气体、液体管道不应小于3m。

3）滑接线宜设置于起重机驾驶室的相对方向。滑接线如与驾驶室确需装于同侧时，对人员上下时可能触及的滑接线段，必须采取防护措施。

2. 滑接线的安装要求

1）接触面应平整无锈蚀，导电良好。

2）0.5kV相邻滑接线导电部分间和导电部分对接地部分间的净距不应小于30mm；户内3kV滑接线和对地净距不得小于100mm，其高压绝缘子应进行耐压试验，使用的固定构件应符合设计要求。

3）滑接线固定在支架上后应能在水平方向自由伸缩。

4）滑接线的中心线应与起重机轨道的实际中心线保持平行，在水平面和垂直面上的偏差不应大于长度的1/1000，最大偏差不应大于10mm。

5）滑接线之间的水平和垂直距离应一致，其偏差要求与上条相同。

6）固定式滑接线跨越建筑物伸缩缝处和每隔30~50m处，应装设膨胀补偿装置，其间隙一般为20mm。

7）导线与滑接线连接时，滑接线的接头处应有导电镀层。连接后应有足够的机械强度，且无明显变形。

8）滑接线接头处的接触面应平整光滑，其高低差不应大于0.5mm，连接后高出部分应修理平整。

9）型钢滑接线焊接时，应附连接托板；轨道滑接线焊接时，焊条和焊缝应符合钢轨焊接工艺对材料和质量的要求，焊好后接触表面应平整光滑；圆形滑接线应尽量减少接头。

10）当起重机在终端位置时，滑接器距离滑接线末端不应小于200mm；固定装设的型钢滑接线，其终端支架距离滑接线末端不应大于800mm。

11）容量较大的滑接线有时采用分段供电，各分段电源如允许并联运行，分段的间隙一般为20mm；如不允许并联，分段间隙应大于滑接器与滑接线接触长度40mm，分段间隙应采用硬质绝缘材料的托板连接，托板与滑接线的接触面应在同一水平面上，间隙两侧滑接线的相位应一致。

12）根据生产和维修安全需要，有滑接线的适当地点宜装设灯光信号。

3. 移动电缆的安装要求

（1）滑车电缆的安装标准

1）软电缆安装后，其悬挂小车能沿滑道灵活、无跳动的移动，不得有卡阻现象；一般在小车轴上加铅末以助滑动，而不采用润滑油脂。

2）挂小车的电缆夹与电缆应可靠固定，但电缆夹与小车连接宜能自由转动，悬挂小车的间距不宜大于3m。

3）牵引钢丝绳宜选用较细软的钢丝绳，拖放开后应充分消除由于缠绕而产生的应力，必要时可以反向转动，使其活弯消除。拖放开后不宜立即与电缆扎紧，应使其自然消除应力。

4）电缆与钢丝绳的绑扎宜用专用线夹，间距应为1mm。

5）移动电缆移动段的长度应比起重机移动距离长15%～20%，如设计无规定时，长度大于20m时应加装牵引绳；牵引绳的长度应短于移动电缆移动段的长度。

6）起重机移动时应拖动钢丝绳，软电缆移动时不得受到应力或拉力。

（2）钢索悬挂电缆的安装标准

1）钢索悬挂电缆的安装，应使终端固定装置和终端拉紧装置有足够的机械强度，其允许最大拉力应大于2倍滑接线电缆或吊索的允许最大拉力。

2）终端拉紧装置应有适当的调节余量，当长度不大于25m时，不应小于0.10m；长度大于25m时，不应小于0.20m。

3）吊索拉紧弛度，应根据其材料规格和安装时的环境温度选定，且电缆线间的弛度应基本一致，偏差不应大于20mm。

4）悬挂装置的电缆夹应与移动电缆可靠固定，但电缆夹与其连接零件间宜能自由转动；电缆夹间的距离不宜大于5m。

5）当用型钢作移动电缆滑道时，其安装偏差应符合滑接线与轨道的安装偏差。

二、材料及附件的检验

1）材料及附件的检验应由施工员组织施工班组会同建设单位按设计图样和起重机的技术文件规定进行。

2）检查材料及附件的规格、品种、数量是否符合设计和起重机技术文件的规定。

3）绝缘子、绝缘套不应有机械损伤及缺陷，应表面清洁，绝缘性能良好；固定螺栓应牢固；螺纹应良好，并用紧固螺母拧紧。绝缘子安装前应做耐压试验，也可用1000V绝缘电阻表测两端紧固螺栓的绝缘电阻，阻值应大于10MΩ。

4）检查导轨外观，不得扭曲变形，导轨接头应平直、光滑、搪锡良好，绝缘槽板应无断裂，导轨槽口应大于10mm。过于狭窄时，可用扁钢撬板适当撬大。

5）滑接器应在刷框中伸缩自如，且有一定压力，电刷应无破损。

6）滑接线的材料应选用平直、光滑、质地优良的角钢，单根长度越长越好，一般应大于8m。有条件的最好在检验平板（台）上检验，其中心偏差不宜大于全长的1/1000，且不得大于10mm；一般不进行人工调直处理，角钢的规格必须一致，要用千分尺测量其断面的几何尺寸，其误差应在±1%以内。要想保证规格的一致，应使用同一厂家同一批号的产品。没镀锌的滑接线的锈垢应清除干净，导电接触面应平整、无凹凸不平，并涂以中性凡士林防锈。镀锌的滑接线平面应无镀锌颗粒，且镀锌的厚度应均匀无脱落。

三、滑接线测量定位要求

1）测量滑接线最低点应符合设计要求。

2）测量滑接线与其他设备之间的距离应符合设计要求。

3）测量每个支架的位置（一般设置在起重机梁的预留孔处或焊接在起重机移动的钢梁上），应以支架螺栓孔为准，划出支架间隔距离的明显标志。

4）支架安装位置应与建筑结构相对称。终端支架距离滑接线末端不应大于800mm。当起重机在终端位置时，滑接器距离滑接线末端不应少于200mm。

5）不得在建筑物的伸缩缝和起重机的轨道梁接头处安装支架。

四、作业条件

1）施工图样、产品说明书齐全，材料及附件已到货。其规格、型号符合设计要求及产品技术文件的规定。各种型钢、辅助母线应符合设计要求，并有出厂合格证；软电缆、绝缘子必须有出厂合格证，且规格、型号应符合设计要求；各种螺栓、垫圈应为符合国家标准的热镀锌制品；其他材料，如焊条应与焊件材质相符；防腐油漆、标志色漆应有出厂合格证。

2）施工场地符合安装条件。滑接线安装所需要的预留孔及预埋铁件位置、尺寸、标高符合设计要求及产品技术文件的规定；滑接线、软电缆安装部位的建筑装饰工程、通风工程、暖卫工程的有关项目全部结束；起重机的运行轨道全部安装结束。妨碍施工的脚手架全部拆除；滑接线及软电缆安装需要使用的脚手架，搭设方式应符合安全堆积的规定；材料及附件应有存放及加工的安全地点。

3）安装机具和器具准备到位（详见下文技能训练相关项目要求）。

◈◈◈ 第二节　滑接线和移动式电缆的安装技能训练实例

• 训练1　安装支架和绝缘子

1. 训练目的

掌握支架和绝缘子安装的技术要领。

2. 训练准备

1）准备施工图样和相关的技术资料。

2）施工机具：

主要机具：工作台、台虎钳、钢锯、无齿锯、锤子、调直器、电锤、台钻、台式砂轮、气焊工具、电焊机、锉刀、紧线器和手提砂轮。

测量器具：水准仪、水平尺、钢卷尺和钢直尺。

3. 训练要领

（1）测量定位　根据施工图测量出每个滑接线支架的安装位置。测量时，要以支架螺栓孔中心线为准，划出支架间隔距离的明显标志。要求所有支架在同一水平线上，垂直度要好，并与建筑物的结构相对称。

（2）支架及配件加工　支架的结构形式较多，应根据施工图和现场的实际情况，选用标准图集中的某种形式。一般形式如图 4-2 所示，固定角钢滑接线的内外夹板如图 4-3 所示，其规格与滑接线相同，内夹板规格应小一号。加工时，支架上的固定孔应冲成椭圆形，以便安装时调整。为防止生锈，应在支架上刷红丹漆和灰色面漆。

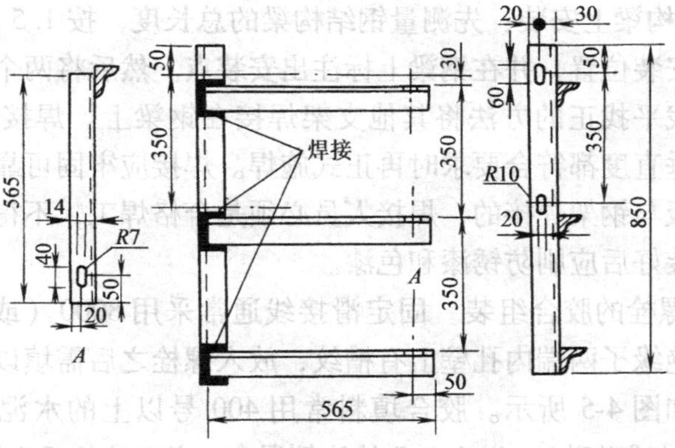

图 4-2　滑接线 E 形支架

（3）滑接线支架的安装

1）在混凝土梁上安装：支架安装通常在起重机轨道安装校正后进行。支架安装的位置应以该钢轨的水平面为基准，支架间的间隔距离按滑接线的设计图样布置，把预先加工好的支架焊接在预埋铁件上。焊接时应不使支架产生歪扭，保证牢固。安装时先焊接两端的支架，支架的高度测量应以两端钢轨平面为基准，首先保证钢轨两端平面到支架的尺寸 A 相等，如图 4-4 所示；然后用细铁丝在两支架之间拉一条直线（为了减小弛度造成的误差，一般不用细线），其余的支架一律以此线为基准进行安装，并使支架的标高一致，必要时可用水准仪测试其水平度；找平后的支架应将其紧固螺栓拧紧，并使弹簧垫、平垫、支架的中心面垂直于梁的中心面。这样，可以防止钢轨两端的高度误差过大而引起滑行受阻，导致导电拖板脱离导电滑接线或造成严重接触不良。

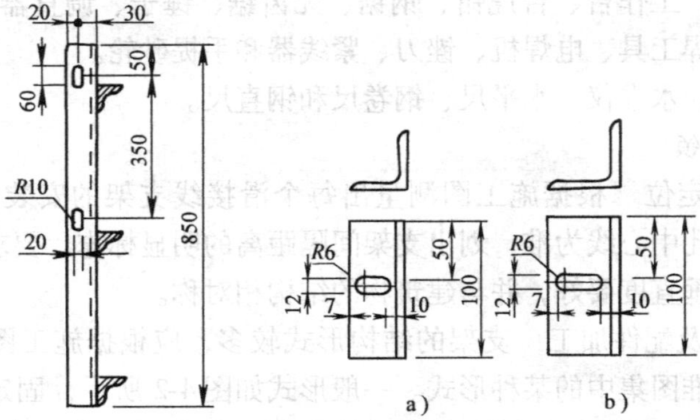

图4-3 滑接线角钢固定夹板

a）内夹板 b）外夹板

2）在钢结构梁上安装：先测量钢结构梁的总长度，按1.5～2.0m的间隔合理分配支架的安装位置，并在钢梁上标注出安装点。然后将两个终端的支架焊接在钢梁上，用找平找正的方法将其他支架焊接在钢梁上。焊接时应先点焊住位置，待标高、垂直度都符合要求时再正式施焊。焊接应牢固可靠，支架的焊接是通过一个过度板与钢架焊接的，焊接人员必须是合格焊工，不得使钢架受到任何损伤。支架安装好后应刷防锈漆和色漆。

（4）托脚螺栓的胶合组装　固定滑接线通常采用8000（或13600）型无轨电车绝缘子，绝缘子两端内孔壁上有槽纹，放入螺栓之后需填以胶合填料，凝固后方可使用，如图4-5所示。胶合填料常用400号以上的水泥加入粒度为1～1.5mm的瓷砂（或硅砂），以1:1.5的比例混合，并加入0.5%的石膏配制而成。

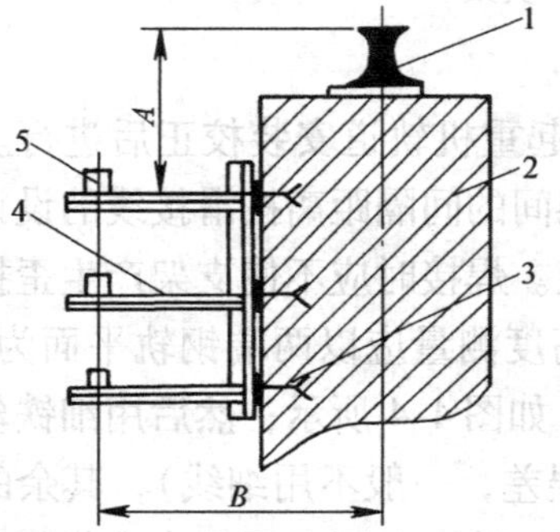

图4-4 支架和瓷绝缘子安装示意图

1—钢轨 2—轨道梁 3—预埋铁件

4—支架 5—瓷绝缘子

A—钢轨上平面到支架的距离

B—瓷绝缘子到钢轨中心线的距离

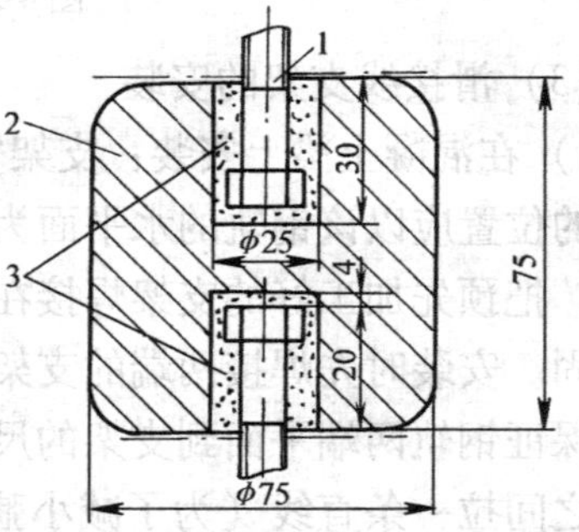

图4-5 绝缘子与螺栓的胶合

1—M10螺栓 2—绝缘子

3—胶合填料

也可采用铅填料或环氧树脂复合填料。胶合组装的操作方法是，先将绝缘子孔洗净，把螺栓放入孔内，再用胶合填料将绝缘子孔填实。胶合时应注意：埋入的螺栓长度不应短于25mm；填入的胶合填料不应高出绝缘子平面；填料后应使用抹布将绝缘子擦净；绝缘子不能有裂纹、破损及瓷釉损坏等缺陷。胶合后，一般需养护三天方可进行绝缘子的安装。

（5）绝缘子的安装　将绝缘子固定在支架上，在绝缘子的两端面垫以石棉垫，并以此调节绝缘子的高度，如图4-6所示。先安装滑接线两端支架上的绝缘子，同时保证绝缘子与钢轨中心的距离一致，以防止两条钢轨的安装误差过大而引起行车行走时导电拖板脱离导电滑接线。安装后，应进行调整，使同一支架上的三只绝缘子中心在同一垂直面上；同一滑接线上的各个绝缘子中心都应在同一直线上。

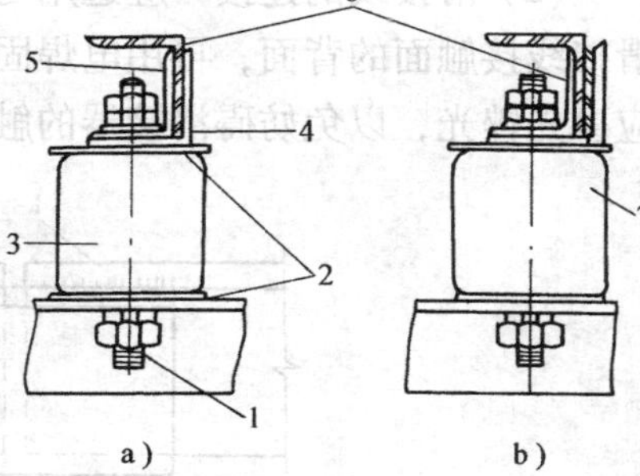

图4-6　角钢滑接线的固定

a）无辅助线　b）有辅助线

1—M10螺栓　2—石棉垫　3—绝缘子　4—夹板　5—内夹板　6—角钢滑触线　7—辅助母线

4. 注意事项

1）支架安装应平整牢固，间距均匀；油漆完整，色泽均匀。

2）绝缘子应清洁、无裂纹和缺损，与支架间的缓冲软垫片齐全。

3）支架应安装在同一水平面或垂直面上。

4）绝缘子的绝缘性能良好，在绝缘子与支架和滑接线钢固定件之间，应垫以红钢纸或类似的垫片。

5）安装于室外或潮湿场所的滑接线绝缘子应为户外式绝缘子。

6）瓷绝缘子安装前应用500V绝缘电阻表，摇测绝缘电阻应符合要求。

训练2　加工与安装滑接线

1. 训练目的

掌握滑接线加工与安装的技术要领。

2. 训练准备

1）准备施工图样和相关的技术资料。

2）施工机具：

主要机具：工作台、台虎钳、钢锯、无齿锯、锤子、调直器、电锤、台钻、台式砂轮、气焊工具、电焊机、锉刀、紧线器和手提砂轮。

测量器具：水准仪、水平尺、钢卷尺和钢直尺。

3. 训练要领

(1) 选材加工　滑接线应尽可能选用质量较好的材料，如有弯曲，则应在平板上或角钢矫直台上先调直。单根全长不直度不应大于2mm，不得有扭曲现象。滑接线的锈垢应清除干净，特别是滑接线与滑接器的接触面应保持良好的导电性能。

(2) 滑接线的连接　应选用与滑接线材料和截面积相同的连接托板，衬垫在滑接线接触面的背面，再用电焊固定，如图4-7所示。连接处要保持水平，飞边应事先锉光，以免妨碍滑接器的触动。

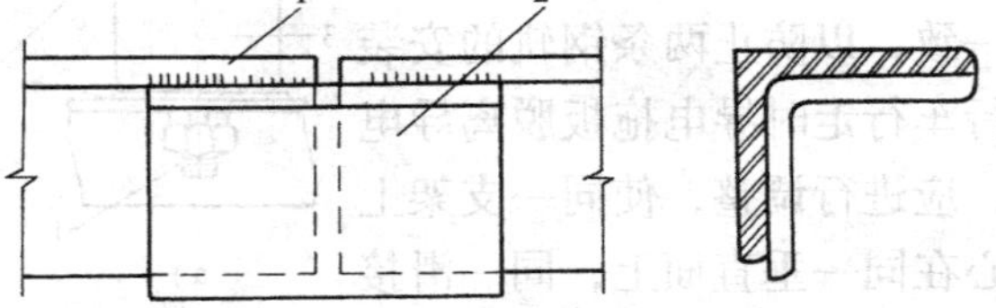

图4-7　角钢滑接线的连接

1—托板　2—滑接线

(3) 滑接线的起吊安装　滑接线在地面加工连接完成后，可用绳子（或其他起吊方法）将其吊到支架上。为防止滑接线弯曲变形，最好每隔6m设置一个捆扎滑接线的起吊滑轮（或支点），用人力慢慢吊起。将滑接线放入绝缘子上的内外夹板后，要进行水平和垂直度的找平找正，然后才能将滑接线固定。滑接线的安装应符合滑接线的安装质量标准。

(4) 辅助导线的安装　如滑接线较长，为了防止电压损失超过允许值，需在滑接线上加装辅助导线。其材料一般采用铝排，每隔12m用M10螺栓将滑接线连接一次，连接处应涂上锡。其安装方法如图4-8所示。

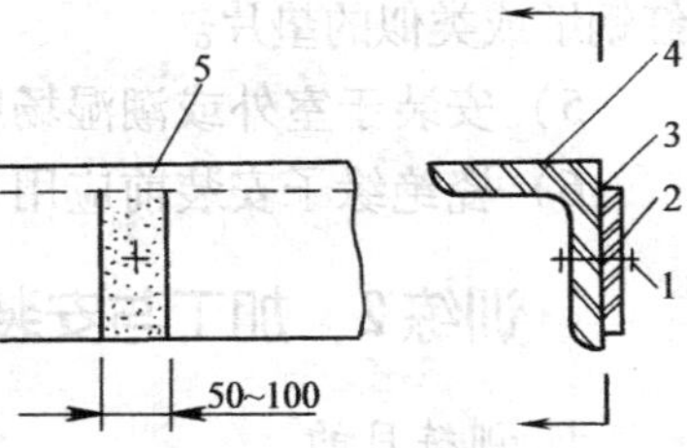

图4-8　辅助导线与滑接线的连接

1—螺栓、螺母　2—铝排

3—角钢接触面涂锡　4—角钢滑接线

5—涂锡面

(5) 补偿装置的安装　滑接线长度超过50m时应装设补偿装置，以适应建筑物沉降和温度变化而引起的变形，如图4-9所示。图中连接导线可采用多股铜导线，其截面积大小应与电源引线相同，接触面应刷锡以保证接触良好。补偿装置两端的高度差不应超过1mm。

(6) 滑接线电源的安装　滑接线与电源的连接方法如图4-10所示，连接处也应刷锡，以保证接触良好。

(7) 滑接线电源指示灯的安装　滑接线电源指示灯一般采用红色的、经过

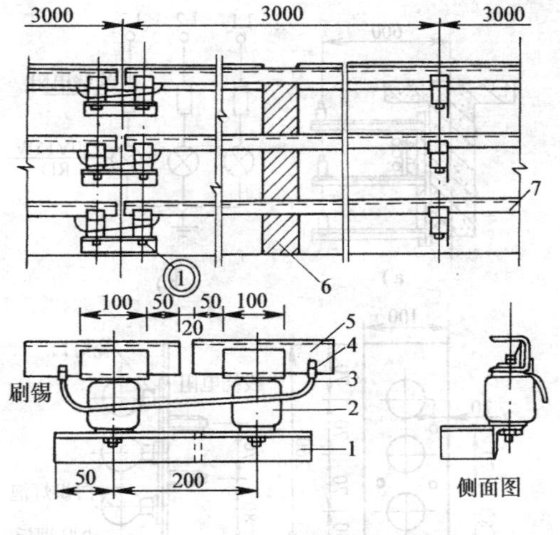

图 4-9　滑接线补偿装置的安装
1—角钢支架　2—绝缘子　3—铜连接导线
4—接线端子　5、7—角钢滑触线　6—建筑物伸缩缝

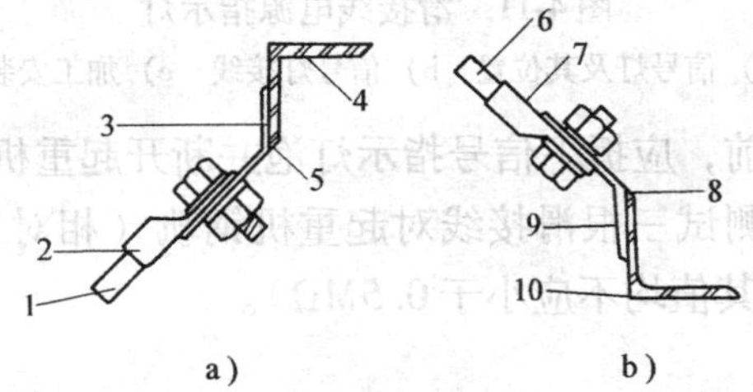

图 4-10　滑接线与电源的连接方法
a) 一式　b) 二式
1、6—导线　2、7—接线端子
3、9—40×4 扁钢　4、10—滑接线　5、8—焊接处

分压的白炽灯泡，其安装位置及接线方法如图4-11a、b 所示，具体加工制作安装可按图 4-11c 所示尺寸进行。信号指示灯应安装在滑接线的支架或墙壁等便于观察和显示的地方。

（8）滑接线刷漆着色及绝缘电阻测定

1）刷漆着色：滑接线安装完毕后，应清除滑接线上的镀锌铁丝、焊渣等杂物。滑接线除滑触面外，应先刷防腐漆，要求均匀无漏刷，以显示其为带电导体并防止角钢生锈。待防腐漆干后，再按下列规定刷色漆。刷漆应均匀，色泽光滑，色标正确。上下排列的滑接线，由上向下 L1（黄）、L2（绿）、L3（红）。水平排列的滑接线，由内向外 L1（黄）、L2（绿）、L3（红）。

2）滑接线绝缘电阻测定：滑接线在安装完毕后（或通电前），必须进行绝

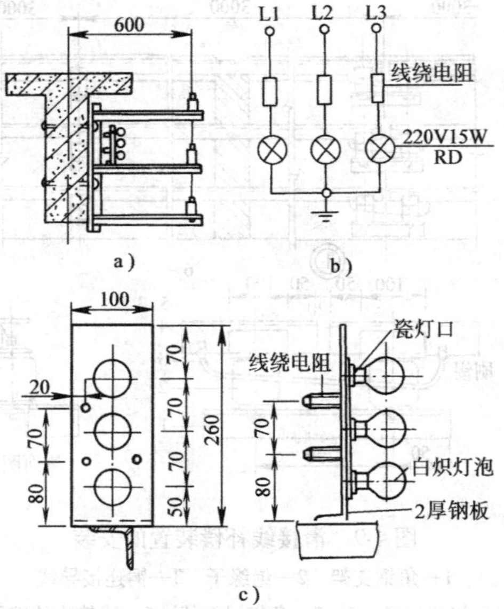

图 4-11 滑接线电源指示灯

a) 信号灯及其位置 b) 信号灯接线 c) 加工安装

缘电阻的测定。测试前，应拆下信号指示灯泡并断开起重机滑接线的电源。一般使用绝缘电阻表分别测试三根滑接线对起重机钢轨（相对地）和滑接线间（相与相）的绝缘电阻（其值均不应小于0.5MΩ）。

4. 注意事项

1）安装过程中要注意安全操作。

2）安装好的滑接线要符合质量标准。

3）角钢、槽钢断头应平齐，端面应平整光滑。

4）型钢滑接线连接应用与滑接线相同截面积的托板衬在滑接线内面，用电焊焊接三个边。焊缝应饱满、平整，无气孔及夹渣。焊后无变形。

5）辅助线一般沿滑接线敷设，应不大于12m，且与滑接线连接一次。型钢连接处应搪锡，连接螺栓按母线连接的规定配置，且应保持紧密。

训练3 安装滑接器

1. 训练目的

掌握滑接器的安装要领。

2. 训练准备

1）准备施工图样和相关的技术资料（见图4-12）。

2）施工机具：

主要机具：工作台、台虎钳、钢锯、无齿锯、锤子、调直器、电锤、台钻、台式砂轮、气焊工具、电焊机、锉刀、紧线器和手提砂轮。

测量器具：水准仪、水平尺、钢卷尺和钢直尺。

3. 训练要领

1）制作固定架子：裁截固定支架所需要的型钢，下料的尺寸应略大于桥式起重机从桥身下侧到滑接线的距离，一般不大于 3mm，并在固定滑接器开长孔处。

2）将型钢架子固定在桥身一端的下侧。

3）将滑接器安装在角钢或槽钢架上。

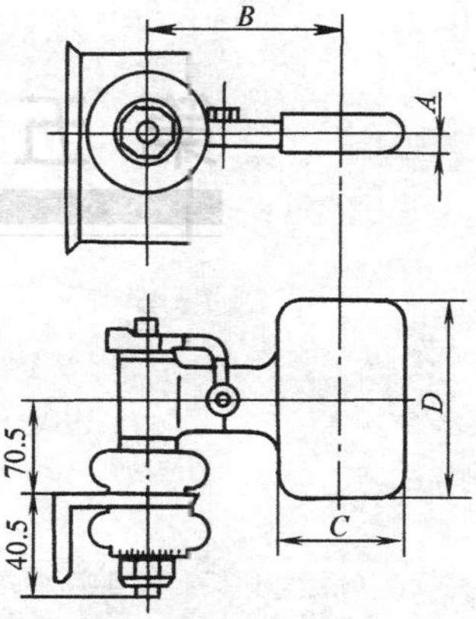

图 4-12　小车滑接器

4）滑接器安装好后，应在全程滑动中测试其与滑接线的接触电阻，其值应接近零。凡大于零处应调整接触压力、修整滑接线水平度或除尽锈迹等，使其接近零。同时应测试滑接器导电部位与地（钢架）的绝缘电阻，应大于 1MΩ。

4. 注意事项

1）滑接器与滑接线接触可靠，与滑接线的接触部分不应有尖锐的边棱，压紧弹簧的压力应适宜。

2）滑接器的中心线（宽面）应不越出滑接线的边缘，绝缘部件应完整齐全。

3）导线引线应固定牢靠，滑块可动部分应灵活无卡阻。

复习思考题

1. 滑接线和移动式电缆安装质量有哪些具体要求？
2. 简述滑接线支架的安装方法。
3. 绝缘子安装时有哪些一般性要求？
4. 简述滑接线的安装步骤。

第五章

电动机的安装

培训学习目标 熟悉三相交流异步电动机和直流电动机的基本结构；了解电动机检查性试验项目和型式试验项目的主要内容，掌握电动机绝缘电阻检查和绝缘强度测试的基本内容；重点掌握直流电动机接线方式和三相交流异步电动机的Y/△联结，并能看懂异步电动机铭牌内容，理解铭牌上额定功率、额定电流、功率因数等技术参数含义；会至少用一种方法准确快速地判定出三相交流笼型异步电动机绕组首尾端；了解电动机简单控制电路。

第一节 安装电动机专业知识

一、三相交流异步电动机的结构

我们知道，三相交流异步电动机广泛应用于工农业生产所需的各种电力拖动系统中，具有结构简单、制造、使用和维护方便等诸多优点。按照转子绕组结构不同，三相异步电动机可分为笼型异步电动机和绕线转子异步电动机两大类。下面分别介绍如下：

1. 三相笼型异步电动机的结构

如图5-1所示，三相笼型异步电动机主要由定子和转子两部分组成。

定子由定子铁心、定子绕组和机座等组成。定子铁心由相互绝缘的0.35~0.5mm厚的硅钢片叠压而成；三相对称定子绕组嵌放在定子内圆均匀分布的槽内，并按一定连接方式引出六根线头到机座外的接线盒内；机座用铸铁或铸钢制成。

转子由转子轴、转子铁心和用铜条或铸铝制成的外形酷似鼠笼的笼圈组成。转子铁心由圆形硅钢片叠压而成，并冲有均匀分布的槽孔，槽孔中装置鼠笼。

转子铁心与定子铁心之间留有0.35~0.5mm的间隙，称为气隙。

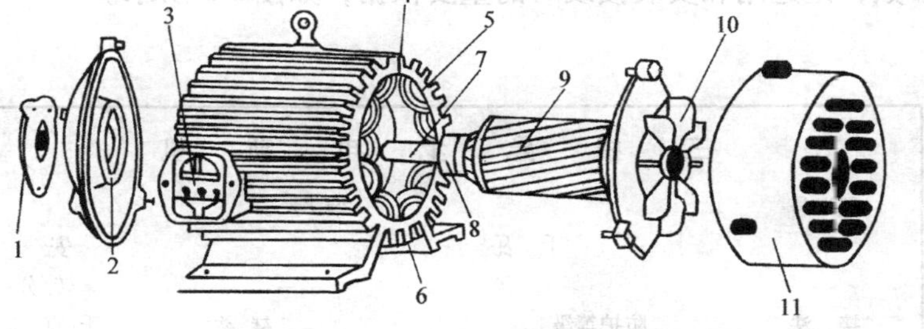

图5-1 三相笼型异步电动机的结构

1—轴承盖 2—端盖 3—接线盒 4—定子铁心 5—定子绕组 6—机座 7—转轴 8—轴承 9—转子 10—风扇 11—罩壳

2. 三相绕线转子异步电动机的结构

如图5-2所示，三相绕线转子异步电动机也是由定子和转子两大部分构成的。与笼型异步电动机相比较，两者只是在转子的构造上有所不同。

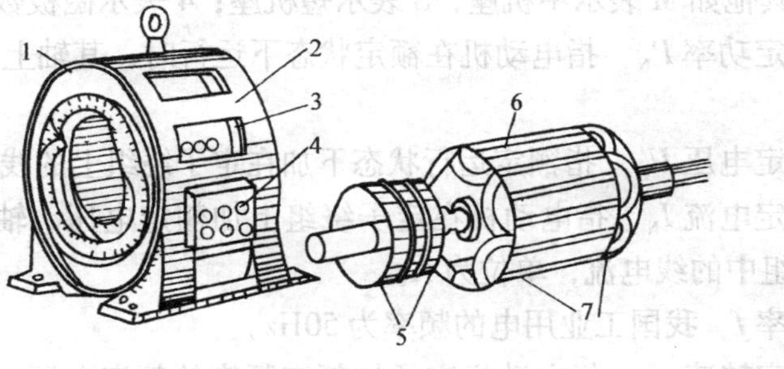

图5-2 绕线式异步电动机的结构

1—定子绕组 2—机座 3—定子铁心 4—接线盒 5—集电环 6—转子铁心 7—转子绕组

绕线转子异步电动机的转子铁心槽内嵌有三相对称绕组，它们联结成星形，每相绕组始终通过三个固定在转轴上的彼此绝缘的集电环与电刷滑动接触，然后与外电路连接。若在转子电路中串接可调电阻即可进行调速，以满足拖动机械改善起动性能和调速要求。

二、交流电动机的铭牌和接线

三相交流异步电动机的接线方式有两种，一种是将定子绕组的六个出线端接成星形（Y），另一种是将六个出线端首尾相接，接成三角形（△）。选择何种接线方式必须参考电动机铭牌上的技术要求和接法说明。

异步电动机的铭牌在其对应栏内通常标有电动机的型号、额定值、接法等有关技术参数，是选用和安装接线时的重要依据，如图5-3所示。

三 相 异 步 电 动 机			
型 号		编 号	
	千 瓦		安
	伏		转/分
接 法	防护等级	赫 兹	千 克
标准编号	工作制	级绝缘	年 月
			电 机 厂

图5-3 三相异步电动机的铭牌

（1）型号 用以表明电动机的产品种类、机座型式、磁极数等。例Y160L—4中，Y表示笼型异步电动机；160表示机座中心高，单位为mm；L表示长机座，其他如M表示中机座，S表示短机座；4表示磁极数为4。

（2）额定功率 P_N 指电动机在额定状态下运行时，其轴上输出的机械功率，单位为kW。

（3）额定电压 U_N 指额定运行状态下加在定子绕组上的线电压，单位为V。

（4）额定电流 I_N 指电动机在定子绕组上加额定电压、轴上输出额定功率时，定子绕组中的线电流，单位为A。

（5）频率 f 我国工业用电的频率为50Hz。

（6）额定转速 n_N 指电动机定子加额定频率的额定电压，且轴端输出额定功率时电动机的转速，单位为r/min。

（7）功率因数 $\cos\varphi=\lambda$ 指电动机额定运行时每相绕组的功率因数。通常为0.75～0.9，电容运转式单相异步电动机的功率因数会更高些。

（8）效率 η 指电动机满载时轴上输出的机械功率与输入电功率之比，即

$$\eta=\frac{P_N}{P_1}\times100\%$$

此时，$P_1=\sqrt{3}U_NI_N\cos\varphi=\sqrt{3}U_1I_1\cos\varphi$。注意功率因数角不是 U_1 与 I_1 的相位差而是 U_p 与 I_p 的相位差。其中，U_1、I_1 是线电压、线电流，U_p、I_p 是相电压、相电流。

（9）绝缘等级 规定了电动机绕组及相关绝缘材料的允许温度。我们熟知

的Y系列电动机为B级绝缘，极限温度为130℃，而高压大功率电动机多采用H级绝缘，极限温度为180℃。

(10) 接法 指定子三相绕组电源接入方式。这一点在电动机接线时应注意短接铜片的连接方式。图5-4a所示为星形联结，图5-4b所示为三角形联结。

一般而言，功率在3kW以下的中小型三相异步电动机额定电压在380V时采用Y联结；功率在4kW以上的额定电压为380V时，采用△联结。另外根据系统许可，风机类大中型电动机可采用Y/△起动的方法以减小电动机起动电流对电网和电动机绕组的冲击。

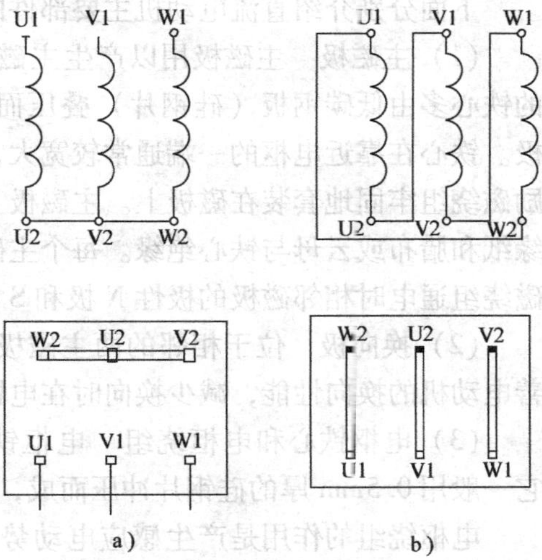

图5-4 三相异步电动机Y/△联结
a) Y联结 b) △联结

三、直流电动机的结构

直流电动机的结构如图5-5所示。它由静止的定子和转动的转子两大部分组成，定子与转子之间的间隙叫作气隙。定子由主磁极、换向极、机座及电刷装置等组成，其作用是产生磁场和支撑电动机。电枢由电枢铁心、电枢绕组、换向器及转轴等组成，其作用是产生电动势和电磁转矩，实现能量转换。

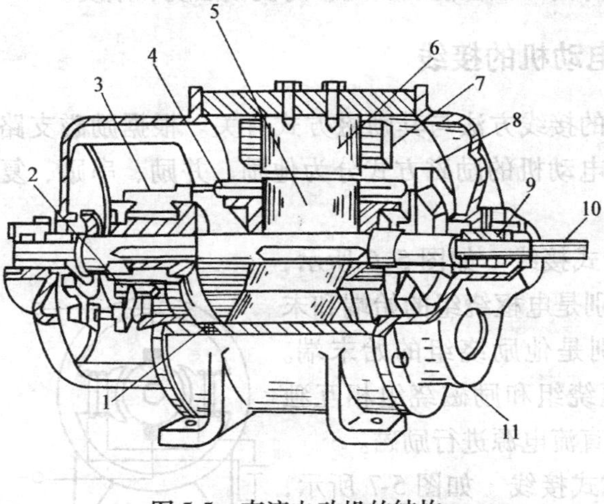

图5-5 直流电动机的结构
1—换向极绕组 2—电刷装置 3—换向器 4—电枢绕组 5—电枢铁心
6—主磁极 7—励磁绕组 8—风扇 9—轴承 10—轴 11—端盖

下面分别介绍直流电动机主要部件的构造和作用。

（1）主磁极 主磁极用以产生主磁通，它由铁心和励磁绕组组成。主磁极的铁心多由低碳钢板（硅钢片）叠压而成，少数小型电动机也可用整块铸钢磁极。铁心在靠近电枢的一端通常较宽大，目的是改善气隙磁通密度的分布并可使励磁绕组牢固地套装在磁极上。主磁极上的励磁绕组用绝缘铜线绕制而成，用绝缘纸和腊布或云母与铁心绝缘。每个主磁极上的线圈一般是串联的，且能保证励磁绕组通电时相邻磁极的极性N极和S极总是交替排列的。

（2）换向极 位于相邻的两主磁极间的几何中性线上有一小磁极，可以改善电动机的换向性能，减少换向时在电刷和换向器之间的接触面上产生的火花。

（3）电枢铁心和电枢绕组 电枢铁心可安放电枢绕组并用作电动机磁路，它一般用0.5mm厚的硅钢片冲压而成，以减少铁心的涡流和磁滞损耗。

电枢绕组的作用是产生感应电动势和通过电流产生电磁转矩，实现能量转换。绕组通常用绝缘导线绕制而成，分别嵌入电枢铁心槽内，然后将其端接头按一定规律焊在对应的换向片上。

（4）换向器 换向器可以将外加直流电变为绕组中的交流电，产生恒定方向的转矩，使电动机连续转动。换向器由许多换向片沿圆周方向叠放而成，换向片之间有0.6~1mm厚的云母片隔离绝缘。

（5）电刷装置 通过电刷装置，可以将直流电动机的电枢绕组与外电路连接。电刷装置通常由电刷、刷握和刷杆等组成。

（6）机座 机座是构成磁路和支承主磁极、换向极、端盖等的重要部件，机座必须具有良好的导磁性能以及足够的机械强度和刚度。

四、直流电动机的接线

直流电动机的接线方法与其励磁方式有关。根据励磁支路和电枢支路的关系，可以将直流电动机的励磁方式分为他励、并励、串励、复励（长复励、短复励）等几种。

（1）他励方式接线 如图5-6所示，图中A1、A2分别是电枢绕组的始端和末端；F1、F2分别是他励绕组的始末端。接线特点是电枢绕组和励磁绕组相互独立，需另外备有直流电源进行励磁。

（2）并励方式接线 如图5-7所示，图中E1、E2为并励绕组的始末端。接线特点是电动机的励磁绕组与电枢绕组并联。并励绕组匝数多，导线细，电阻大。

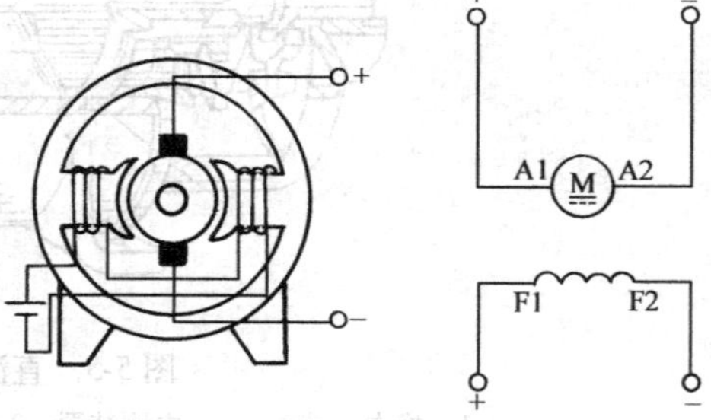

图5-6 他励方式接线

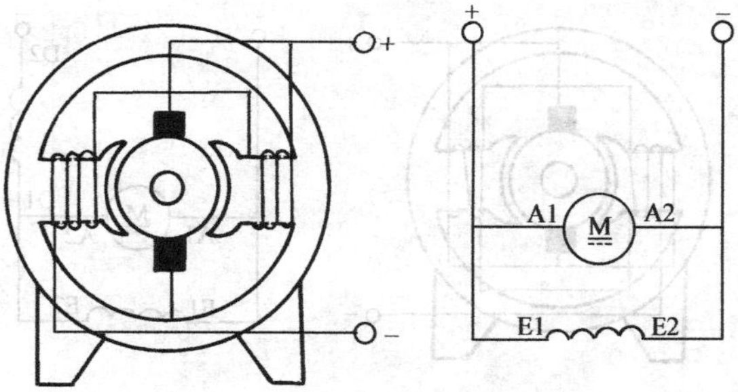

图 5-7　并励方式接线

（3）串励方式接线　如图 5-8 所示，D1、D2 为串励绕组始末端。接线特点是电动机的励磁绕组与电枢绕组串联。串励绕组匝数少，导线粗，电阻小。

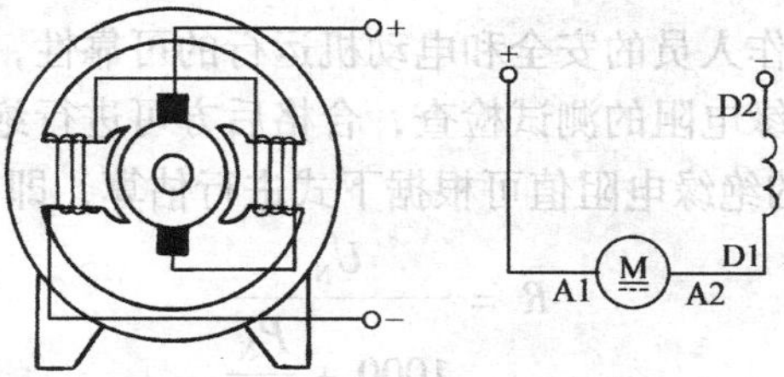

图 5-8　串励方式接线

（4）长复励方式接线　如图 5-9 所示，接线特点是先接成串励形式，再接成并励形式。注意两个励磁绕组的区别。串励绕组为三个半圆，并励绕组为四个半圆。

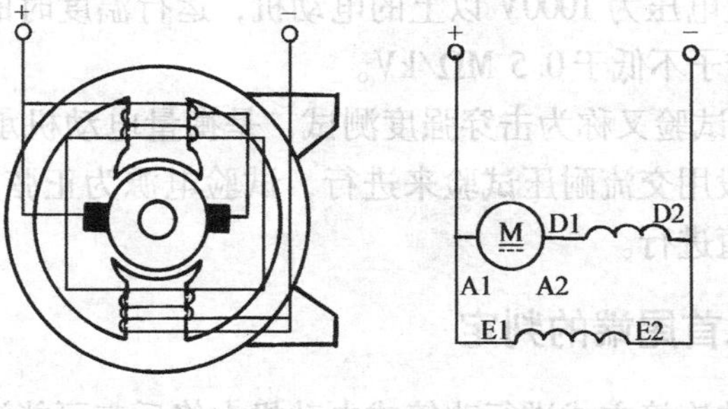

图 5-9　长复励方式接线

（5）短复励方式接线　如图 5-10 所示，接线特点是先并励后串励。注意串、并励绕组不能混淆。

五、电动机绝缘强度的测试

电动机试验可分为检查性试验和型式试验两种。检查性试验主要指电动机冷

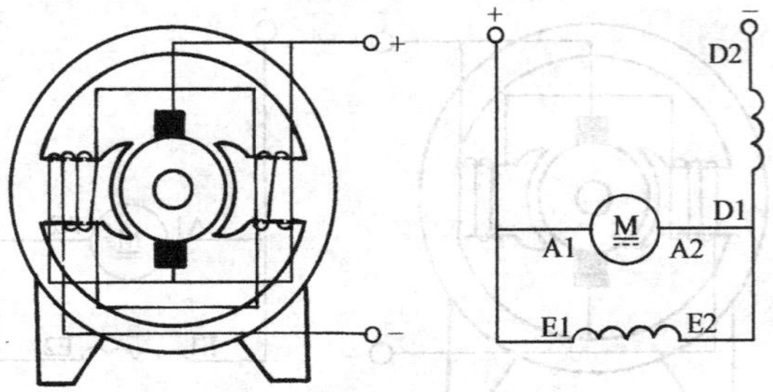

图5-10 短复励方式接线

态下绝缘电阻和直流电阻的测定以及绕线转子异步电动机转子开路电压的测定等项目；型式试验主要包括耐压试验（也称为绝缘强度试验）、空载试验和堵转试验等项目。

注意，为确保操作人员的安全和电动机运行的可靠性，三相异步电动机在正式安装前要先进行绝缘电阻的测试检查，合格后方可进行绝缘强度试验。

1）测定电动机的绝缘电阻值可根据下式进行估算，即

$$R = \frac{U_N}{1000 + \frac{P_N}{100}}$$

式中 R——绝缘电阻，单位为MΩ；

U_N——电动机额定电压，单位为V；

P_N——电动机额定功率，单位为kW。

一般地，常温下低压电动机的绝缘电阻不得低于0.5MΩ，否则应对电动机进行干燥处理。额定电压为1000V以上的电动机，运行温度时的绝缘电阻，定子不低于1MΩ/kV，转子不低于0.5 MΩ/kV。

2）绝缘强度试验又称为击穿强度测试，是衡量电动机承受过电压能力的一项性能指标。一般用交流耐压试验来进行，试验电源为正弦交流50Hz（工频），试验电压按规定值进行。

六、电动机首尾端的判定

在对电动机的连接方式进行改接或电动机大修后有可能混淆其三相绕组六根线头的首尾端。此时需要对三相异步电动机的首尾端进行判定，重新标记后方可正确连接。判定电动机首尾端方法很多，但基本原理不外乎电磁感应或剩磁发电两种。

七、电动机的简单控制电路

三相交流异步电动机的控制电路根据其作用不同可分为起动、调速和制动三

类。其中，起动控制电路可分为全压起动和减压起动两种；调速控制电路主要有变极调速、变转差率调速和变频调速三种；制动控制电路可分为机械制动和电气制动两类。这里仅介绍两种简单的控制电路。

图5-11所示为具有过载保护的接触器自锁控制电路。其工作过程是：合上电源开关QS，按下起动按钮SB1，控制回路电流经FU2、FR、SB1、闭合的SB2、交流接触器线圈KM和FU2构成回路，线圈KM得电，一方面使得控制回路的KM辅助常开触头闭合自锁，另一方面使得主回路的KM三对主触头闭合，主回路三相电源经闭合的QS、熔断器FU1、闭合的KM、热继电器FR通入三相交流电动机定子绕组，使之旋转起来。图中，FU1起短路保护作用，FR起电动机过载保护作用。

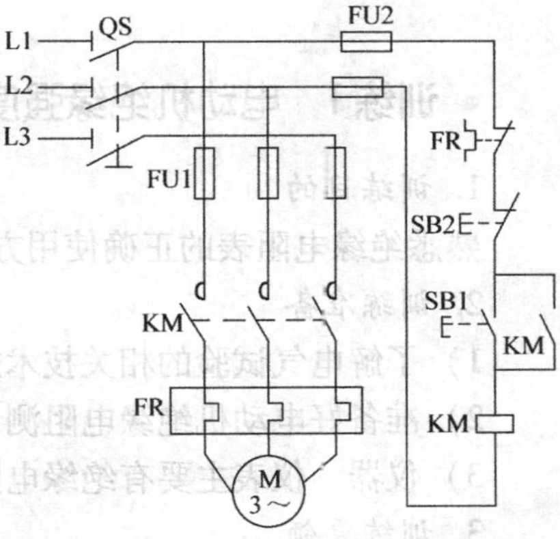

图5-11 具有过载保护的接触器自锁控制电路

图5-12所示为电磁抱闸断电制动控制电路。其起动工作过程是：按下SB1，KM线圈通电，自锁，接通主回路，电磁抱闸线圈YB得电，衔铁吸合，通过杠杆带动闸瓦与闸轮分离，电动机正常运转。如需制动停转，按下停止按钮SB2，KM线圈失电，主回路断电，YB线圈亦失电，闸瓦在弹簧作用下抱紧闸轮，电动机迅速停转。

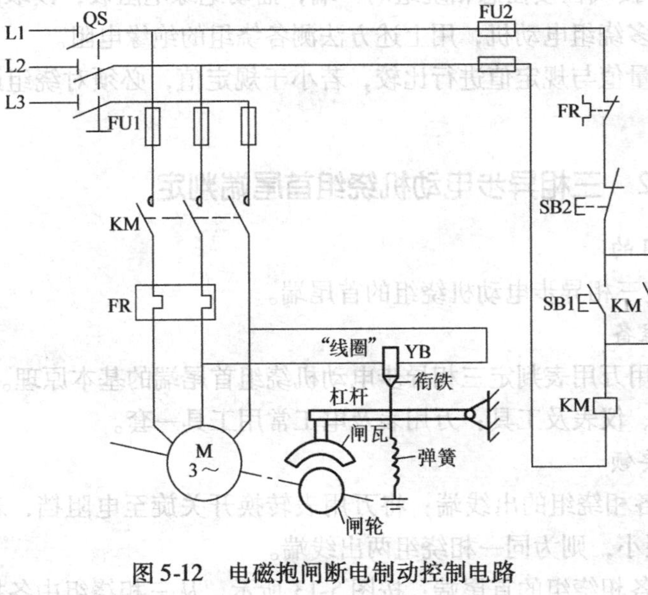

图5-12 电磁抱闸断电制动控制电路

第二节 电动机的安装技能训练实例

训练1 电动机绝缘强度测试

1. 训练目的

熟悉绝缘电阻表的正确使用方法；熟练掌握电动机绝缘电阻的测试方法。

2. 训练准备

1）了解电气试验的相关技术规范和安全操作的技术要求。

2）准备好电动机绝缘电阻测试接线图及相关技术资料。

3）仪器、仪表主要有绝缘电阻表、万用表及电工常用工具一套。

3. 训练要领

用绝缘电阻表测量电动机的绝缘电阻。

1）打开电动机接线盒，松开短接片。

2）按规定校对绝缘电阻表。

3）测试定子、转子绕组各相之间的绝缘电阻：将绝缘电阻表的E和L接线柱分别接被测电动机两绕组，以120r/min的速度匀速摇动绝缘电阻表的手柄，待指针稳定后，读取示值并记录。用同样的方法测量其他绕组间的绝缘电阻。

4）测试每相绕组对地绝缘电阻：将绝缘电阻表的E接线柱与电动机的接地端子相连，L接线柱接任意相绕组的一端，摇动绝缘电阻表，读取读数并记录。

5）多速多绕组电动机，用上述方法测各绕组的绝缘电阻。

6）将测量值与规定值进行比较，若小于规定值，必须对绕组进行干燥处理或加以检修。

训练2 三相异步电动机绕组首尾端判定

1. 训练目的

准确判定三相异步电动机绕组的首尾端。

2. 训练准备

1）理解用万用表判定三相异步电动机绕组首尾端的基本原理。

2）仪器、仪表及工具：万用表及电工常用工具一套。

3. 训练要领

1）判定各相绕组的出线端：将万用表转换开关旋至电阻挡，若所测两线头之间的电阻很小，则为同一相绕组两出线端。

2）判定各相绕组的首尾端：按图5-13所示，从三相绕组中各抽出一个线端拧在一起，另将万用表的转换开关旋至 0.5mA 挡后串入两公共端点。因为转子铁心中有剩磁的存在，所以用手转动电动机轴时会在三相绕组内感应出微弱的电动势。若表头指针一动不动，则表明三相绕组的感应电动势是对称相加，即三相绕组之间是首首相连、尾尾相连。若万用表指针左右摆动，则必定其中有一相绕组的首端接了另两相绕组的尾端，这就需要一相一相轮流对调后重新试验直至万用表指针不再抖动为止。

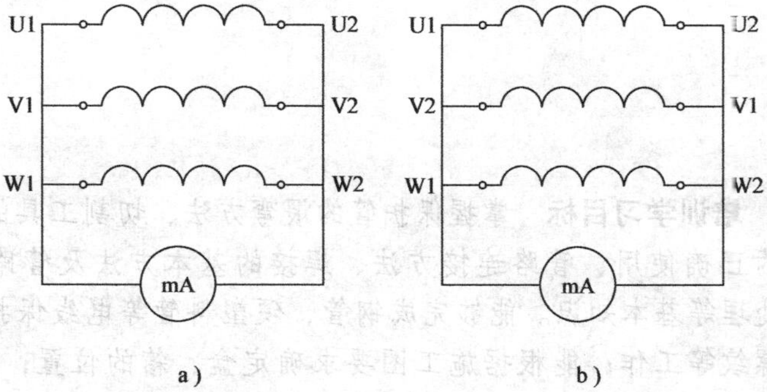

图 5-13　用万用表判定电动机的首尾端

a）首首相连　b）首尾相连

4. 注意事项

1）绕组首尾端判定准确后应及时做好标记。

2）用万用表判断电动机首尾端的前提条件是电动机的转子铁心中必须有剩磁存在。

复习思考题

1. 三相笼型异步电动机和绕线转子异步电动机在结构上有何区别？
2. 绕线转子异步电动机的集电环和直流电动机的换向器各有何作用？
3. 直流电动机的串励绕组能否直接与电枢绕组并联？为什么？
4. 你能否用其他方法判定异步电动机的首尾端？请写出操作步骤。

第六章

线管配线

培训学习目标 掌握保护管的煨弯方法、切割工具的正确使用、套螺纹机的正确使用、管路连接方法、焊接的基本方法及管路遇伸缩缝、沉降缝的处理等基本知识。能够完成钢管、硬塑料管等电线保护管的煨弯、切断和套螺纹等工作；能根据施工图要求确定盒、箱的位置；能完成稳住盒箱、管路连接、管路在支架上的明敷和在各种墙体内的暗敷及接地线的焊接等具体工作。

第一节 线管配线专业知识

一、线管配线的技术要求及线管选择

1. 线管配线的基本概念

把绝缘导线穿在管内配线称为线管配线。线管配线有耐潮、耐腐、导线不易遭受机械损伤等优点。适用于电压为1kV以下的线路；管内采用的绝缘导线其绝缘电压不得低于500V。

线管配线有明配和暗配两种。明配是把线管敷设于墙壁、桁架以及其他明露处，要求配得横平竖直，而且要求管路短、弯头少。暗配是把线管埋设在墙内、楼板内其他看不见的地方，不要求横平竖直，只要求管路短、弯头少。

2. 线管配线的技术要求及线管选择

(1) 线管配线的技术要求

1）同一回路的各相导线及工作零线应穿于同一管内。

2）不同电压及不同回路的线路一般不应穿于同一管内，但下列情况可以

除外：

① 一台电动机的所有回路（包括操作回路）。

② 同一设备或同一流水作业设备的电力线路和无防干扰要求的控制回路。

③ 无防干扰要求的各种用电设备的信号回路、测量回路和控制回路。

④ 照明花灯的供电回路。

⑤ 电压相同的同类照明支路，可共管敷设，但不宜超过10根。工作照明与事故照明线路不得共管敷设。

⑥ 电压为65V及以下的回路。

3）互为备用的线路不得共管。控制线与动力线共管时，当线路较长或弯头较多时，控制线截面积应不小于动力线截面积的10%。

4）金属管配线和硬塑料管配线的管路较长或有弯时，应适当加装接线盒，使两个接线点之间的距离符合以下要求：

① 对无弯的管路，不超过45m。

② 两个接线点之间有一个弯时，不超过30m。

③ 两个接线点之间有两个弯时，不超过20m。

④ 两个接线点之间有三个弯时，不超过12m。

5）钢管的连接应符合下列要求：

① 螺纹连接，管端套螺纹长度不应小于管接头长度的1/2；在管接头两端应焊跨接接地线。

② 套管连接，宜采用暗配管，套管长度为连接管外径的1.5~3倍；连接管的对口处应在套管的中心，坡口应焊接牢固、严密。

③ 薄壁钢管连接，必须用螺纹连接。

6）硬塑料管的连接处应用胶合剂粘接，接口必须牢固、密封，并应符合下列要求：

① 采用插入法连接时插入深度为管内径的1.2~1.5倍。

② 采用套接法连接时套管长度为连接管内径的2.5~3倍，连接管的对口处应在套管的中心。

7）线管与设备连接时，应将钢管敷设到设备内；如不能直接进入时，应符合下列要求：

① 在干燥房间内时，可在钢管出口处加保护软管引入设备，管口应包扎严密。

② 在室外或潮湿房间内时，可在管口处装设防水弯头，由防水弯头引出的导线应套绝缘保护软管，弯成防水弧度后再引入设备。

③ 管口距地面高度一般不宜低于200mm。

8）穿管导线的总面积（含绝缘层和保护层）一般不超过管内截面积的

40%。一般情况下，若管内导线的截面积相同，则线管内径与导线外径的关系见表6-1。

表6-1 线管内径与导线外径的关系

导线根数	1	2	3	4	5	6	7	8	9	10	11	12
线管内径为导线外径的倍数	1.7	3.0	3.4	3.6	4.0	4.5	5.1	5.6	5.8	6.0	6.4	6.6

9）线管转弯时，应采用弯曲线管的方法，不宜采用制成品的月亮弯，以免造成管口连接处过多。其原因有二：一是使用成品弯头会增加管子的接头，而接头越多越易引起故障；二是线管转弯处有曲率半径的规定，成品弯头的曲率半径一般不符合要求。

10）在混凝土内敷设的线管，必须使用壁厚为3mm的电线管，当电线管的外径超过混凝土厚度的1/3时，不准将电线管埋在混凝土内，以免影响混凝土的强度。

（2）线管选择

1）根据敷设的场所来选择线管的类型：

① 潮湿和有腐蚀气体的场所内明敷或埋地一般采用管壁较厚的白铁管（又称为水煤气钢管）。

② 干燥场所内明敷或暗敷一般采用管壁较薄的电线管。

③ 腐蚀性较大的场所内明敷或暗敷一般采用硬塑料管。

④ 防爆场所内明敷或暗敷应根据防爆规程选材。

2）根据穿管导线的截面积和根数来选择线管的管径：一般要求穿管导线的总截面积（包括绝缘层）不应超过线管内径截面积的40%；白铁管和电线管的管径可根据穿管导线的截面积和根数按表6-2选择。

表6-2 单芯绝缘导线穿管管径的选用

线管类别 / 穿管根数 / 管内径/mm / 导线截面积/mm^2	水煤气钢管				电线管			
	2	3	4	5	2	3	4	5
1.5	15	15	15	20	20	20	20	25
2.5	15	15	20	20	20	20	25	25
4	15	20	20	20	20	20	25	25
6	20	20	20	20	20	20	25	32
10	20	25	25	32	25	32	32	40

（续）

线管类别 / 穿管根数 / 管内径/mm / 导线截面积/mm^2	水煤气钢管				电线管			
	2	3	4	5	2	3	4	5
16	25	25	32	32	32	32	40	40
25	32	32	40	40	32	40	—	—
35	32	40	50	50	40	40	—	—
50	40	50	50	70				
70	50	50	70	70				
95	50	50	70	70				
120	70	70	80	80				

3）线管选择注意事项：

① 所选钢管不能有折扁、裂纹、砂眼，管内应无飞边、金属屑，也不应有严重的锈蚀。

② 所选的硬塑料管应选用热塑料管，优点是在常温下坚硬，有较大的机械强度，受热软化后，又便于加工。对管壁厚度的要求是：明敷时不得小于2mm；暗敷时不得小于3mm。

二、保护管煨弯方法

1. *落料与锯管*

落料前应检查线管质量，有裂缝、塌陷及管内有锋口或杂物等时均不能使用。应按两个接线盒之间为一个线段，根据线路弯曲转角情况来决定用几根线管接成一个线段和确定弯曲部位，然后按需要长度锯管。一个线段内应尽可能减少管口的连接接口。

线管切割可使用钢锯、管子割刀或电动切割机，严禁使用气割。

钢管一般都用钢锯锯削。下锯时，锯要扶正，向前推动时适度施加压力，但不得用力过猛，以防折断锯条。钢锯回拉时，应稍微抬起，减少锯条磨损。在割据时为防止钢锯发热需要在锯口上加注润滑油。管子将要锯断时，要放慢速度，使断口平整。锯断后用半圆锉锉掉管口内侧的棱角，以免穿线时割伤导线。

硬塑料管一般采用管子割刀，因为用管子割刀割断的管子切口比较整齐，割断速度也比较快，但在使用时要注意以下几点：

1）切割管子时，管子应夹持牢固，割刀片和滚轮与管子垂直，以防割刀片刀刃崩裂。

2）每次进刀时，不要用力过猛，背吃刀量以每次不超过螺杆半圈为宜，初割时进给量可稍大些，以割出较深的刀槽，防止刀刃崩裂，以后每次进给量应逐渐减少。

3）使用时，管子割刀各活动部分和被割管子表面均需加少量润滑油以减少摩擦。

4）根据被割管子的尺寸，选择适当规格的管子割刀，以免刀片与滚轮之间的最小距离小于该规格管子割刀的最小割管尺寸，从而导致滑块脱离主体导轨。

2. 除锈与涂漆

为防止线管年久生锈，应对线管进行防锈涂漆，因此在线管敷设前，应将已选用的线管外的灰渣、油污与锈块等杂物清除干净。为了防止除锈后重新氧化，应迅速涂漆。常用的除锈去污方法有两种：

1）手工除锈法：用圆形钢丝刷，两头各绑一根长度适当的铁丝，将铁丝和钢丝刷穿过线管，来回拉动钢丝刷即可除去线管内壁的锈块。线管外壁的锈蚀可直接用钢丝刷去除。线管除锈后，立即在线管内外表面涂防锈漆。但在混凝土中埋设的管子外壁不能涂漆，否则影响线管与混凝土之间的结构强度。在除锈过程中，如果发现管壁上有砂眼、裂缝和塌陷等情况，应把有缺陷的部位锯掉。

2）压缩空气吹除法：在管子的一端注入高压压缩空气，吹净管内脏物。

3. 保护管煨弯

（1）弯管器的选择　直径为25mm以下的薄壁管和直径为20mm以下的厚壁管，可用简易矩形木条弯管器来弯管。弯管时把线管嵌入木条上的斜口里，使标有记号的地方跟斜口的侧沿平齐，然后将钢管弯成所需角度，如图6-1所示。

直径在50mm以下的线管，可用弯管器进行弯曲。使用弯管器弯曲钢管时，脚要用力踩着钢管，然后逐渐移动弯管器棒，且一次弯曲的弧度不可过大，否则可能会弯裂或弯瘪线管，直至把管子弯成所需的弧度和角度，如图6-2所示。

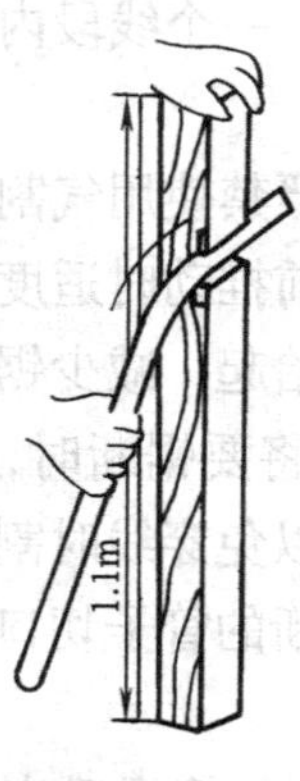

图6-1　用矩形木条弯管

图6-2　用弯管器弯管

（2）煨弯方法的选择　凡管壁较薄且直径较大的线管，弯曲时，管内要灌满沙子，否则会把钢管弯瘪；若采用加热弯曲，管内要灌满干燥无水分的沙子，并在管两端塞上木塞，如图6-3所示。

弯曲有缝钢管时，可采用热弯法，并应将接缝处放在弯曲的侧边，作为中间层，切忌将焊缝放在弯曲处的内侧或外侧。因为，焊缝处在内侧，会受到压缩力的作用；处在外侧，会受到拉伸力的作用；而中间层在弯曲形变时，是既不缩短也不延长的，故焊缝作为中间层时就不易发生皱叠、断裂和塌陷等现象，如图6-4所示。

硬塑料管的弯曲通常也用加热煨弯法。加热时要掌握好火候，既要使管子软化，又不得烤伤、烤变色或使管壁出现凹凸状。对塑料管的加热弯曲有直接加热煨弯和灌砂加热煨弯两种方法。

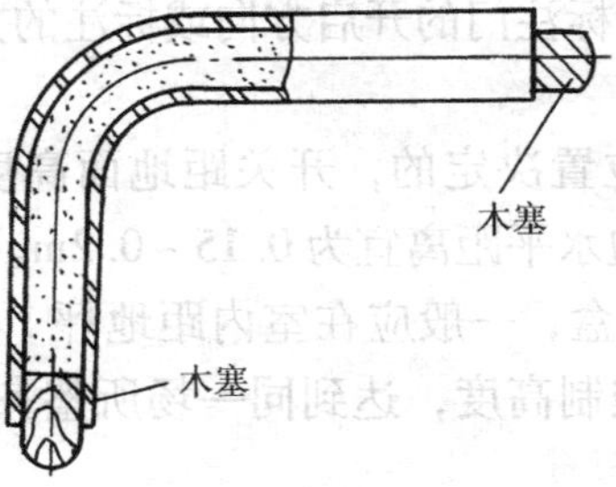

图6-3　钢管灌沙弯曲

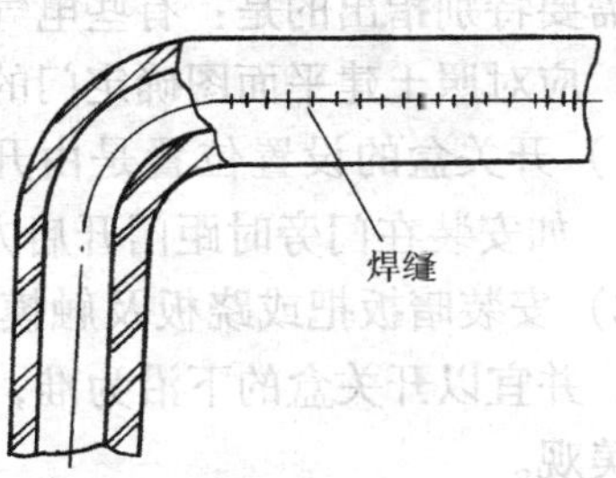

图6-4　有缝钢管的弯曲

1）直接加热煨弯：直接加热煨弯法适用于管径在20mm及其以下的塑料管。煨弯时先将管子放入烘箱内或放在电炉、喷灯上加热（加热时应均匀转动管子，不得将管烤伤、变色以及有显著的凹凸等现象），到适当温度后立即将管子放在平板或弯模具上煨弯。为加速硬化，可浇水冷却。

2）灌沙加热煨弯：灌沙加热煨弯法适用于管径在25mm及其以上的塑料管。对于这类内径较大的管子，如果直接加热，很容易使其弯曲部分变瘪。为此，煨弯前先用木塞将管子一端的管口封好，然后将干沙灌入管内，礅实后将另一端管口堵好，最后将管子加热到适当温度后放在模具上弯制成形，如图6-5所示。

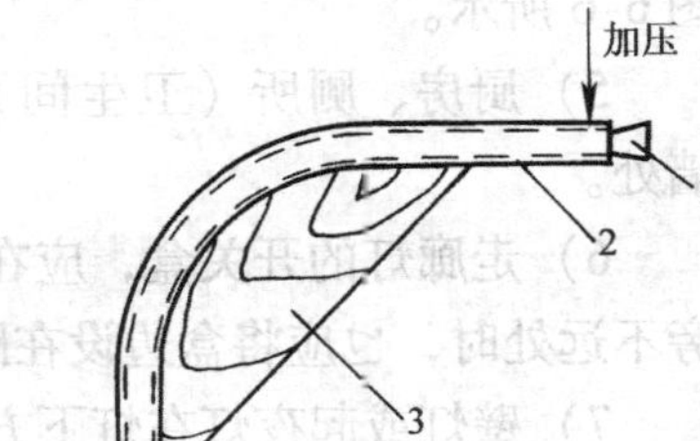

图6-5　硬塑料管加热煨弯法
1—木塞　2—硬塑料管　3—木胚具

4. 保护管套螺纹

为了使管子与管子之间或管子与接线盒之间

连接起来，需要在管子端部进行套螺纹。

三、盒箱的定位与安装技术要求

在建筑电气安装工程中，因为各类电气器具的使用地点不同，其设置高度及水平位置也不尽相同，安装各类电气器具的盒（箱）应按设计给定的标高，结合规范的规定，根据建筑结构来确定适当的位置，并且应与其他管路保持一定的安全距离，以保证电气器具安全及使用功能。

1. 跷板（扳把）开关盒位置确定

在建筑墙体上设置开关盒，应首先考虑到墙体的宽度应超过盒体的厚度。若在设置开关的墙体上有墙裙时，还应了解墙裙的高度，不应把盒位设在墙裙的上口线上，否则安装开关后将有失美观。还应考虑门的开启方向以及门旁墙垛的尺寸。需要特别指出的是：有些电气图样上没有标注门的开启方向或标注的方向不正确，应对照土建平面图确定门的开启方向。

1）开关盒的设置位置是由开关的安装位置决定的，开关距地面高度宜为1.3m，如安装在门旁时距门开启方向的门框边水平距离宜为0.15～0.2m。

2）安装暗扳把或跷板及触摸开关的开关盒，一般应在室内距地坪1.3m处埋设，并宜以开关盒的下沿为准，这样便于控制高度，达到同一场所整齐一致，外表美观。

3）当门旁设有开关时，一般情况下，应在门的开启方向，距门框（或洞口）边180mm处设置开关盒体。

4）楼梯间的照明灯控制开关，应设在方便使用和利于维修之处，不应设在楼梯踏步上方，当条件受限制时，开关距地高度应以楼梯踏步表面确定标高，如图6-6所示。

5）厨房、厕所（卫生间）、洗漱室等潮湿场所的开关盒应设在房间的外墙处。

6）走廊灯的开关盒，应在距灯位较近处设置。当开关盒距门框（或洞口）旁不远处时，也应将盒边设在距门框（或洞口）边180mm或250mm处。

7）壁灯或起夜灯在灯下方的开关盒，应设在灯位盒的正下方，并在同一条垂直线上。

8）住宅居室内的起夜灯开关盒宜设在床头，便于夜间操作。如果开关与起夜灯设在同一墙面上时，开关盒与灯位盒应在同一条垂直线上，这样敷设可以省管、省线；当起夜灯距门处较近时，灯下开关盒宜设在门旁，这是因为开关盒与起夜灯灯位盒在同一条垂直线上埋设，施工时比较麻烦。住宅起夜灯与开关盒位置，如图6-7所示。

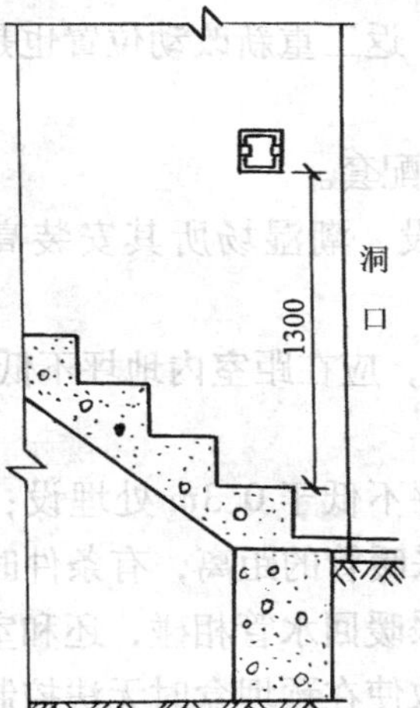

图 6-6 楼梯踏步上方开关盒位置

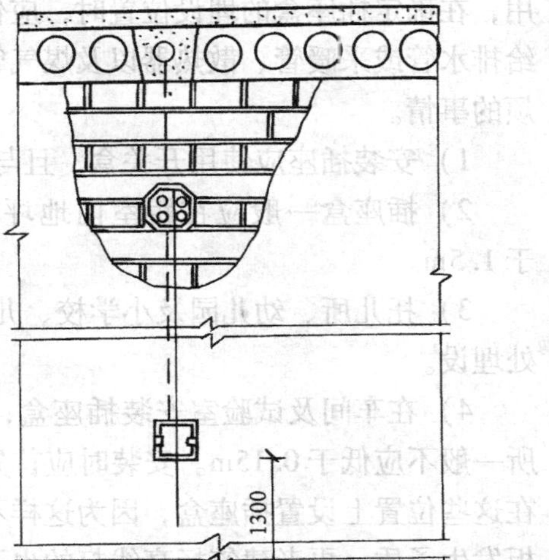

图 6-7 起夜灯与开关盒位置

9）住宅居室内同时安装顶灯和起夜灯，如照明开关采用单联开关在两处分别设置时，应将顶灯开关设在门旁，起夜灯开关设在床头起夜灯下方，不应在同一面墙上设置两个开关，如图 6-8 所示。

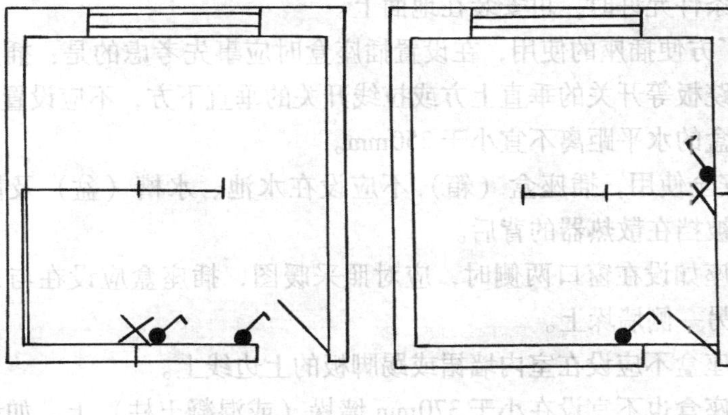

图 6-8 同一面墙上设置两个开关

a）不正确的设置位置 b）正确的设置位置

10）室外门灯、雨棚灯的开关盒不宜设在外墙处，应设在建筑物的内墙上。

2. 插座盒位置的确定

插座是线路中最容易发生故障的地方，插座的形式和安装高度及位置应根据工艺和周围环境及使用功能加以确定，应保证安全方便、利于维修。为了正常使用，在确定插座盒的埋设位置时，应仔细对照给排水及采暖专业施工图，如果与给排水管或采暖管、散热器以及煤气管、表碰车，返工重新改动位置也是比较麻烦的事情。

1）安装插座应使用开关盒，且与插座盖板相配套。

2）插座盒一般应在距室内地坪1.3m处埋设，潮湿场所其安装高度不低于1.5m。

3）托儿所、幼儿园及小学校、儿童活动场所，应在距室内地坪不低于1.8m处埋设。

4）在车间及试验室安装插座盒，应在距地坪不低于0.3m处埋设；特殊场所一般不应低于0.15m。安装时应首先考虑好与采暖管的距离，有条件时尽量不在这些位置上设置插座盒，因为这样不但容易与采暖回水管相碰，还和室内踢脚板发生矛盾，再者建筑标高线打的也不会及时，致使在预埋盒时无法控制标高。

5）住宅内插座盒距地1.8m及以上时，可采用普通型插座；若使用安全插座时，安装高度可为0.3m。

6）住宅面积$10m^2$及以上的居室中，应在最易使用插座的两面墙上各设置一个插座位置；$10m^2$以下的居室中，可设置一个插座位置；厨房、过厅可各设一个插座位置。

7）旅馆客房各种插座及床头控制板用接线盒，一般安装在墙上，当隔音条件要求高且条件允许时，可安装在地面上。

8）为了方便插座的使用，在设置插座盒时应事先考虑的是：插座不应被挡在门后；在跷板等开关的垂直上方或拉线开关的垂直下方，不应设置插座盒；插座盒与开关盒的水平距离不宜小于250mm。

9）为安全使用，插座盒（箱）不应设在水池、水槽（盆）及散热器的上方，更不能被挡在散热器的背后。

10）插座如设在窗口两侧时，应对照采暖图，插座盒应设在与采暖立管相对应的窗口另一侧墙垛上。

11）插座盒不应设在室内墙裙或踢脚板的上边线上。

12）插座盒也不宜设在小于370mm墙垛（或混凝土柱）上。如墙垛或柱为370mm时，应设在中心处，以求美观大方。

13）住宅楼方厅内只设计一个插座时，应首先考虑在能放置电冰箱的位置处设置插座盒，可以防止电源线乱拉乱扯。

14）住宅厨房内设置供排油烟机使用的插座盒应设在煤气台板的侧上方（见图6-9），可以防止与煤气二次管相碰。

15）此外，还应考虑好躲开室内煤气管、表的位置，插座边缘与煤气管、表边缘距离不应小于150mm，一般情况下，厨房玻璃隔断外墙体长度超过

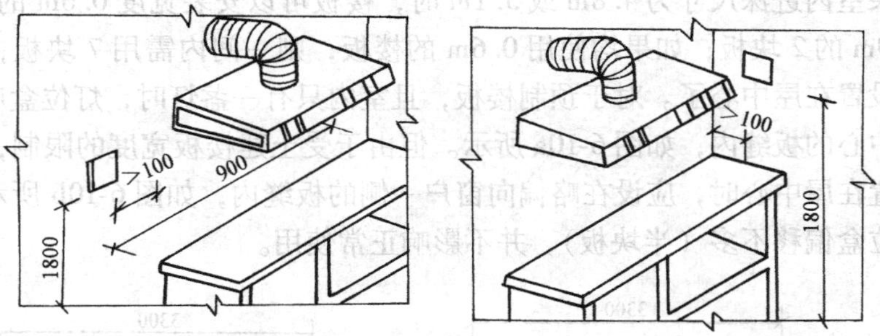

图 6-9 排油烟机插座的位置

900mm 时，在距洞口旁 180mm 处设置插座盒，在煤气管、表正常后面施工时才能避免碰车。

3. 壁灯灯位盒的确定

照明灯具的安装位置，要根据房间的用途、室内采光的方向及门的位置和楼板的结构等因素确定。

1）照明灯具安装除板孔穿线和板孔内配管，需要在板孔处打洞安装灯具外，其他暗配管施工均需设置灯位盒（90mm×90mm×45mm，即八角盒）。

2）室外照明灯具在墙上安装时，不可低于 2.5m；室内灯具一般不应低于 2.4m；住宅壁灯（或起夜灯）由于楼层高度的限制，灯具安装高度可以适当降低，但不宜低于 2.2m，旅馆床头灯不宜低于 1.5m。

3）壁灯如安装在柱上，灯位盒应设在柱中心位置上。

4）壁灯灯位盒在柱或窗间墙上设置时，应预先考虑好采暖立管的位置，防止灯位盒被采暖立管挡在后面。

5）住宅卫生间一般宜设置壁灯，其壁灯灯位盒应躲开给排水管及高位水箱的位置。

6）成排埋设安装壁灯的灯位盒，应在同一条直线上，高低差不应大于 5mm，这样可防止安装灯具后超差。

4. 楼（屋）面板上灯位盒位置的确定

1）楼板上设置照明灯灯位盒，应根据楼板的结构型式及管子敷设的部位确定。现浇注混凝土楼板，当室内只有一盏灯时，其灯位盒应设在纵横轴线中心的交叉处。有两盏灯时，灯位盒应设在短轴线中心与墙内净距离 1/4 的交叉处。现浇注混凝土楼板上设置按几何图形组成的灯位，灯位盒的位置应相互对称。预制空心楼板，配管管路需沿板缝敷设时，特别是同一房间使用不同宽度的楼板时，为了在合理的位置上安装管路及灯具，电工要配合安排好楼板的排列次序，并调整好灯位盒处板缝的宽度，以利配管方便和电气装置安装对称。

如果室内进深尺寸为4.8m或5.1m时，楼板可以安装宽度0.6m的4块板、宽度0.9m的2块板；如果均使用0.6m的楼板，则一间内需用7块板，灯位盒就无法设置在屋中心了。对于预制楼板，且室内只有一盏灯时，灯位盒应尽量设在室内中心的板缝内，如图6-10a所示。但由于受土建楼板宽度的限制，灯位盒无法设置在屋中心时，应设在略偏向窗户一侧的板缝内，如图6-10b所示。此时由于灯位盒偏移不多（半块板），并不影响正常使用。

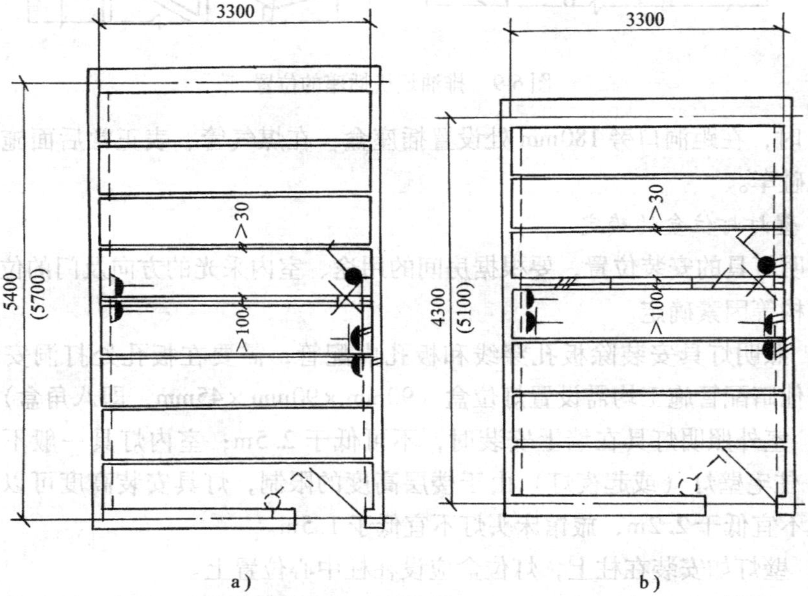

图6-10　室内一盏灯楼板与灯位盒排列

a）灯位盒在室内中心　b）灯位盒略偏向窗侧

2）如果室内设有两盏（排）灯时，两灯位盒之间的距离，应尽量等于灯位盒与墙距离的2倍。如室内有梁时灯位盒距梁侧面的距离，应与距墙的距离相同。

3）成套（组装）吊链荧光灯，灯位盒的埋设，应先考虑好灯具吊链开档的距离；安装简易直管吊链荧光灯的两个灯位盒中心距离应符合要求：20W荧光灯为600mm；30W荧光灯为900mm；40W荧光灯为1200mm。

4）楼（屋）面板上，设置三个及以上成排灯位盒时，应沿灯位盒中心处拉通线定灯位，成排的灯位盒应在同一条直线上，允许偏差不应大于5mm。

5）公共建筑走廊照明灯，应按其顶部建筑结构不同，来合理地布置灯位盒的位置，当走廊顶部无凸出楼板下部的梁时，除考虑好楼梯对应处的灯位盒外，其他灯位盒宜均匀分布；若有凸出楼板下部的梁，确定灯位盒时，应考虑到灯位与梁的位置关系，灯位盒与梁之间的距离应协调，均匀一致，力求实用美观。

6）住宅楼厨房灯位盒应设在房间本体的中心处；厕所（卫生间）吸顶灯灯位盒一般不宜设在其本体的中心处，应配合给排水、暖卫专业，确定适当的位置，但应在窄面的中心处，其灯位盒及配管距预留孔边缘不应小于200mm，防止管道预留孔不正而扩孔时，破坏电气管、盒。

5. 中间拉线盒位置的确定

在室内布线工程中，一般在预制空心楼板板孔穿线或在板孔内配管时，根据配管需要进行墙体内与楼板板孔内导线或管子的连接，要设置中间接线盒（也称为断线盒，即90mm×90mm×45mm灯位盒）以外，其他明、暗敷设钢管、硬质塑料管工程对中间拉线盒（或接线盒）的设置，无论是《民用建筑电气设计规范》（JGJ 16—2008），还是《电气装置安装工程1kV及以下配线工程施工及验收规范》（GB 50258—1996），为了便于穿线、维修、防止导线受损伤，作出了规定，在此规定外不应随意设置中间拉线盒或接线盒。即使在规定内，配管线路也应尽量减少中间拉线盒或接线盒。否则，在白净的墙体上设置拉线盒或接线盒也不美观。

管路水平敷设时拉线点之间距离应符合下列要求：

1）无弯管路，不超过30m。

2）两个拉线点之间有一个弯时，不超过20m。

3）两个拉线点之间有两个弯时，不超过15m。

4）两个拉线点之间有三个弯时，不超过8m。

四、管道连接的方法及遇伸缩缝、沉降缝的处理方法

1. 钢管与钢管的连接

钢管与钢管之间的连接，无论是明配管还是暗配管，最好采用管箍连接，尤其是埋地和防爆线管。管箍连接如图6-11a所示。为了保证管接口的严密性，应顺管子螺纹方向缠上麻丝，如图6-11b所示，并在麻丝上涂层白漆，再用管子钳

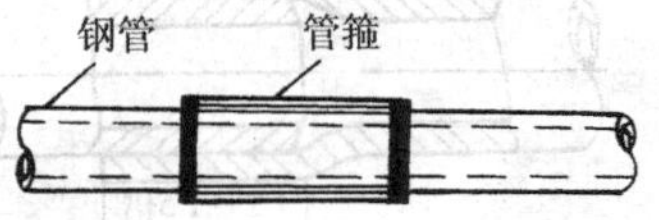

a）

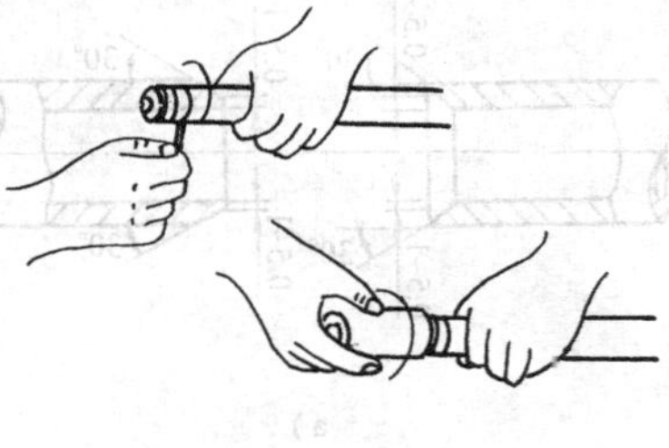

b）

图6-11 钢管的连接

a）用管箍连接钢管 b）过松时用麻丝或塑料薄膜垫包

拧紧，并使两端间吻合。

2. 钢管与接线盒或设备的连接

钢管的端部与各种接线盒连接时，应采用在接线盒内外各用一个薄形螺母（锁紧螺母）夹紧线管的方法，如图6-12所示。安装时，先在线管管口拧入一螺母，管口穿入接线盒后，在盒内再套拧一个螺母，然后用两把扳手，把两个螺母反向拧紧。如果需要密封，则在两螺母之间各垫入密封垫圈。

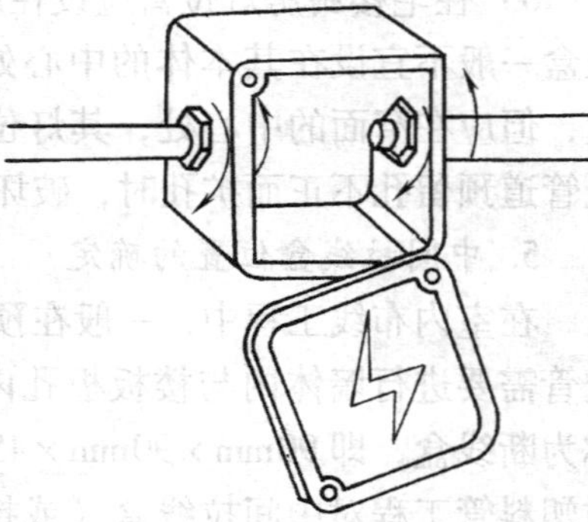
图6-12 钢管与接线盒的连接

暗配的钢管与盒箱连接也可用焊接连接，管口宜超出盒箱内壁3～5mm，且焊好后应补涂防腐漆。

当钢管与设备直接连接时，应将钢管敷设到设备的接线盒内。

当钢管与设备间接连接时，对室内干燥场所，钢管端部宜增设电线保护软管或可挠金属电线保护管后引入设备的接线盒内，且管口应包扎紧密；对于室外或室内潮湿场所，钢管端部应增设防水弯头，导线应加套保护软管，且弯成滴水弧状后再引入设备的接线盒。

3. 硬塑料管连接

（1）直接插入连接法 适用于ϕ50mm以下的硬塑料管连接。连接前先将两根管子的管口倒角，即将连接处的外管倒内角，内管倒外角，如图6-13a所示，然后将内、外管各自插接部位的接触面用汽油、苯或二氯乙烯等溶剂洗净，待溶剂挥发完后，将外管插接段（长度为1.2～1.5倍的管子直径）放在电炉或喷灯上加热至145℃左右，呈柔软状态后，将内管插入部分涂一层胶合剂（过氯乙烯胶），迅速插入外管，并调到两管轴心一致时迅速用湿布冷却，使管子恢复到原来的硬度，如图6-13b所示。

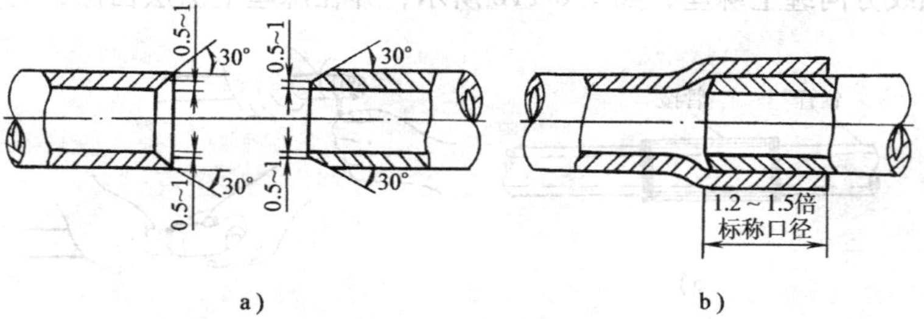

图6-13 硬塑料管的直接插入连接法

a）硬塑料管的管口倒角 b）硬塑料管的直接插入

(2) 模具胀管连接法　适用于ϕ60mm及以上的硬塑料管连接。先按照直接插入连接法的要求将外管加热至145℃呈柔软状态时，插入已加热的金属成型模具进行扩口；然后用水冷却至50℃左右，取下模具，在外管和内管两端的接触面涂上过氯乙烯胶；再次加热，待塑料管软化后进行插接，到位后用水冷却，使外管收缩并箍紧内管，即可完成连接，如图6-14a所示。

硬塑料管在完成上述插接工序后，如果条件具备，用相应的塑料焊条在接口处圆周上焊接一圈，使接头成为一个整体，则机械强度和防潮性能会更好。焊接完的塑料管接头如图6-14b所示。

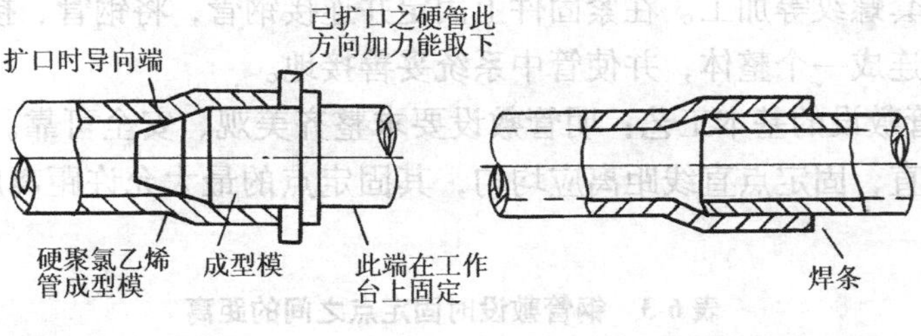

图6-14　硬塑料管的模具插接
a) 胀管插接　b) 接口焊接

(3) 套管连接法　两根硬塑料管的连接，可在接头部分加套管完成。套管长度为它自身内径的2.5～3倍，其中管径在50mm以下者取较大值，在50mm以上者取最小值。连接前先将同径的硬塑料管加热扩大成套管，然后把需要连接的两管插接段内、外倒角，并用汽油或酒精擦拭干净，待汽油或酒精挥发后，涂上粘接剂，迅速插入套管中。插接前，仍需先将管口在套管中部对齐，并处于同一轴线上，如图6-15所示。

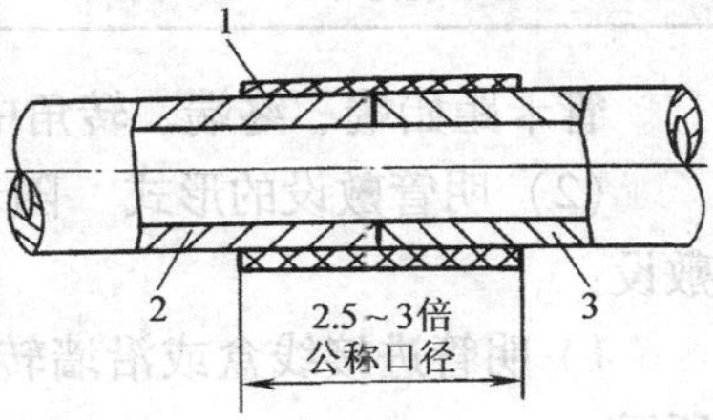

图6-15　套管连接法
1—套管　2、3—接管

4. 线管的接地

为了安全用电，线管配线的线管必须可靠接地。因螺纹连接会降低导电性能，保证不了接地的可靠性，为此，在线管与线管、线管与配电箱及接线盒等连接处，用ϕ6～ϕ10mm圆钢或多股导线制成跨接线连接。干线始末端和分支线管应分别与接地体连接，并使线路所有线管都接地。

有时为使施工简便和节约金属材料，将钢管直接作为接地线或零线，其配管往往用电焊直接进行焊接。

钢管的接地连接应符合下列要求：

1）黑色钢管螺纹连接时，连接处的两端应焊接跨接接地线或采用专用接地线卡跨接。

2）镀锌钢管或可挠金属电线保护管的跨接地线宜采用专用接地线卡跨接，不应采用熔焊连接。

5. 钢管的敷设

（1）明管敷设的顺序和工艺

1）明管敷设的一般顺序：按施工图确定电气设备安装位置，划出管道走向中心交叉位置，并埋设支撑钢管的紧固件。按线路敷设要求对钢管进行下料、清洁、弯曲、套螺纹等加工。在紧固件上固定并连接钢管，将钢管、接线盒、灯具或其他设备连成一个整体，并使管中系统妥善接地。

2）明管敷设的基本工艺：明管敷设要求整齐美观、安全可靠。沿建筑物敷设要横平竖直，固定点直线距离应均匀，其固定点的最大允许距离应符合表6-3的规定。

表6-3　钢管敷设时固定点之间的距离

管卡间最大距离/m \ 线管内径/mm \ 管壁厚度/mm	13~19	25~32	38~54	64~76
>2.5	1.5	2.0	2.5	3.5
≤2.5	1.0	1.5	2.0	1.0

管卡距始端、终端、转角中心、接线盒或电气设备边缘150~500mm。

（2）明管敷设的形式　随着建筑物结构和形状的不同，钢管常用以下形式敷设：

1）明管进接线盒或沿墙转弯时，应在转弯处弯曲成“鸭脖子”，如图6-16所示。

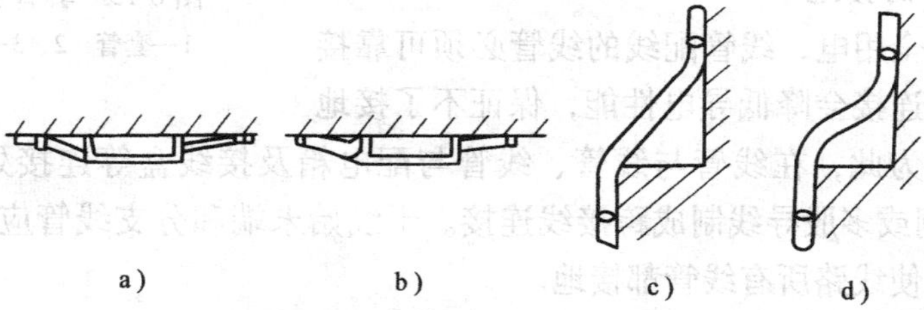

图6-16　明管进接线盒及转弯处的弯曲

a）不正确　b）正确　c）不正确　d）正确

2）明管沿建筑物凸面棱角拐弯时，可在拐弯处加装拐角盒，以便于穿线和接线，明管拐角做法如图6-17b所示。

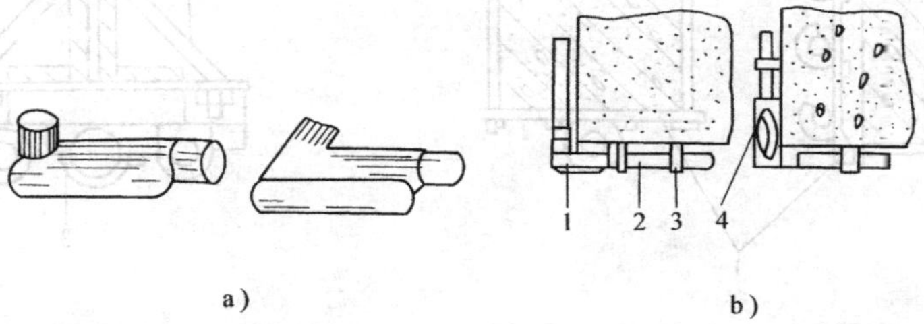

图6-17 明管拐角做法

a）拐角盒的外形 b）拐角做法

1、4—拐角盒 2—钢管 3—管箍

3）明管沿墙壁敷设时，可用管卡直接将线管固定在墙壁上，或用管卡固定在预埋的角钢支架上，如图6-18所示。

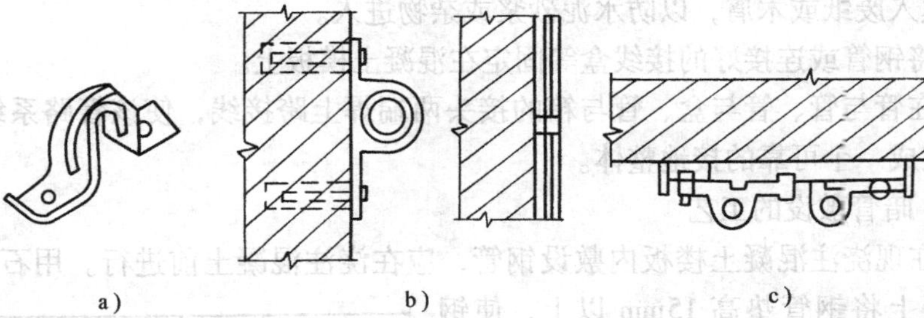

图6-18 明管沿墙壁敷设

a）管卡 b）单管 c）双管

4）明管沿屋面梁敷设如图6-19所示。

5）明管沿屋架梁敷设如图6-20所示。

6）明管沿钢屋架梁敷设如图6-21所示。

7）多根钢管或管径较大的钢管可吊装敷设。

8）在明管敷设中，根据建筑物的形状（如条件许可时），还可用管卡槽和板管卡敷设钢管。

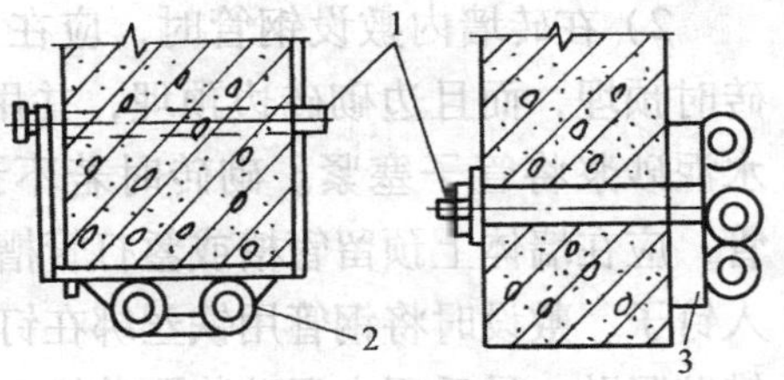

图6-19 明管沿屋面梁敷设

1—螺栓 2—扁铁箍 3—角钢支架

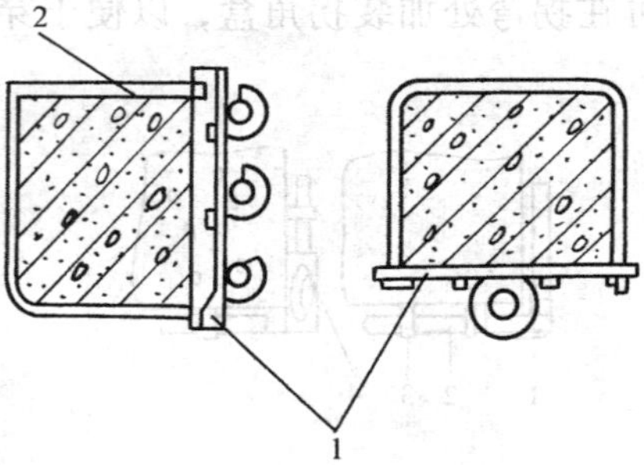

图6-20 明管沿屋架梁敷设
1—角钢支架 2—抱箍

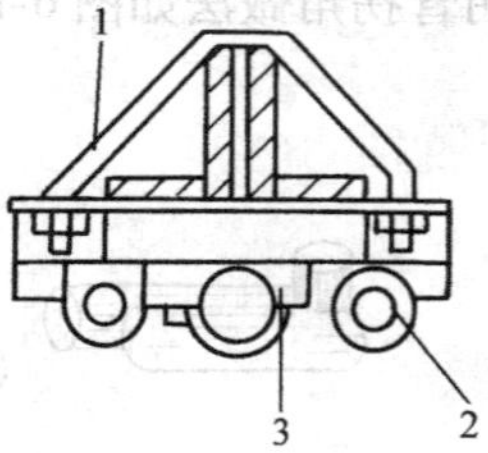

图6-21 明管沿钢屋架梁敷设
1—角钢支架抱箍 2—管箍
3—角钢支架

（3）暗管敷设的一般工序

1）按施工图确定接线盒、灯头盒及线管在墙体、楼板或天花板中的位置，测出线路和管道敷设长度。

2）加工管道并确定好接线盒、灯头盒的位置，然后在管口堵上木塞或废纸、在盒内填入废纸或木屑，以防水泥砂浆或杂物进入。

3）将钢管或连接好的接线盒等固定在混凝土模板上。

4）在管与管、管与盒、管与箱的接头两端焊上跨接线，使该管路系统的金属壳体连成一个可靠的接地整体。

（4）暗管敷设的工艺

1）在现浇注混凝土楼板内敷设钢管，应在浇注混凝土前进行。用石（砖）块在楼板上将钢管垫高15mm以上，使钢管与混凝土模板保持一定的距离，然后用铁丝将其固定在钢筋上，或用钉子将其固定在模板上，如图6-22所示。

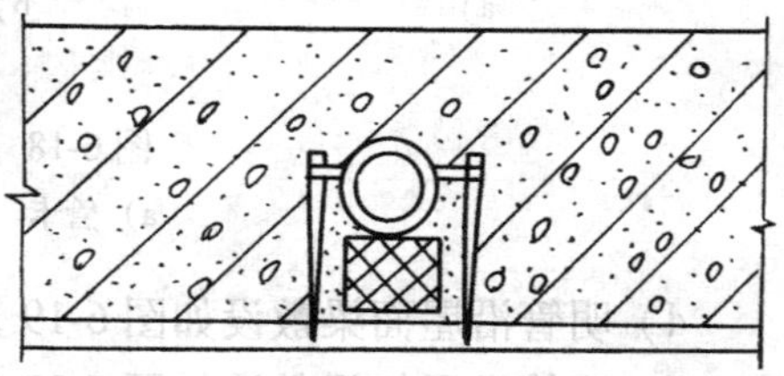

图6-22 在混凝土楼板内固定暗管

2）在砖墙内敷设钢管时，应在土建砌砖时预埋，而且边砌砖边预埋，并用砖屑、水泥砂浆将管子塞紧。砌砖时若不预埋钢管，应在墙体上预留管槽或錾打管槽，并在钢管的固定点预埋木榫，在木榫上钉入钉子，敷设时将钢管用铁丝绑在钉子上，再将钉子进一步打入木榫，使管子与槽壁紧贴，最后用水泥砂浆覆盖槽口，使建筑物表面恢复平整。

3）在地面以下敷设钢管时，应在浇注混凝土前将钢管固定。其方法是先将木桩或圆钢打入地下泥土中，用铁丝将钢管绑在这些支撑物上，下面以石块或砖块垫高，距离土面高15～20mm，再浇注混凝土，使钢管位于混凝土内部，以避免潮气的腐蚀。

4）在楼板内敷设钢管时，由于受到楼板厚度的限制，钢管外径的选择应满足下列要求：楼板厚80mm，钢管外径应小于40mm；楼板厚120mm，钢管外径不得超过50mm。注意，浇注混凝土前，在灯头盒或接线盒的设计位置预埋木砖，待混凝土固化后，再取出木砖，装入接线盒或灯头盒，如图6-23所示。

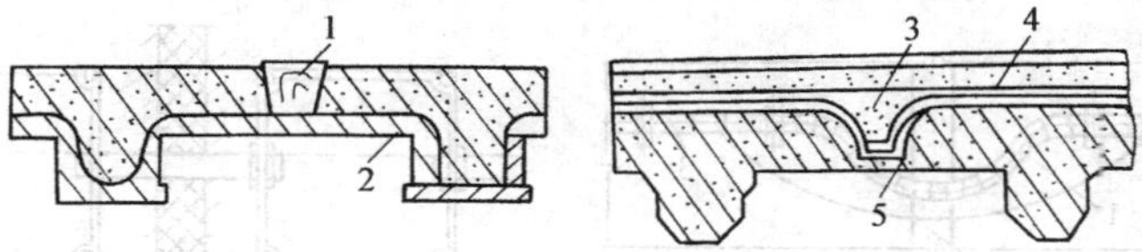

图6-23 在楼板内暗敷钢管

1—木砖 2—模板 3—水泥砂浆 4—焦渣垫层 5—接线盒

6. 硬塑料管的敷设

与钢管在建筑物上（内）的敷设基本相同，但要注意以下几个问题：

1）硬塑料管明敷时，固定管子的管卡距始端、终端、转角中心、接线盒或电气设备边缘150~500mm；中间直线部分间距均匀，其最大允许间距见表6-4。

表6-4 硬塑料管明敷时管卡间的最大距离

管内径/mm 最大距离/m 敷设方法	≤20	21~50 25~40	>50
吊架、支架沿墙敷设	1.0	1.5	2.0

2）明敷的硬塑料管，在易受机械损伤的部位应加钢管保护，如埋地敷设和进设备时，其伸出地面200mm段、伸入地下50mm段，应用钢管保护。硬塑料管与热力管间距也不应小于50mm。

3）与塑料管配套的接线盒、灯头盒不能用金属制品，只能用塑料制品。而且塑料管与接线盒、灯头盒之间的固定一般也不用锁紧螺母和管螺母，多用胀管扎头绑扎。

7. 管道连接时遇伸缩缝、沉降缝的处理

1）配管遇到伸缩缝、沉降缝的处理：较大建筑物都有伸缩缝、沉降缝（统称为变形缝），当管子经过建筑物的变形缝时，为防止建筑物基础伸缩不均而损坏管子和导线，需要在变形缝的旁边装设补偿盒。

明配线的安装方法是在建筑物伸缩缝两边的线管端部，安装一段略有弧度的软管，当基础下沉时，借助软管的弧度和弹性而伸缩，以达到补偿的目的，如图6-24a所示。

暗配线补偿盒的安装方法是在建筑物伸缩缝的一边，按管子的大小和数量的多少，适当地安装一只或两只补偿盒。在补偿盒的一侧开一长孔将线管穿入无需固定，而另一侧用六角螺母将伸入的线管与补偿盒固定，如图6-24b所示。

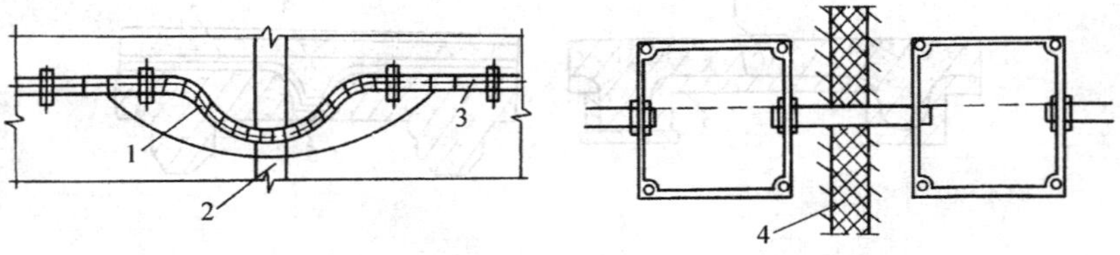

图6-24 变形缝补偿装置

a）金属软管 b）补偿盒

1—金属软管 2、4—变形缝 3—跨接地线

2）由于硬塑料管的热膨胀系数较大（一般为钢管的5～7倍），所以当线管较长时，每隔30m要装设一个温度补偿装置（在支架上架空敷设除外），将两塑料管的端头伸入补偿盒内，由补偿盒提供热胀冷缩的余地，如图6-25所示。

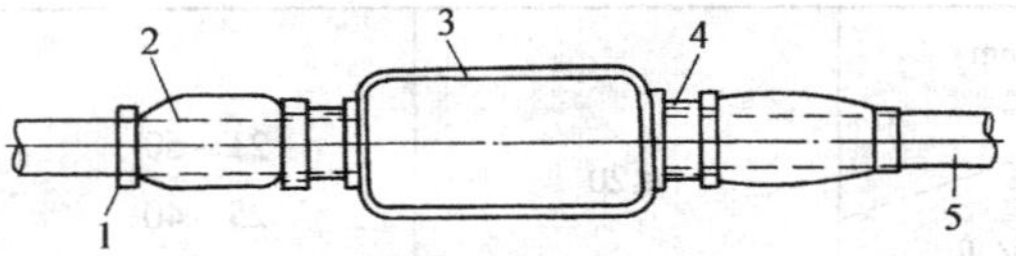

图6-25 塑料管伸缩补偿装置

1—涂以胶合剂的软聚氯乙烯带 2—软聚氯乙烯管 3—塑料接线盒

4—硬套管 5—硬塑料管

五、线管穿线

穿线就是将绝缘导线由配电箱穿到用电设备或由一个接线盒穿到另一个接线盒，穿线工作一般在土建地坪和粉刷工程结束后进行，线管穿线工艺流程如图6-26所示。

1. 清扫线管

土建施工中，管内难免进入尘埃和污水。为避免损伤导线和顺利穿线，在穿线前最好用压缩空气吹除管路中的灰尘和积水；或在引线钢丝上绑以擦布，来回拉动数次，将管内灰尘和水份擦净。管路扫清后，可向管内吹入滑石粉，以使导线润滑利于穿线。

2. 放线

对整圈绝缘导线，应抽取处于内圈的一个线头。切不可抽取处于外圈的一个

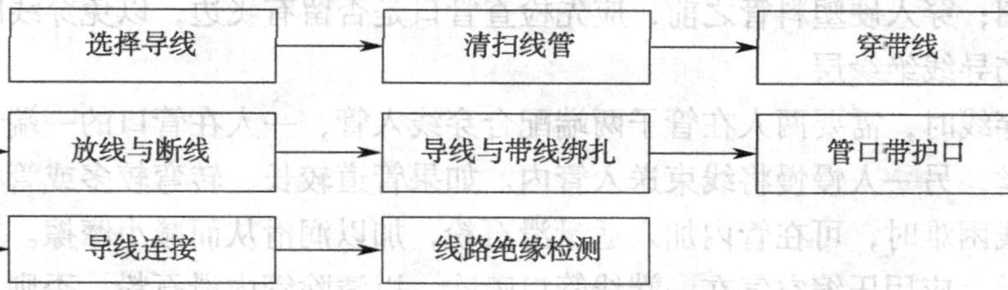

图 6-26 线管穿线工艺流程

线头，否则会使整圈导线混乱，且会使导线形成小圈扭结。

3. 穿带线

必须在穿线前再次检查管口是否有飞边，以免穿线时割伤导线，然后向管内穿入 $\phi1.2 \sim \phi1.6$mm 的引线钢丝，用它将导线拉入管内。如果管径较大，转弯较小，可将引线钢丝从管口一端直接穿入。为了避免壁上凹凸部分挂住钢丝，要求将钢丝头部做成如图 6-27a 所示的弯钩。如果管道较长，转弯较多或管径较小，一根钢丝无法直接穿过时，可用两根钢丝分别从两端管口穿入；但应将引线钢丝头部弯成钩状（见图 6-27b），使两根钢丝穿入管子后能互相钩住（见图 6-27c）；然后将要留在管内的钢丝一端拉出管口，使管内保留一根完整的钢丝；两头伸出管外，并绕成一个大圈，使其不得缩入管内，以备穿线之用。

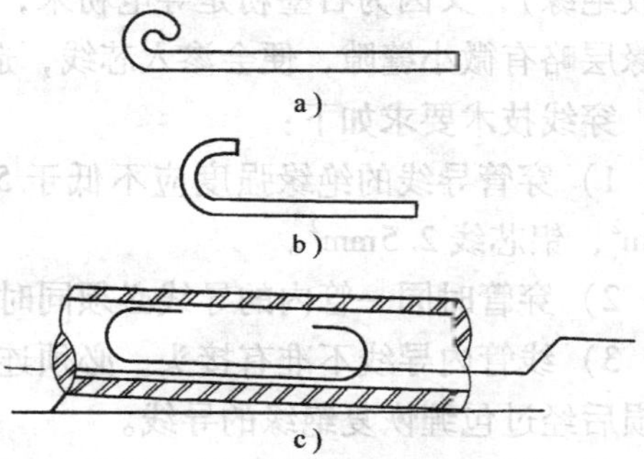

图 6-27 线管穿引线的钢丝

a) 钢丝弯钩（一） b) 钢丝弯钩（二）

c) 两根钢丝互相钩住

4. 扎线接头

按每一安装段管长（即两接线盒间长度）加上两端连接所需的线头余量（若是铝质导线两端应加放防断余量）的总长度截取导线，并削去两端的绝缘层，同时在两端头标出是同一根导线的记号。记号可用钢丝钳钳口轻切刀痕标出。如管内穿有四根同规格同色导线，可把三根导线分别用一道、两道和三道刀痕标出，另一根不标，这样可避免在接线时接错相序，并将这些需要穿入同一根线管的所有导线线头按如图 6-28 所示方法与引线钢丝结牢。

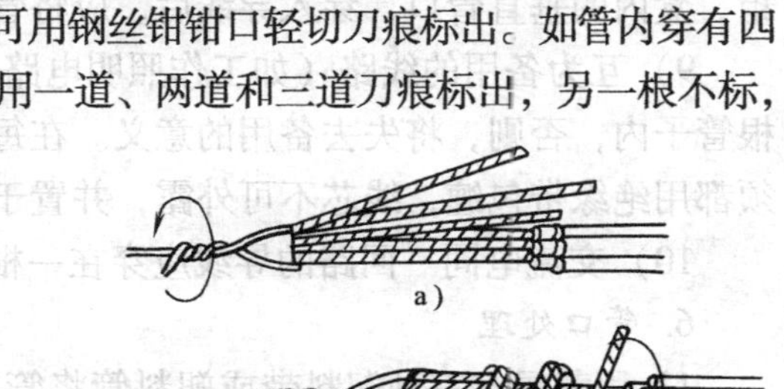

图 6-28 导线与引线钢丝的连接方法

5. 穿线

穿线前应在管口先套上橡胶或塑

料护圈；穿入硬塑料管之前，应先检查管口是否留有飞边，以免穿线时在管口内侧割伤导线绝缘层。

穿线时，需要两人在管子两端配合穿线入管，一人在管口的一端慢慢抽拉引线钢丝，另一人慢慢将线束送入管内。如果管道较长、转弯较多或管径太小而造成穿线困难时，可在管内加入适量滑石粉，加以润滑从而减小摩擦。在导线穿线完毕后，应用压缩空气在一端线管口喷吹，以清除管内滑石粉。否则，管内留有的滑石粉会因受潮而结成硬块，这将增加以后更换导线时的困难。穿线时，切不可用油脂或石墨粉等作为润滑物质，因为油脂会损坏导线的绝缘层（特别是对橡胶绝缘），又因为石墨粉是导电粉末，易于粘附杂导线绝缘层表面，一旦导线绝缘层略有微小缝隙，便会渗入芯线，造成短路事故。

穿线技术要求如下：

1）穿管导线的绝缘强度应不低于500V，导线最小截面积规定为：铜芯线$1mm^2$，铝芯线$2.5mm^2$。

2）穿管时同一管内的导线必须同时穿入。

3）线管内导线不准有接头，必须连接时，应加装接线盒；也不准穿入绝缘破损后经过包缠恢复绝缘的导线。

4）穿线时应尽可能将同一回路的导线穿入同一管内，但管内导线一般不得超过10根，不同电压或不同电能表的导线一般不得穿在同一根线管内。

5）除直流回路导线和接地线外，不得在钢管内穿单根导线。

6）管内导线的总截面积（包括绝缘层）不应超过管子截面积的40%。

7）穿于垂直管路中的导线每超过下列长度时，应在管口处或接线盒中将导线固定，以防下坠。

① 导线截面积$50mm^2$及以下为30m。

② 导线截面积$70\sim95mm^2$为20m。

③ 导线截面积$120\sim240mm^2$为18m。

8）导线穿入钢管后，在导线的出口处，应装护线套保护导线；在不进入箱、盒内的垂直管口，穿入导线后，应将管口作密封处理。

9）互为备用的线路（如工作照明电路与应急照明电路）导线不得装在同一根管子内，否则，将失去备用的意义。在每一个接线盒内的每一个备用线头，必须都用绝缘带包缠，线芯不可外露，并置于盒内妥贴的空处。

10）交流电同一回路的导线应穿在一根钢管中，以消除涡流效应。

6. 管口处理

1）用黄绿红三种塑料带或塑料管将管口的导线包扎或套入，包扎时要紧密整洁，包扎和套入的深度要进入管口150mm左右。通常将导线先拉出150mm，包扎或套入后再拉进去，主要是加强管口部分的绝缘。端头应预留50mm，以便和设备连接。包扎的方法是每一圈要压住前一圈宽度的1/2，最后收尾时应用同色塑料胶带包好，也可用热粘法粘住（即用烧红的锯条将尾端烫熔，然后用力压住即可）。使用塑料线时可不包扎，直接按下面的操作进行处理。

2）在套有螺纹的管口，先将防水弯头底座穿入导线，并拧紧（方向应朝向电动机或设备）；再把护线塞套入导线，推在管口的底座处；最后把盖装上，用螺钉固定好，如图6-29所示。在喇叭口的管口，先用纱丝或牛皮纸将管口堵死，将包好绝缘带的导线一并放在管口的正中，然后用塑料带从管口下部20mm处开始向上缠绕包扎，使管口形成一个蒜疙瘩形状。一般应至少从下到上，从上到下包扎四次，包扎必须严密，防止水滴滴入，如图6-30所示。

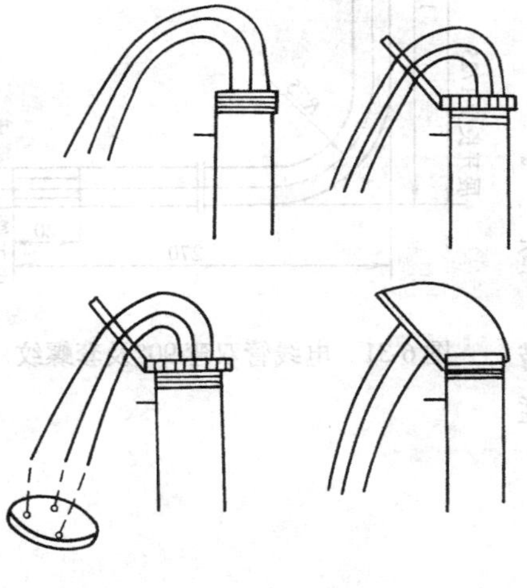

图6-29 防水弯头安装示意图

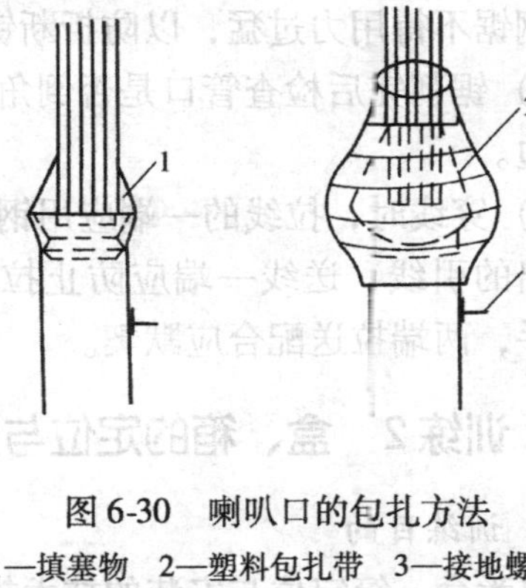

图6-30 喇叭口的包扎方法

1—填塞物 2—塑料包扎带 3—接地螺栓

3）照明线路一般直接进入接线盒，可不必处理，凡不直接进入接线盒的管口应按上面的操作进行处理。

第二节 线管配线技能训练实例

训练1 预制加工线管

1. 训练目的

学会预制加工线管，掌握弯管、锯管和套螺纹的动作要领。

2. 训练准备

1）准备训练图样和相关的技术资料。

2）主要机具和器材：电工工具一套，钢锯、1/2～2in板牙架、ϕ25mm电线管 2m、ϕ1.2mm 钢丝引线 2.5m、BV2.5mm^2 导线若干。

3. 训练要领

1）弯管：按图 6-31 所示尺寸，用弯管器弯 90°和其他所需角度。

2）锯管：按图 6-31 所示尺寸，将电线管锯削。

3）套螺纹：用 1/2～2in 板牙架将已弯好的电线管两端套螺纹。

4）倒角、清管、涂漆。

5）穿钢丝引线。

6）穿导线。

4. 注意事项

1）锯管和套螺纹应按要求进行操作，使用钢锯不得用力过猛，以防折断锯条。

2）锯削完后检查管口是否倒角及是否有飞边。

3）穿线时，拉线的一端应用钢丝钳带动露出的引线，送线一端应防止拉线过猛而伤手，两端拉送配合应默契。

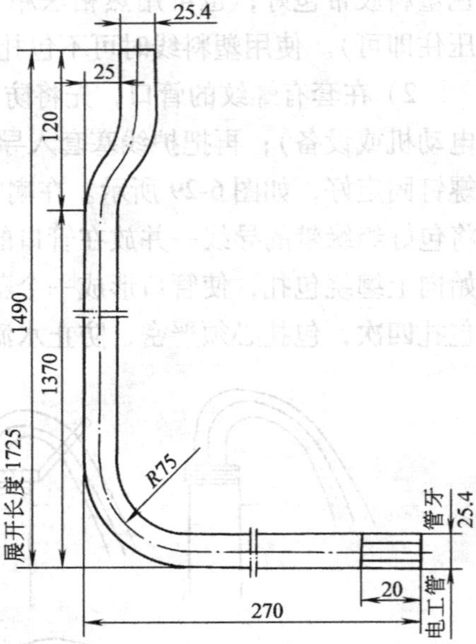

图 6-31 电线管双弯 90°及套螺纹

• 训练2 盒、箱的定位与安装

1. 训练目的

熟悉盒、箱定位与安装的技术规范，掌握盒、箱定位与安装的方法。

2. 训练准备

1）准备训练图样和相关的技术资料。

2）主要机具和器材：电工工具一套，木榫、木螺钉、灯头盒两个、开关盒两个等。

3. 训练要领

1）按图 6-32b 确定线路的具体走向和确定线管的具体敷设位置。

2）划出管路走向的中心线和管路交叉位置。

3）确定灯头盒和开关盒的位置。

4）埋设木榫和紧固件。

5）将灯头盒和开关盒安装紧固。

4. 注意事项

1）开关盒标高要一致，即距离地面高度为 1.3m，超差不超过 5mm，否则

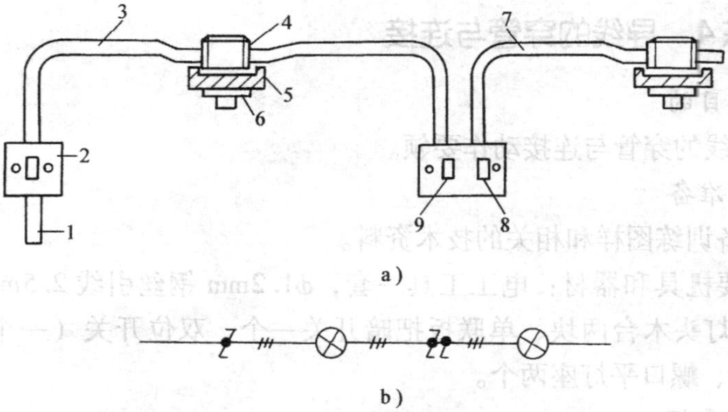

图 6-32　线管配线安装训练

1—电源　2、9—双联开关　3、7—线管　4—灯头盒　5—木台　6—灯头座　8—单联开关

会影响美观。

2）灯头盒、开关盒要用木螺钉安装紧固。

训练 3　管路的连接与敷设

1. 训练目的

了解管路的连接与敷设技术要求，掌握其动作要领。

2. 训练准备

1）准备训练图样和相关的技术资料。

2）主要机具和器材：电工工具一套，木榫、木螺钉、管卡、ϕ25mm 电线管弯管三根、直管三根、跨接材料及接地螺栓等。

3. 训练步骤

训练如图 6-32 所示。

1）预置木台，錾削木榫孔与安装木榫。

2）在木榫上用木螺钉把管卡拧住，不要拧紧。

3）将弯管和直管用管箍连接起来，并在钢管连接处焊接跨接扁钢。

4）在水平位置敷设线管时，从右边开始，用左手扶住线管，右手安装管卡。

5）在垂直位置敷设线管时，从下边开始，一手扶住线管，一手安装管卡。

4. 注意事项

1）开始安装每道管卡时，先用螺钉旋具拧两枚木螺钉，只需拧入几圈，能卡住线管即可，当全段线管装完后，先进行调整，使全线整齐符合要求后，再逐一用螺钉旋具拧紧每道管卡上的木螺钉。

2）把所有钢管连成一体后，进行可靠地接地；在靠近管口的外径上焊接接地螺栓，以备接地线和接地螺栓的连接。

• 训练4 导线的穿管与连接

1. 训练目的

掌握导线的穿管与连接动作要领。

2. 训练准备

1）准备训练图样和相关的技术资料。

2）主要机具和器材：电工工具一套，ϕ1.2mm 钢丝引线 2.5m、BV1.5mm^2 导线若干、灯头木台两块、单联扳把暗开关一个、双位开关（一个单联、一个双联）一个、螺口平灯座两个。

3. 训练要领

1）将钢丝引线的端头预先进行退火处理，并在靠近该端头处扭成一个套，端头用电工钳在钢丝上紧密缠绕4～6圈后再剪去多余部分，并钳平。

2）按穿钢丝引线的方法将钢丝引线穿入线管。

3）按正确方法将导线与钢丝引线连接。

4）两人合作将导线穿入线管。

5）如图6-32a所示，将开关盒、灯头盒与电线管连接组合在一起。

6）按图安装固定灯头木台。

7）将各电器按图6-32b所示的线路，与导线进行连接安装。

4. 注意事项

1）必须在每个管口上套上护圈，以防穿线时损伤导线绝缘。

2）穿线时应避免导线绝缘在接线盒口的边沿上摩擦。

3）如果导线穿入时过紧，难以拉动穿引钢丝时，可在线管内喷入一些滑石粉加以润滑；穿线完毕后，再用压缩空气、打气筒吹去滑石粉，以防日后滑石粉结块影响维修。

4）当导线穿过线管后，解开钢丝，清理现场。

5）如所穿导线没有分色安装时，应进行校线工作。

6）将接地线与线管上的接地螺栓进行连接，并可靠接地。

复习思考题

1. 线管配线的技术要求有哪些？在线管配线中如何正确选择线管？
2. 冷弯钢管时，当线管的弯曲半径小于25mm时，应选用什么方法进行弯曲？
3. 有缝钢管或管径较大的钢管，一般采用什么方法进行弯曲？
4. 线管敷设的基本工艺有哪些？线管连接的方法有哪些？
5. 如何进行盒、箱的定位和安装？

第 七 章

电气照明设备的安装

培训学习目标 认识电气照明典型线路，掌握电气照明装置施工技术规范中关于灯具、吊扇、开关、插座等的安装要求。能够完成各种灯具及吊扇的组装和熟练安装，能够完成开关、插座等的安装。了解电气照明线路的测试与验收的一般性要求。

第一节 电气照明设备安装专业知识

一、电气照明典型线路

1. 楼梯口照明电路

（1）灯具 由于白炽灯的结构简单，使用可靠，价格低廉，装修方便，故楼梯口灯电路中的灯具常用白炽灯。

1）灯泡：灯泡由灯丝、外壳和灯头三部分组成。灯泡的灯丝一般都是用钨丝制成的，钨丝通过电流时被燃至白炽而发光。灯泡的外壳一般用透明的玻璃制成。白炽灯灯泡的规格按工作电压分为6V、12V、24V、36V、110V和220V六种，其中36V以下的属于低压安全灯泡。在安装灯泡时，应注意灯泡的工作电压与线路电压必须一致。

2）灯座：灯座又称为灯头座，常用的灯座如图7-1所示。

（2）电路 楼梯口照明电路如图7-2所示。

2. 荧光灯电路

（1）荧光灯的结构 荧光灯具有结构简单、价格适宜、发光效率高、显色性能好及表面亮度低等优点，是目前使用最广泛的气体放电光源。荧光灯由灯

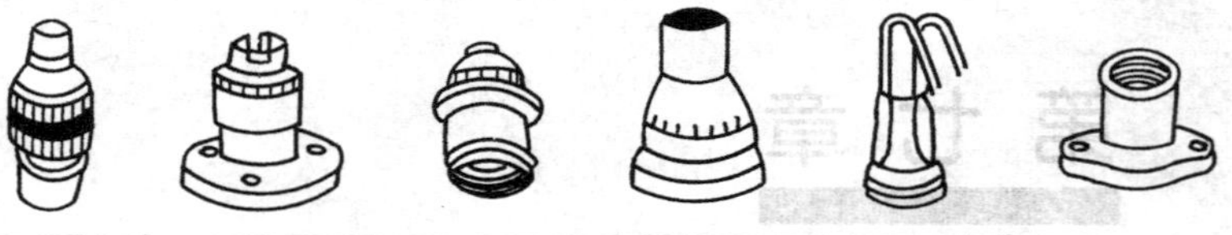

图 7-1 常用的灯座

a）插口吊灯座 b）插口平灯座 c）螺口吊灯座 d）螺口平灯座
e）防水螺口吊灯座 f）防水螺口平灯座

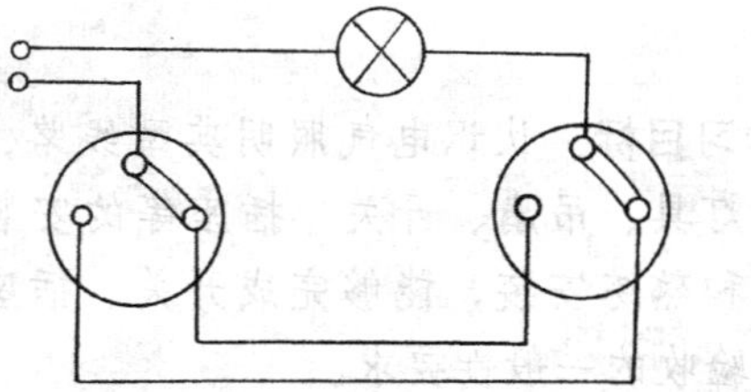

图 7-2 楼梯口照明电路

管、辉光启动器、镇流器、灯架和灯座（灯脚）等组成。

1）灯管由玻璃管、灯丝和灯线引出脚等组成，如图 7-3 所示。玻璃管内抽成真空后充入少量汞和氩等惰性气体，管壁涂有荧光粉。灯管常用的规格有 6W、8W、12W、20W、30W 和 40W 等。

2）辉光启动器由氖泡、纸介电容、引线脚和铝质外壳等组成，如图 7-4 所示。氖泡内有一个固定的静触片和一个双金属片制成的∩形动触片，双金属片由两个膨胀系数差别很大的金属薄片粘合而成。动触片与静触片平时分开，两者相距 0.5mm 左右。与氖泡并联的纸介电容，电容量在 5000pF 左右。它有两个作用：一是与镇流器线圈组成 *LC* 振荡回路，能延长灯丝预热时间和维持感应电动势；二是能吸收干扰收录机、电视机等电子设备的杂波信号。

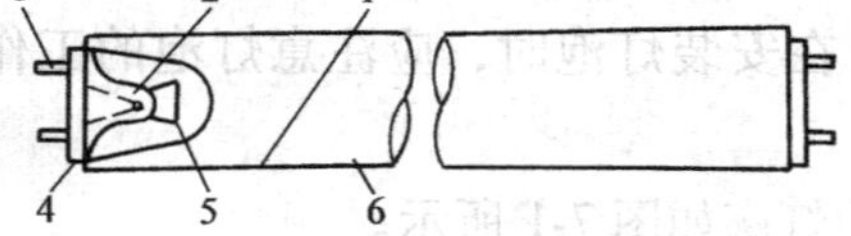

图 7-3 灯管

1—荧光粉 2—支架及引线 3—电极
4—灯头 5—灯丝 6—真空玻璃管

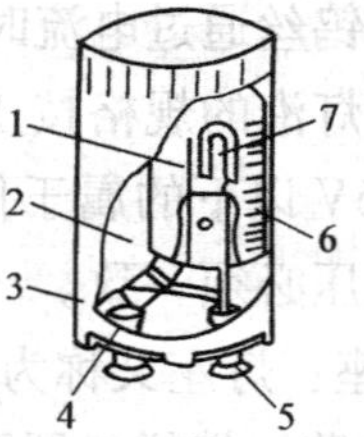

图 7-4 辉光启动器

1—静触片 2—电容器 3—外壳
4—绝缘底座 5—电极 6—玻璃壳
7—动触片

3）镇流器是具有铁心的电感线圈，主要由铁心和线圈等组成，如图7-5所示。镇流器的功率必须与灯管的功率相符。它有两个作用：在启动时与辉光启动器配合，产生瞬时高压点燃灯管；在工作时利用串联于电路中的高电抗限制灯管电流，延长灯管的使用寿命。

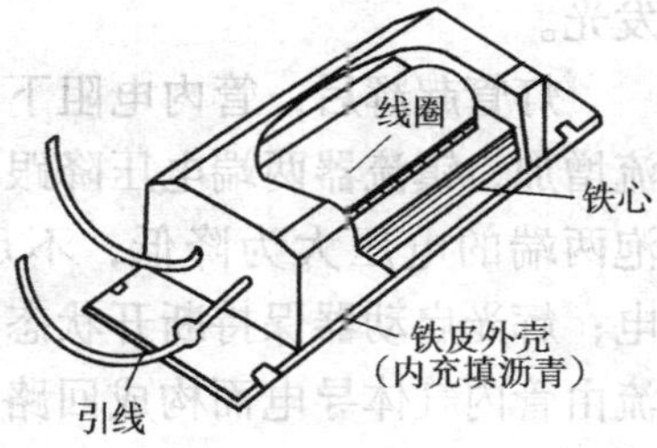

图7-5 镇流器

4）灯架用来装置灯座、灯管、辉光启动器、镇流器，其规格应配合灯管长度、数量和光照方向选用。灯架长度应比灯管稍长。反光面应涂白色或银色油漆，以增强光线反射。

5）灯座按其结构分为开启式和弹簧式（也叫做插入式）两种；按其规格分为大型和小型两种，大型适用于15W以上灯管，小型适用于6W、8W和12W灯管。

（2）荧光灯的工作原理　荧光灯电路如图7-6所示。开关、镇流器、灯管两端的灯丝和辉光启动器可认为处于串联状态。荧光灯的工作过程分为起辉和工作两个阶段。

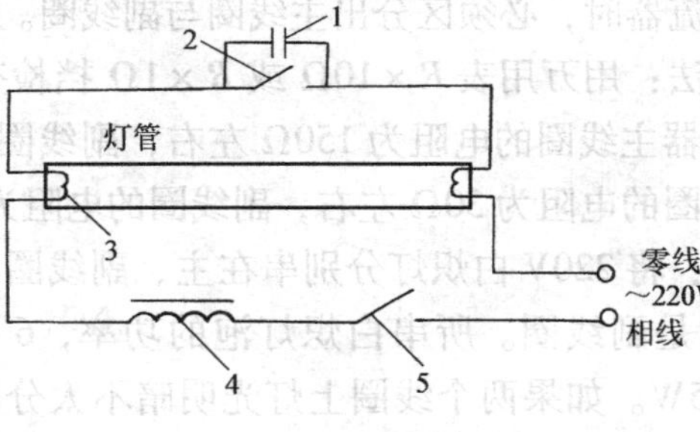

图7-6 荧光灯电路

1—电容器 2—∩形双金属片 3—灯丝 4—镇流器 5—开关

当荧光灯接通电源后，电源电压经过镇流器、灯丝，几乎全部加在辉光启动器的∩形动触片和静触片之间，引起辉光放电。放电时产生的热量使∩形动触片膨胀并向外伸张，从而与静触片接触并接通电路，构成荧光灯起辉状态的电流回路；电流流过镇流器和两端的灯丝，使灯丝预热并发射电子。与此同时，由于∩形动触片与静触片相接触，两片间电压为零而停止辉光放电，使∩形动触片冷却复原并脱离静触片。在动触片断开瞬间，镇流器两端会产生一个比电源电压高得多的感应电动势。该感应电动势与电源电压串联后加在灯管两端，使灯管内惰性气体被电离而引起弧光放电。随着灯管内温度的升高，液态汞汽化游离，引起汞蒸气弧光放电而发出肉眼看不见的紫外线；紫外线激发灯管内壁的荧光粉而发光。

灯管起辉后，管内电阻下降，灯管回路电流增加，镇流器两端电压降跟着增大，加在氖泡两端的电压大为降低，不足以引起辉光放电；辉光启动器保持断开状态而不起作用，电流由管内气体导电而构成回路，灯管进入工作状态。

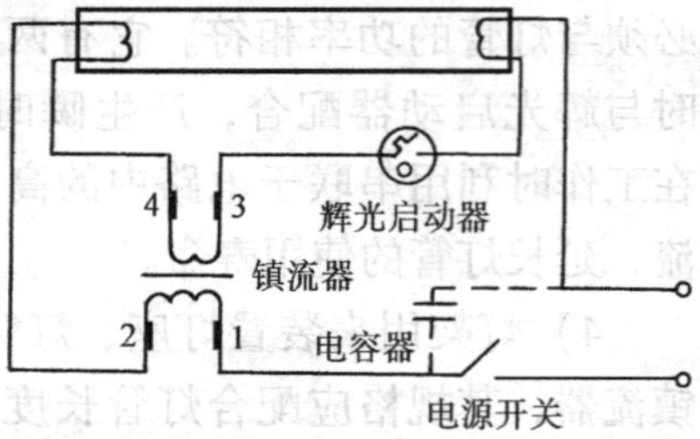

图 7-7　双线圈镇流器荧光灯电路

双线圈镇流器荧光灯电路如图 7-7 所示。接通电源，当电流流过主线圈 1、2 时，在副线圈 3、4 中产生感应电动势。该感应电动势经过辉光启动器和灯管一端灯丝后，加在主线圈上；其与主线圈电动势方向相反，将主线圈磁场抵消一部分，从而减小了主线圈的交流阻抗，增大了供电电流，给镇流器储存更多的能量，使灯管中两灯丝之间发射的电子对汞蒸气的轰击力增大，使灯管容易起辉。当灯管点燃后，辉光启动器断开，副线圈感应电动势消失，不再影响主线圈磁场，使主线圈恢复到较高阻抗，限制荧光灯的工作电流，保证灯管正常工作。

在使用双线圈镇流器时，必须区分出主线圈与副线圈。区分方法有两种：

一是万用表检测法：用万用表 $R\times10\Omega$ 或 $R\times1\Omega$ 挡检查两个线圈的冷态直流电阻。6～8W 镇流器主线圈的电阻为 150Ω 左右，副线圈的电阻为 10Ω 左右；10～20W 镇流器主线圈的电阻为 30Ω 左右，副线圈的电阻为 2Ω 左右。

二是灯泡检查法：将 220V 白炽灯分别串在主、副线圈上，接通电源，灯光暗的是主线圈，亮的是副线圈。所串白炽灯泡的功率，6～8W镇流器串 40W，10～20W 镇流器串 25W。如果两个线圈上灯光明暗不太分明，可换用功率更大的灯泡。

3. 吊扇调速电路

(1) 吊扇的结构　吊扇主要由扇叶、扇头、悬吊装置及独立安装的调速开关等组成。

1) 目前常用的扇叶多为狭长形，由三片叶片组成，一般采用 1.5～2mm 铝板制成。三片叶片要均匀对称地装配在转子壳上，并在装配接触面间垫一层硬纸板，以防螺钉装配不牢，旋转时发出声响。

2) 扇头是吊扇的主要运动部件，由吊扇电动机、罩盖、滚珠轴承等部件组成。吊扇电动机主要采用电容运转电动机，属封闭式外转子结构。吊扇电动机的极数与所允许的扇叶最大圆周线速度有关。吊扇的最大圆周线速度不得超过 25m/s，因其扇叶直径较大，故采用多极低速电动机。吊扇的上轴承因承受扇头的轴向力，常采用滚珠轴承；下轴承仅起导向定位作用，可采用滚珠轴承或粉末冶金含油轴承。

3）悬吊装置包括减振件，上、下罩盖，吊杆，吊钩等。减振件是橡胶轮，在吊扇旋转时，起减轻屋面挂钩与吊钩之间振动的作用。上、下罩盖主要起到外表装饰和防尘保护作用，一般采用塑料成形。吊杆、吊钩是悬挂吊扇的重要部件，要求能承受9800N的拉力和49N·m的扭矩而不断裂。

（2）吊扇的调速电路 吊扇的调速控制，目前一般是通过改变电动机绕组端电压来实现的。在电抗器调速电路、定子绕组抽头调速电路和电子调速电路中，前两种多使用琴键开关分挡控制，后者一般为无级调速。

1）电抗器调速电路：图7-8a所示为带有电源指示灯的电抗器调速电路。当按下1挡按键时，电流不经过电抗器绕组ac，此时电动机绕组端电压最高，以最高转速运行，风量也很大；当按下3挡按键时，电流通过全部调速线圈，调速线圈电压降增大，电动机绕组端电压下降，转速降低，风量最小。指示灯线圈有独立、正串和反串三种接法。正串（见图7-8b）接法中，指示灯线圈与调速线圈电压方向相同；反串（见图7-8c）接法中其电压方向相反，反串接法中电动机副绕组电流较大，起动转矩也较大，有利于低速起动，目前风扇电抗器多采用这种接法。

2）定子绕组抽头调速电路：如图7-9所示通过改变主、副绕组的匝数比来调节电动机转速的。当按下1挡按键时，中间绕组作为副绕组的一部分，副、主绕组匝数比最大，电动机转速最高；当按下2挡（中速）按键时，副、主绕组匝数比减小，电动机转速下降，风量减小。

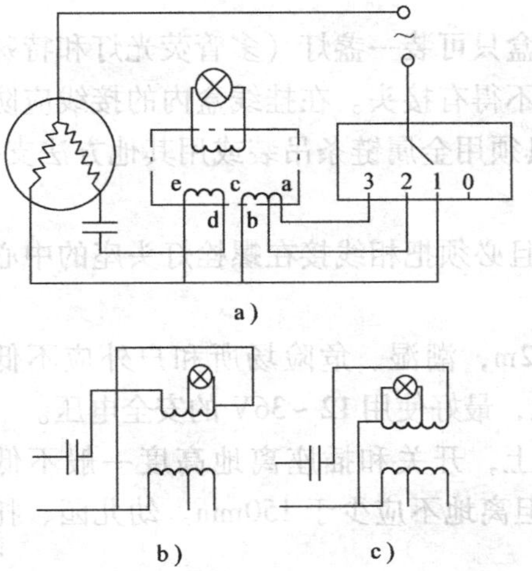

图7-8 带指示灯的电抗器调速电路

a）调速电路 b）正串接法 c）反串接法

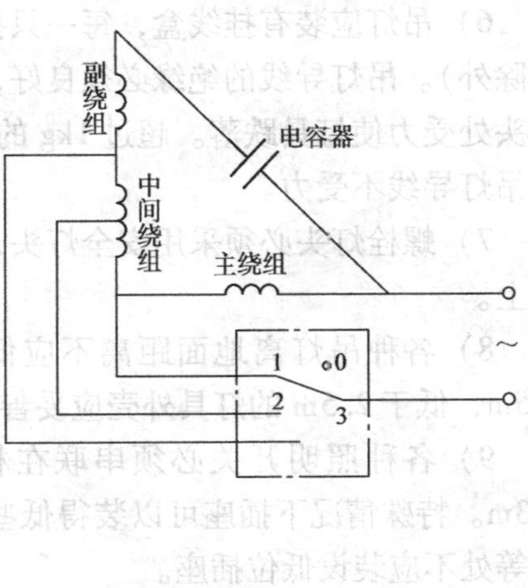

图7-9 定子绕组抽头调速电路

3）电子调速电路：双向晶闸管无级调压电路是目前应用较多的一种电子调

速电路，如图7-10所示，在电源电压每半周开始时，双向晶闸管VT为阻断状态，电源通过电阻R_1、R_2向电容C充电，当电容C的电压达到双向触发二极管VD的触发电压时，双向触发二极管导通，电容C通过双向晶闸管VT的门极放电，使之导通，电流流过电动机绕组。改变电阻R_1的阻值，即可改变电容C的充电时间，也就改变了双向晶闸管VT的导通角，使电动机的端电压在一定范围内连续调节，实现风扇的无级调速。

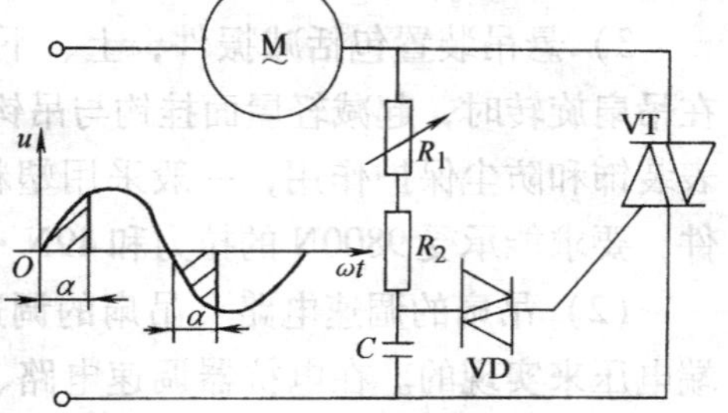

图7-10 电子调速电路

二、电气照明装置施工技术规范

1. 一般规定

1）各种灯具、开关、插座及所有附件，必须按照有关规程和要求进行安装。

2）选用的各种照明器具必须正确、适用、经济、可靠，安装的位置应符合实际需要和便于使用。

3）各种照明器具，安装必须牢固可靠，使用安全。

4）同一使用环境和同一要求的照明器具要安装得横平竖直，品种规格要整齐统一，颜色协调。

5）在特别潮湿、有腐蚀性气体的场所，以及易燃、易爆的场所应分别采用合适的防潮、防腐、防爆的灯具和开关。

6）吊灯应装有挂线盒，每一只挂线盒只可装一盏灯（多管荧光灯和特殊灯具除外）。吊灯导线的绝缘必须良好，并不得有接头。在挂线盒内的接线应防止接头处受力使灯具跌落。超过1kg的灯具须用金属链条吊装或用其他方法支持，使吊灯导线不受力。

7）螺栓灯头必须采用安全灯头，并且必须把相线接在螺栓灯头座的中心铜片上。

8）各种吊灯离地面距离不应低于2m，潮湿、危险场所和户外应不低于2.5m，低于2.5m的灯具外壳应妥善接地，最好使用12～36V的安全电压。

9）各种照明开关必须串联在相线上，开关和插座离地高度一般不低于1.3m。特殊情况下插座可以装得低些，但离地不应少于150mm。幼儿园、托儿所等处不应装设低位插座。

2. 灯具的选择及安装规定

（1）灯具的选择　照明灯具应按照场所对照明的要求和使用特点进行选择，应尽量选择高效灯具。

1）对于一般场合及空气比较干燥和少尘的车间，可选用开启型照明灯具。具体应选用广照型、配照型还是深照型以及其他型式的照明灯具，应根据车间建筑高度、生产设备的布置及对照明的要求而定。

2）对于空气比较潮湿或多尘的场合，应选用防水、防尘的各种密闭型灯具。

3）有爆炸危险的车间，应选用防爆型灯具。

4）对于办公室、会议室，可选用开启型灯具或各种密闭型灯具。

5）门厅、走廊等处所，一般选用各种密闭型的吊灯、壁灯或吸顶灯。

6）室外广场或露天工作场所，应采用高压汞灯、高压钠灯。必要时也可采用投光灯和氙灯。

7）工厂的道路应选用柱形灯和高压汞灯或高压钠灯。

（2）灯具的安装规定

1）灯具的安装应牢固可靠（特别是吊灯），灯具重量在1kg以下时，可直接用软线悬吊；重于1kg时应加装金属吊链；超过3kg时必须将其固定在预埋的吊钩或吊钩螺栓上。

2）灯具固定时，不应因灯具自重而使导线承受额外的拉力。

3）灯架和管内的导线不应有接头。

4）导线分支和连接处应便于检查。

5）导线引入灯具处不应受到拉力和摩擦。

6）必须接地或接零的金属外壳，应有专用的接地螺钉和接地线相连。

7）灯具配件应齐全；灯具的各种金属构件应进行防腐处理；灯具应无机械损伤、变形、油漆剥落 、灯罩破裂等缺陷。

8）灯具所使用导线的截面积随照明装置和安装场所的不同而异。

9）采用螺口灯头时，应将相线与中心弹簧片的一端连接，零线与另一端连接，如图7-11a所示；软线在吊盒内应结扣，如图7-11b所示。

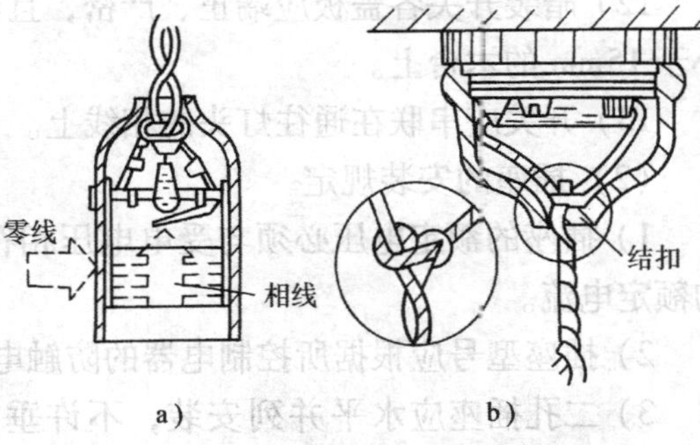

图7-11 螺口灯头导线连接和结扣
a）导线连接 b）导线结扣做法

10）安装在建筑物易燃吊顶内的灯具，以及贴近易燃材料安装的照明设备，应在灯具或设备的周围用阻燃材料隔离，并留出通风散热空隙。

11）固定灯具的螺钉一般不少于两个。

12）厂房灯具距地面高度不得小于2.5m。若小于此值，应采取保护措施。

3. 开关、插座的安装规定

（1）开关的安装规定

1）开关的结构应适应安装场所的环境，如潮湿环境应选用瓷质防水开关，粉尘多的场所应选用封闭式开关。

2）开关的额定电流不应小于所控制电器的额定电流。

3）选用开关类型时应结合室内配线方式：明敷配线，选用拉线开关，既经济又安全；暗敷配线，随配线情况而定。

4）开关的额定电压应与受电电压相符。

5）开关的操作机构应灵活轻巧，触头应接触可靠，除拉线开关、双投开关外，触头的接通和断开，均应有明显标志。

6）开关的带电部件应使用罩盖封闭在开关内。

7）拉线开关的拉线应采用绝缘绳，长度不应小于1.5m。拉线机构和拉绳以98N的力作用1min不应失灵。

8）开关的绝缘电阻不应低于2MΩ，耐压强度不应低于2000V。

9）开关通常装在门旁边或其他便于操作的地点。拉线开关的安装：当室内净高度在3.0m以下时，其安装位置距室顶300mm；室内净高度在3.0m以上时，距地面的安装高度为2.0m。扳把开关离地面高度应不小于1.3m。拉线开关和扳把开关与门框的距离以150～200mm为宜。

10）成排安装的开关，其高度应一致，高度差应不大于2mm。

11）开关的位置应与灯的位置相对应，同一室内开关的通、断方向应一致。

12）暗装开关各盖板应端正、严密，且与墙面齐平；明装开关应装在厚度不小于15mm的木台上。

13）开关应串联在通往灯头的相线上。

（2）插座的安装规定

1）插座的额定电压必须与受电电压相符，其额定电流不应小于所控制电器的额定电流。

2）插座型号应根据所控制电器的防触电类别来选用。

3）二孔插座应水平并列安装，不许垂直安装。三孔或四孔插座的接地孔（较粗的一个孔）应置于顶部，不许倒装或横装。

4）各类插座的接线必须符合以下规定：

① 单相二孔插座，面对插座，右侧孔接线柱接相线；左侧孔接线柱接中性线（零线）。

② 单相三孔插座，面对插座，上方孔（有接地标志）在TT系统中接接地线，在TN-C系统中接保护中性线；右侧孔接相线；左侧孔接中性线。

③ 三相四孔插座，面对插座，上方孔（有接地标志）在TT系统、IT系统中接

接地线，在TN-C系统中接保护中性线；相线则是由左侧孔起分别接A、B、C三相。

5）插座的安装高度应符合以下规定：

① 一般居室、托儿所和学校，明装插座不应低于1.8m，同一场所安装的插座高度应尽量一致，高度相差不应大于2mm。

② 车间和试验室的明、暗插座距地面不应低于0.3m，特殊场所暗装的插座不应低于0.15m。

③ 儿童活动场所的暗装插座，若距地面为0.3m，则必须采用安全型插座。

6）在同一场所装设不同电压的插座时，应符合以下规定：

① 交、直流或不同电压的插座，应用不同外形或不同颜色加以区分，以免混淆搞错，同时不同电压的插座应安装在不同的墙面上，且选择的插头和插座均不能互相插入。

② 电压较高的插座应装在上层，距地面不应低于1.8m，安全电压供电的插座，应采用安全型插座，可装在距地面0.3m处。

7）一个插座应控制一台电器。如果用一个插座控制多台电器，可用插座转换器转接。转换器转接的插座个数不得超过四个，所接电器的总额定电流不应超过固定插座的额定电流。

8）装在居室内的插座，应兼顾用电方便和用电安全。

9）禁止两个或几个电器合用一个插头，或两个插头共同插在一个插座内。

10）严禁将电源引线的线头直接塞在插座的插孔内接取电源。

11）插头插入插座要插到底，插头不可外露。

12）经常检查插头和插座是否完好，以及接线是否松动。

三、电气照明线路的测试与验收

当某一区域的照明线路和照明器具都已安装、接线完毕后，应进行线路的绝缘检查和通电检查，观察线路及其装置工作是否正常。

（1）线路的绝缘检查　线路的绝缘检查可在照明配电箱内进行。检查前，切断电源总开关，取出各分路熔断器的熔丝，摘除线路上所有的灯泡（管），用500V绝缘电阻表检测各分路线间绝缘和线路对地绝缘。检查线间绝缘时，绝缘电阻表两表笔应分别触及到分路熔断器的电源出线（即负载）接线桩上；检测线路对地绝缘时，绝缘电阻表一表笔固定接在接零（或接地）保护线上，另一表笔触及在分路熔断器的电源出线接线桩上。一般线路的绝缘电阻应不低于0.22MΩ，穿入钢管线路的绝缘电阻应不低于0.5MΩ。

（2）试送电　室内照明线路在安装完毕试送电之前，必须用校验灯跨接在总熔丝座两端，对线路进行通电检查，如图7-12所示，以检验线路有无接错，防止通电时发生毁灯事故。检查方法和步骤如下：

1）断开总开关及各分路开关。

2）取下总熔丝盖（即取下总熔丝）。

3）将校验灯（220V，100W以上）跨接在总熔丝座电源进、出线端。

4）合上总开关。如果线路正常，校验灯应不亮。

5）逐一合上分路开关，每合上一路都要观察校验灯的亮度。正常情况是合上第一路时，校验灯不亮或微红；每多合上一路，校验灯的亮度就应有所增加，直至合上所有分路开关时，校验灯亦不能达到正常亮度。但当合上某一路开关时，校验灯突然达到正常亮度，则说明该分路有短路故障，应及时排除后继续检查。

6）线路经检查正常后，拆下校验灯，插上总熔丝盖，便可进行试送电。

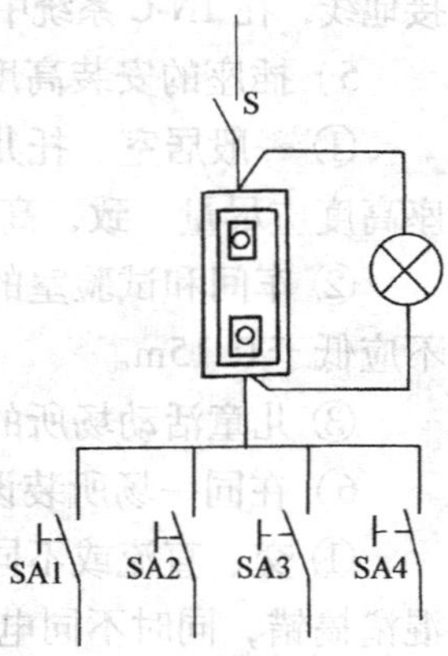

图7-12　室内照明线路竣工后的通电检查

◆◆◆ 第二节　电气照明设备的安装技能训练实例

• 训练1　安装楼梯口灯

1. 训练目的

熟悉电工基本操作，掌握楼梯口灯的安装工艺和技术规范。

2. 训练准备

1）准备训练图样和相关的技术资料。

2）主要机具和器材：

① 工具：电工常用工具及电工刀、锤子等。

② 仪表：万用表。

③ 量具：钢卷尺。

④ 器材：配电板一块、接线盒若干只、护套线若干、木台数只、平装明扳把双联开关两只、平装灯座一只、铝线夹若干、各种规格木螺钉或十字槽自攻螺钉若干。

3. 操作要领

楼梯口照明电路的安装接线如图7-13所示。

（1）划线定位　首先根据安装接线图确定照明线路的走向及灯座、开关和其他附件的安装位置，然后用划线工具在配电板上定位、划线，并划出固定铝片线夹（或塑料线夹）的位置（一般要求间隔150~200mm距离）。在距离安装灯座、开关和灯具木台的50mm处都要设置线卡（或线夹）的固定点。

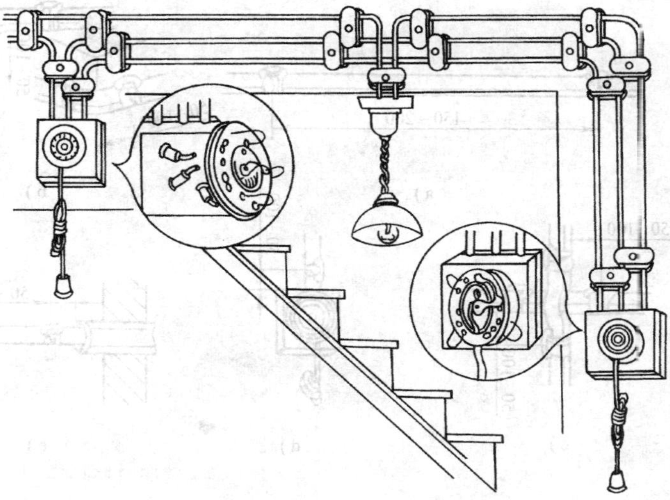

图 7-13　楼梯口照明电路的安装接线

（2）固定铝线片（或线卡）　在配电板划有固定线卡（或线夹）的位置处用小圆钉直接将铝片线卡加以固定。铝片线卡的规格有 0 号、1 号、2 号、3 号和 4 号等，室内照明线路常用较小的线卡。铝片线卡夹持护套线的敷设方法如图 7-14 所示。

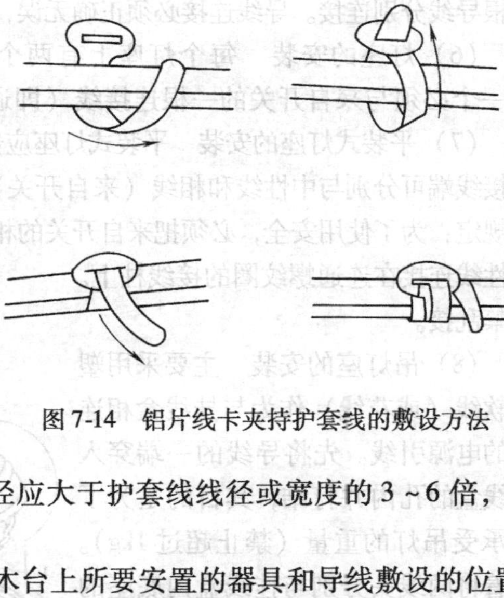

图 7-14　铝片线卡夹持护套线的敷设方法

（3）导线的敷设　主要采用护套线的敷设方法，线路的敷设要求整齐、美观；导线的敷设必须横平竖直，并采用由上而下、从左往右的顺序敷设；导线弯曲要均匀，其弯曲半径应大于护套线线径或宽度的 3～6 倍，具体敷设方法如图 7-15 所示。

（4）接线盒与木台的安装　根据木台上所要安置的器具和导线敷设的位置，在木台和接线盒上钻好出线孔和锯好出线槽；然后将导线从木台的出线孔穿出，用木螺钉将木台固定在配电板上；接下来，在木台上安装灯座、挂线盒和开关等器具，接线盒同样用木螺钉加以固定。

（5）双联开关的安装　双联开关一般均用于两处控制同一盏灯的线路。楼梯口电路就是采用两个双联开关控制同一盏灯的典型线路。双联开关有三个接线端分别与三根导线相连接。接线时，其中一个开关的连接铜片接线端与电源柱线连接；另一个开关的连接铜片接线端与灯座的中心弹簧片相连接，而两个开关的另外四个接线端用

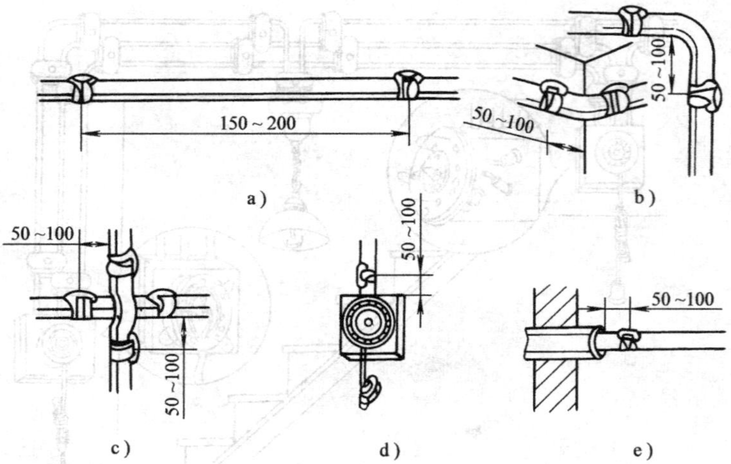

图7-15 护套线的敷设方法

a）直管部分 b）转角部分 c）十字交叉 d）进入木台 e）进入管子

两根导线分别连接。导线连接必须正确无误，一旦接错线易发生短路事故。

（6）灯座的安装 每个灯座上有两个接线端，一个与电源的中性线连接，另一个必须与来自开关的一根连接线（即通过开关的相线）相连接。

（7）平装式灯座的安装 平装式灯座应安装在木台上面。平装式插口灯座的两个接线端可分别与中性线和相线（来自开关）相连接；平装式螺口灯座的接线有明确规定：为了使用安全，必须把来自开关的相线接在灯座中心弹簧片的接线柱上，把中性线连接在连通螺纹圈的接线柱上。严禁乱接。

（8）吊灯座的安装 主要采用塑料软线（或花线）作为与挂线盒相连接的电源引线。先将导线的一端穿入挂线盒的孔内并打结，其目的是为了能承受吊灯的重量（禁止超过1kg）。接着将两线头分别与挂线盒内底座的接线柱相连接，并旋上挂线盒盖。再将导线的另一端穿入灯座盖内也打个结，把两根导线的线头分别接到吊灯座的两个接线端上。检查接线是否正确、可靠，罩上吊灯座盖，整个安装完毕，如图7-16所示。

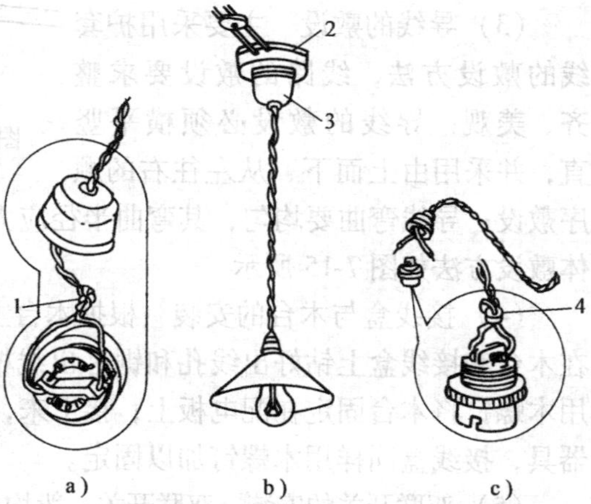

图7-16 吊灯座的安装方法

a）挂线盒安装 b）装成的吊灯 c）灯座的安装

1、4—打结 2—木台 3—挂线盒

4. 注意事项

1）灯泡电压必须与电源电压相符，同时最好根据照度强弱安装反光适度的灯罩。

2）大功率白炽灯在安装使用时，要保证通风良好，避免灯泡过热而引起外壳与灯头松脱。

3）对白炽灯的拆换和清洁工作，应关闭电灯开关后进行，注意不要触及灯泡螺口（或插口）部分，以免触电。

4）照明附件必须安装牢固，开关和灯座等应安装在木台的中央且不能歪斜。

● 训练2 安装荧光灯

1. 训练目的

熟悉电工基本操作，掌握荧光灯的安装工艺和技术规范。

2. 训练准备

1）准备训练图样和相关的技术资料。

2）主要机具和器材：

① 工具：电工常用工具。

② 仪表：万用表。

③ 材料：荧光灯架、灯座、镇流器、辉光启动器、荧光灯管，连接导线若干。

3. 操作要领

荧光灯电路如图7-6所示，具体安装如图7-17所示。

1）准备灯架：根据荧光灯灯管的长度，购置或制作与之配套的灯架。

2）组装灯架：对分散控制的荧光灯，将镇流器安装在灯架的中间位置。对集中控制的几盏荧光灯，几只镇流器应集中安装在一块配电板上，然后将辉光启动器座安装在灯架的一端，两个灯座分别固定在灯架两端，中间距离要按所用灯管长度量好，使灯管两端灯脚既能插进灯座插孔，又能有较紧的配合。各配件位置固定后，按电路图进行接线，只有灯座是一边接线一边固定在灯架上。组装接线方法是：辉光启动器座上的两个接线端分别与两个灯座中的一个接线端连接；两个灯座各余下一个接线端，其中一个与电源的中性线连接，另一个与镇流器的一个出线端连接；镇流器的另一个出线端与开关的一个接线端连接，而开关的另一个接线端与电源的相线连接。导线在接线端子上连接时，线头按顺时针方向绕螺钉一圈，用螺钉旋紧，并注意裸线圈之间不能相碰（否则会发生短路）。与镇流器连接的线可通过瓷接线柱连接，也可以直接连接，但要恢复好绝缘层。要对照电路图仔细检查，以免接错接漏。

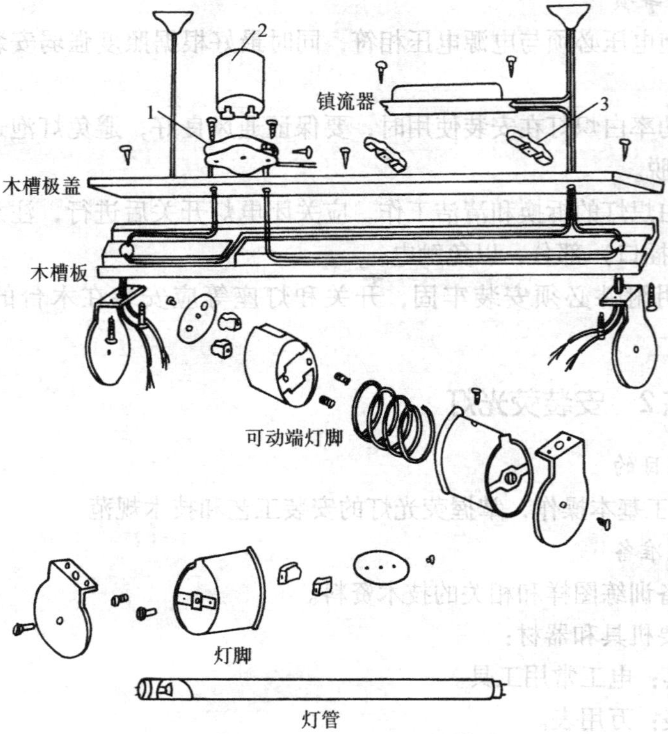

图 7-17 荧光灯电路的安装

1—辉光启动器座 2—辉光启动器 3—瓷夹板

3）固定灯架：固定灯架的方式有吸顶式和悬吊式两种。悬吊式又分为金属链条悬吊和钢管悬吊两种。安装前首先在设计的固定点处打孔预埋合适的紧固件，然后将灯架固定在紧固件上。训练时可根据施工条件选择合适的固定方式。

4）安装灯管：在灯座上安装灯管时，对插入式灯座，先将灯管一端灯脚插入带弹簧的灯座中，稍用力使弹簧灯座活动部分向外退出一小段距离，另一端趁势插入不带弹簧的灯座。对开启式灯座，先将灯管两端灯脚同时卡入灯座的开缝中，再用手握住灯管两端头旋转约 1/4 圈，灯管的两个灯脚即被弹簧片卡紧而使电路接通。

5）安装启动器：最后把辉光启动器旋装到辉光启动器座上。开关、熔断器等按白炽灯的安装方法进行接线。检查无误后，即可通电试用。

4. 注意事项

1）采用开启式灯座时，必须用细绳将灯管两端绑扎在灯架上，以防灯座松动时灯管坠下。

2）灯架背部应加装防护盖，以防灰尘或杂物进入造成不良后果，且镇流器部位的盖罩上要钻孔通风，保持良好的散热环境。

3）采用吊式灯架时，电源引线必须从挂线盒中引出，引线最好套上绝缘套管，一般要求一盏灯接一个挂线盒。

4）荧光灯切不可贴装在可燃性建筑材料上。

● 训练3　安装吊扇

1. 训练目的

熟悉电工基本操作，掌握吊扇的安装工艺和技术规范。

2. 训练准备

1）准备训练图样和相关的技术资料。

2）机具和器材：电工常用工具一套、万用表、吊扇等。

3. 操作要领

（1）吊扇吊钩的安装　吊扇吊钩一般用不小于 ϕ10mm 的圆钢制作，其伸出建筑物天花板的长度应以装上吊杆护罩后，能将整个吊钩外露部分完全遮住为宜。

1）在现浇混凝土楼板或梁中，应采用预埋方法将圆钢制成冂形后与主钢筋焊接在一起。待模板拆除后，再用气焊把圆钢露出部分加热弯制成吊钩，如图7-18 所示。

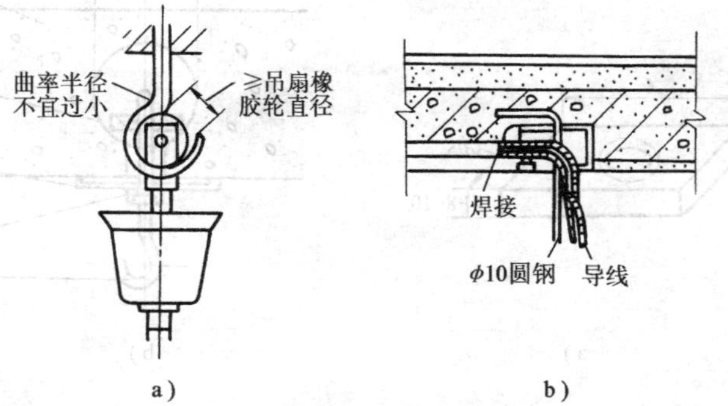

图 7-18　现浇楼板预埋吊钩

a）吊扇吊钩安装要求　b）现浇楼板预埋吊扇吊钩安装示意图

2）在多孔或槽形预制板中，吊钩也应采用预埋方法。吊钩的做法有两种：一种是把弯制成冂形的圆钢焊接成 T 形以后，预埋在两块预制板的缝中，填充好水泥砂浆后即可，如图 7-19 所示；另一种是在所需安装的部位凿一个洞，在洞上方横一根圆钢作横梁，将吊钩上方做一个挂钩挂上，横梁可与预埋电线管绑扎在一起，然后填充水泥砂浆即可埋住。

3）土建完工后，在多孔预制楼板中的安装可采用錾孔方法补救。先在预制

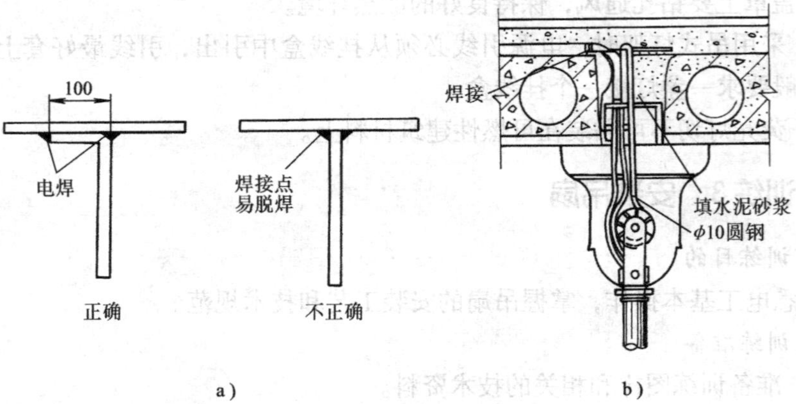

图 7-19 预制楼板中安装吊钩

a）T形圆钢焊接方法 b）预制楼板中吊扇安装示意图

板上錾一个孔，测量出多孔预制板孔的直径 d；再将一块铁板（铁板的尺寸如图 7-20a 所示）的中间钻孔攻螺纹；然后在预制板有孔的部位錾一条比钢板厚度稍宽的缝，将铁板侧着从缝中塞入，平放在孔内，最后把套螺纹吊钩加上螺母、垫圈拧入铁板螺纹孔内，如图 7-20b 所示。

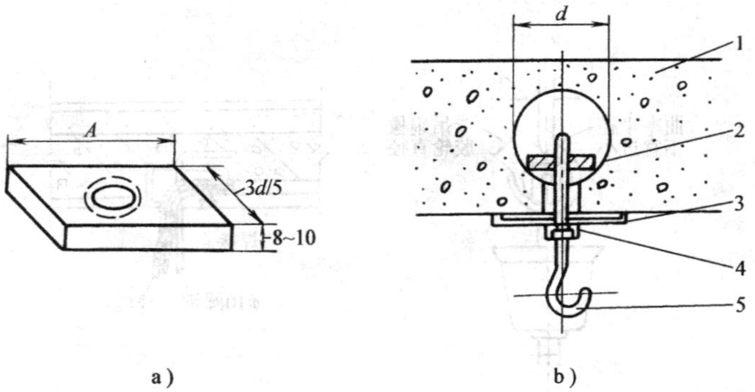

图 7-20 在多孔预制楼板中埋设吊钩

a）孔洞内放置的铁板尺寸 b）埋设吊钩的方法

1—多孔水泥预制板 2—铁板 3—∩形座板 4—垫圈 5—吊钩

4）在方形梁上装设吊钩时，可采用两条扁钢和两根 ϕ15mm 的钢管制成吊架，其中一根钢管的长度等于梁的宽度，另一根的长度比梁窄 10mm 左右。装在吊梁下方的长钢管上焊有吊钩，紧贴方形梁的是短钢管。安装时把两根螺杆的螺母拧紧，使吊架禁箍在梁上。为防松动掉下，防松螺母孔的深度必须比穿入孔内的螺栓部分长一些，如图 7-21 所示。

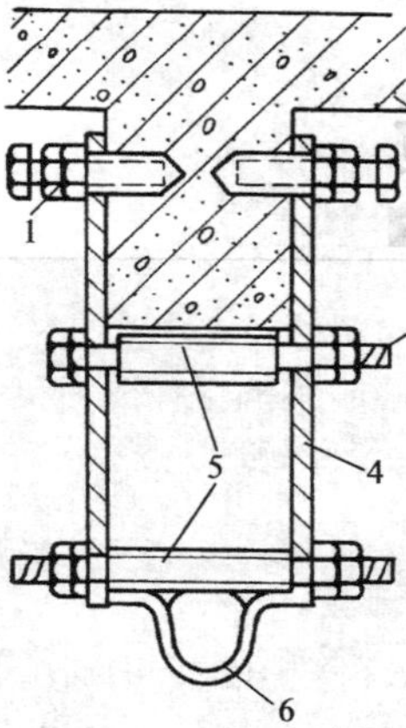

图 7-21　在方形梁上装设吊钩

1—防松螺母　2—梁　3—螺栓　4—吊架　5—钢管　6—吊钩

（2）吊扇的安装　安装时，吊扇的扇叶离地面的高度不得低于 2.5m；吊杆上的悬挂销钉必须装设防振橡胶垫及防松装置；吊杆之间、吊杆与电动机之间的螺纹连接啮合长度不得小于 20mm。吊扇的扇叶角度不得任意改变，吊钩挂上吊扇后，一定要使吊扇的重心和吊钩的直线部分处在同一条直线上。

4. 注意事项

1）吊扇的挂吊装置禁止直接用膨胀螺栓固定。

2）吊扇投入运行前必须仔细检查防松装置及锁紧装置是否可靠。

复习思考题

1. 试画出楼梯口照明电路的安装接线图。
2. 简述荧光灯电路的工作原理。
3. 吊扇调速控制有哪几种方式?
4. 电气照明装置施工中对灯具、开关、插座等的安装有哪些具体规定?
5. 吊扇在安装过程中要注意哪些问题?

第八章

防雷与接地

培训学习目标 熟悉防雷与接地装置各组成部分及其作用；掌握接地体和接地干线的安装工艺规程、方法和测试验收方法；掌握避雷针的制作与安装方法，以及避雷引线的敷设工艺标准，避雷网与避雷带的安装方法。

◇◇◇ 第一节 防雷与接地专业知识

一、防雷与接地的基本概念

1. 接地与接地装置

将电气设备的某部分与大地之间做良好的电气连接，称为接地。埋入地中并直接与大地接触的金属导体，称为接地体或接地极。专门为接地而人为装设的接地体，称为人工接地体。兼作接地体用并直接与大地接触的各种金属构件、金属管道及建筑物的钢筋混凝土基础等，称为自然接地体。连接接地体与设备、装置接地部分的金属导体，称为接地线。接地线和接地体合称为接地装置。

电气上的“地”，是指电位等于零的地方。电气设备的接地部分，如接地的外壳和接地体等，与零电位的“大地”之间的电位差，称为接地部分的对地电压。当电气设备发生接地故障时，就有电流通过接地体向大地作半球形散开，这一电流称为接地电流。接地电流向大地散流过程中遇到的电阻，称为接地电阻。

人站在发生接地故障（漏电）的电气设备旁边，手触及设备的外露可导电部分，则人所接触的两点（如手和脚）之间所呈现的电位差，称为接触电压。人在接地故障点周围行走，两脚之间所呈现的电位差，称为跨步电压。

电力系统及设备的接地，按其功能分为工作接地和保护接地两大类，此外还有为进一步保证接地的重复接地。

（1）工作接地 工作接地是为保证电力系统和设备达到正常工作要求而进行的一种接地，例如电源中性点的接地、防雷接地等。各种工作接地都有各自的功能，如电源中性点直接接地，能在运行中维持三相系统的相线对地电压不变；电源中性点经消弧线圈接地，能在单相接地时消除接地点的断续电弧，防止系统出现过电压。至于防雷接地，功能更是显而易见，不进行接地就无法对地泄放雷电流。

（2）保护接地 保护接地是为保障人身安全、防止间接触电而将设备的外露可导电部分接地。

保护接地有两种形式：一种是设备的外露可导电部分经各自的接地线（PE线）直接接地；另一种是设备的外露可导电部分经公共的PE线（TN-S系统：中性线N和保护线PE始终严格分开）或PEN线（TN-C系统：中性线N和保护用PE线合用一根导线）接地。我国称前者为保护接地，而称后者为保护接零。

（3）重复接地 为确保公共PE线或PEN线安全可靠，除在电源中性点进行工作接地以外，专用保护线PE（或PEN线）上一处或多处通过接地装置再次与大地相连接称为重复接地。

重复接地在降低漏电设备对地电压、减轻公共PE线或PEN线断线的危险性、缩短故障时间、改善防雷性能等方面起着重要作用。

2. 防雷与防雷装置

雷电是一种自然现象，但迄今为止人类尚未掌握和利用它，仍处于防范它造成危害的阶段。从人员的安全和建筑物的保护来说，设计各类建筑物的有效防雷系统都是非常重要的。

根据雷电造成危害的形式和作用，一般可分为直击雷、感应雷两大类。直击雷是雷云对地面直接放电。感应雷是雷云的二次作用（静电感应和电磁效应）造成的危害。无论是直击雷还是感应雷，都可能演变成雷电的第三种形式——高电位侵入，即很高的电压（可达数十万伏）沿着供电线路和金属管道，高速涌入变电所、建筑物等。

一个完整的防雷系统一般由接闪器、引下线和接地装置三部分组成。

（1）接闪器 接闪器就是专门接受直接雷击的金属物体。接闪的金属杆称为避雷针；接闪的金属线称为避雷线；接闪的金属带或金属网称为避雷带或避雷网。特殊情况下也可直接用金属屋面和金属构件作为接闪器。所有接闪器都必须经过引下线与接地装置相连。

1）避雷针：避雷针一般用镀锌圆钢或镀锌钢管焊接制成，通常安装在构架、支柱或建筑物上，其下端经引下线与接地装置焊接。

避雷针是人为设立的最突出的良导体。在雷云的感应下，针的顶端形成的电场强度最高，所以最容易把雷电流吸引过来，完成接闪任务。也就是说，避雷针的功能是引雷，它把雷电波引入地下，从而保护了建筑物和设备等。

2）避雷带和避雷网：避雷带和避雷网普遍用在较高的建筑物上，用来保护建筑物免遭直击雷和感应雷。避雷带一般沿屋顶周围装设，高出屋面100～200mm，支持卡间距1～1.5m。避雷网除沿屋顶周围装设外，需要时屋顶上面还用圆钢或扁钢纵横连接，形成网格。避雷带、避雷网必须经引下线与接地装置可靠连接。

避雷网和避雷带宜采用镀锌圆钢或扁钢，优先选用圆钢。圆钢直径不应小于8mm；扁钢截面积不应小于48mm^2，其厚度不应小于4mm。

3）避雷线：避雷线架设在架空线路的上方，以保护架空线路或其他物体（包括建筑物）免遭直接雷击。避雷线宜采用截面积不小于35mm^{2}的镀锌钢绞线。

（2）引下线　引下线宜采用镀锌圆钢或扁钢，优先选用圆钢，圆钢直径不应小于8mm；扁钢截面积不应小于48mm^2，其厚度不应小于4mm。引下线应沿建筑物外墙明敷，并经最短路径接地；也可暗敷，但其圆钢直径不应小于10mm，扁钢截面积不应小于80mm^2。

采用柱内钢筋作引下线时，要求钢筋直径不小于12mm，每根柱子焊接不少于两根主筋。装设在烟囱上的引下线，若明装应采用直径不小于8mm的镀锌钢筋；暗装时则可以用ϕ12mm镀锌钢筋。金属烟囱本身也可以兼作引下线。

采用多根引下线时，宜在各引下线上距地面0.3～1.8m之间装断接卡。

当利用混凝土内钢筋、钢柱作为自然接地体时，可不设断接卡，但利用钢筋作引下线并采用埋于土壤中的人工接地体时，应在每根引下线上于距地面不低于0.3m处设接地体连接板。采用埋于土壤中的人工接地体时，应设断接卡，其上端应与连接板或钢柱焊接。连接板处应有明显标志。

在易受机械损坏和防人身接触的地方，地面上1.7m至地面下0.3m的一段接地线应采取暗敷镀锌角钢、橡胶管等保护设施。

利用建筑物结构的主筋作为暗装引下线，对高层建筑物是较好的一种选择，但最少应利用四根柱子，每根柱子中至少用到两根主筋。防雷引下线的数量关系到反击电压的大小，所以引下线的根数和布置应按防雷规范确定，引下线数量以适当多些为好。高层建筑物在屋顶装设避雷网和防雷击的接闪环时，其应和引下线连接成一体，以减少整体防雷引下线的电感，以利于雷电电流的分流。引下线与各楼层的等电位连接母线相连，可以使室内反击电压显著降低。暗装引下线应引出明显的测量接点，以备检测。

（3）接地装置　埋于土壤中的人工垂直接地体宜采用角钢、钢管或圆钢；埋于土壤中的人工水平接地体宜采用扁钢或圆钢。圆钢直径不应小于10mm；扁钢截面积不应小于100mm²，其厚度不应小于4mm；角钢厚度不应小于4mm；钢管壁厚不应小于3.5mm。人工垂直接地体的长度宜为2.5m。人工垂直接地体间的距离宜为5m，埋设深度不应小于0.5m。

防雷接地电阻一般要求不应大于10Ω。另外，接地装置的优劣不仅与接地电阻有关，还与接地方式有关。周圈式接地方式优于独立式接地方式。周圈式接地的冲击阻抗小于独立式接地的阻抗，并有利于改善建筑物内的地电位分布，减少跨步电压；此外，周圈式接地体便于与各种入户金属管道相连，并可利用自然接地体降低综合的接地电阻；所以建筑物防雷接地应以周圈式接地为优选方案。也可利用建筑物基础作为接地体。

二、防雷与接地施工技术要求

（1）一般要求　在设计和装设接地装置时，首先应充分利用自然接地体，以节约钢材。如果实测所利用的自然接地体电阻已能满足要求且又满足热稳定条件时，可不必装设人工接地体，否则应装设人工接地装置予以补充。

电气设备的人工接地装置的布置，应使接地装置附近的电位分布尽可能均匀，以降低接触电压和跨步电压，保证人身安全。

（2）自然接地体的利用　建筑物的基础钢结构和钢筋、桥式起重机的钢轨、埋地的金属管道（可燃液体、气体管道除外）以及敷设于地下且数量不少于两根的电缆金属外皮等，均可作为自然接地体。

建筑物的防雷接地及电气设备的接地通常合用同一接地装置，其布置可沿建筑物四周埋设水平接地体或多根垂直接地体。为了防止跨步电压，接地体距建筑物外墙不得小于3m。接地体不得设置在楼门口、人行通道及地面上有人活动的地方。如果同时利用建筑物基础钢筋作接地体，则不存在距离建筑物3m的问题，而且靠近建筑物基础沟槽的外沿敷设较为合理。因为它与基础内的钢筋距离较近，能够发挥均衡电位的效果；并且，利用土建施工的基础沟槽可以埋深一些，有利于接地体阻值的稳定，也不必再挖专用的深沟，可节约土方工程量。

第二节　防雷与接地技能训练实例

• 训练1　安装接地装置

1. 训练目的

掌握人工接地体（极）、自然接地体的制作与安装方法、接地干线的安装方法；学会安装后的测试验收。

2. 训练准备

1）准备施工图样及相关的技术资料、防雷与接地装置施工质量验收规范等。

2）施工机具及器材：钢管、角钢加工工具、土方工具、电焊机、接地电阻测试仪等。

3. 训练要领

（1）垂直接地体的制作　垂直接地体的制作，一般采用镀锌角钢或镀锌钢管，如图8-1所示。

在选择接地体材料时，钢管壁厚应大于3.5mm，角钢厚度应大于4mm；所有材料不应有锈蚀，全部角钢或钢管要采用热镀锌处理，其材料必须直正、不可弯曲；垂直接地体的长度一般应大于2.5m，下端加工成尖形。在用角钢制作时，应在角钢的角脊上作尖，且两斜边对称，如图8-1a所示，在用圆钢管制作时，要单边斜削，如图8-1b所示。

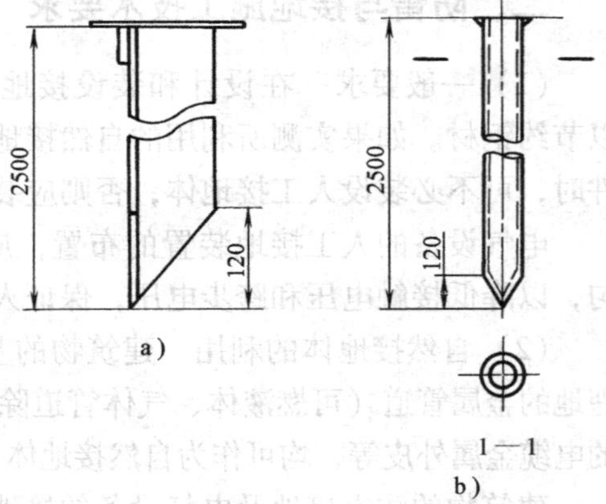

图8-1　垂直接地体的制作

a）2500mm×50mm×5mm角钢接地体

b）ϕ50mm钢管接地体

（2）垂直接地体的安装　接地体应埋设于冰冻层以下，以防接地电阻增大。一般埋设深度不小于0.6m。在装设接地体前，按设计要求先挖沟，一般挖沟深度在0.8～1.0m，沟宽为0.5m，沟的上部稍宽、向底部渐窄，且要求沟底部平整，如有石子应清除。然后按设计位置，垂直将接地体打入地下，但接地体应露出沟底150～200mm，并依次打入相邻的每根接地体。相邻接地体的间距应大于接地体长度的2倍，一般宜为5m，接地体与建筑物间距应大于1.0m。

（3）自然接地体的安装　利用建筑物的基础作为接地体具有接地电阻小、稳定、接地体不易腐蚀、节约钢材等优点，是建筑物接地最常用的方法。

1）条形基础自然接地做法：若建筑物的基础为钢筋混凝土条形基础或板筏钢筋混凝土基础，可利用钢筋形成自然接地装置，或利用板筏基础钢筋形成自然接地装置。

具体做法是将沿外墙基础的3～6根钢筋环周焊成闭合的接地导体，其中至少有2根钢筋的直径不应小于10mm。若原结构设计中均为直径小于10mm的构造筋时，可用2根直径大于10mm的钢筋取代原设计中的2根构造筋。然后将沿墙明敷或暗敷于墙面层内的引下线，通过接地线与接地体连接。接地装置在基础以外的部分，必须刷防锈漆两遍；在土地中的部分，必须进行防腐处理。

当采用柱内钢筋作引下线时，其与基础接地体钢筋需在交叉点焊成一体，当另敷金属体作为引下线时，亦应与基础接地体在交叉点焊成一体。

2）独立基础自然接地做法：建筑物的基础为柱下独立基础时，可利用基础钢筋构成自然接地装置；当有地梁时，可利用地梁钢筋环周焊成均压环。

利用建筑物上方有引下线的独立基础底板的 3～6 根主筋焊接成网状接地，然后与 4 根基础外廓式地梁主筋焊成均压环，上述主筋仍需在纵横方向至少有 2 根钢筋直径大于 10mm。

3）板式基础自然接地做法：当建筑物的基础为板式筏形基础或箱式基础时，可利用底板基础钢筋构成自然接地体，或利用箱式基础底板构成自然接地体。构成自然接地体的基础外侧应无防腐层或仅有沥青质防腐层，若设计上采用非沥青质防腐层时，底板基础钢筋不能构成自然接地体，需另外设置人工接地体。

利用底板外周 3～6 根主筋环焊成闭合导体，与利用柱内对角主筋作为引下线焊接（必须用搭焊）时，仍要求作为接地体的主筋至少有 2 根直径不小于 10mm。

4）桩基础自然接地做法：当建筑物基础设计为桩基时，可利用桩内设置的钢筋构成自然接地体，一项工程的桩是有很多根的，可利用接地体的桩作为引下线下方的桩；若承面下一组桩多于 4 根，只需利用其四角的 4 根桩即可。将每根桩内的至少 4 根外围主筋上下焊接，承面纵横方向各取 4～6 根主筋与桩内接地钢筋及柱内引下线焊接相连。

若建筑物地下层有底板时，沿建筑物外周轮廓，将板内的 3～6 根底筋及钢筋环周焊成闭合导体，并与各引下线焊连。当建筑物周边有钢筋混凝土连续墙式梁时，还应将距室外地面下至少 0.8m 标高处连续墙（梁）内的至少 2 根主筋环周焊成均压环，并与各引下线焊接，均压环钢筋的直径不应小于 10mm。

（4）接地干线的安装　室内接地干线一般敷设在沟内，敷设前应按设计要求挖沟，沟深不得小于 0.5m，然后埋入扁钢。由于接地干线不起接地散流作用，所以埋设时不一定要立放。接地干线与接地体及接地支线均采用焊接连接。接地干线末端应露出地面 0.5m，以便接引地线。敷设完后回填土并夯实。

室内的接地线一般多为明敷，但有时因设备的接地需要也可埋地敷设或埋设在混凝土中。明敷的接地线一般敷设在墙上、母线架上或电缆的构架上。敷设方法如下：

1）埋设保护套管和预留孔：接地扁钢沿墙敷设时，有时要穿过楼板或墙壁，可在穿墙的一端加设保护套管或预留孔。预留孔的大小应与接地线规格相适应，一般应比接地线的厚度、宽度各大6mm左右为宜。其位置一般距墙壁表面应有15~20mm的距离，以使敷设的接地线整齐美观。保护套管可用厚1mm以上的铁皮做成方形或圆形。

2）预埋固定钩或支持托板：明敷在墙上的接地线应分段固定，固定方法是在墙上埋设固定钩或支持托板，然后将接地线（扁钢或圆钢）固定在固定钩或支持托板上，也可埋设膨胀螺栓，在接地扁钢上穿孔，用螺母将扁钢固定在螺栓上。

固定钩或支持托板的间距：水平直线部分一般为1~1.5m，垂直部分为1.5~2m，转弯部分为0.5m。沿建筑物墙壁水平敷设时，与地面宜保持250~300mm的距离，与建筑物墙壁间应有10~15mm的间隙。

为使固定钩或支持托板埋设整齐，可在墙壁浇筑混凝土时，埋入一方木作预留孔（砖墙也可在砌砖时直接将固定钩埋入）。孔深为50mm，口径为50mm×50mm。混凝土干固后，将方木取出，待墙壁抹灰后即可在孔内埋设固定钩。为保证固定钩全线整齐，可事先拉一根水平线；为保证固定钩与墙壁间保持相同距离，埋设时可用一方木作样板。

3）敷设接地线：当固定钩或支持托板埋设牢固后，即可将调直的扁钢或圆钢放在固定钩或支持托板内进行焊接固定。在直线段上不应有高低起伏及弯曲等现象。当接地线跨越建筑物伸缩缝、沉降缝时，应加设补偿器或将接地线本身弯成弧状，如图8-2所示。

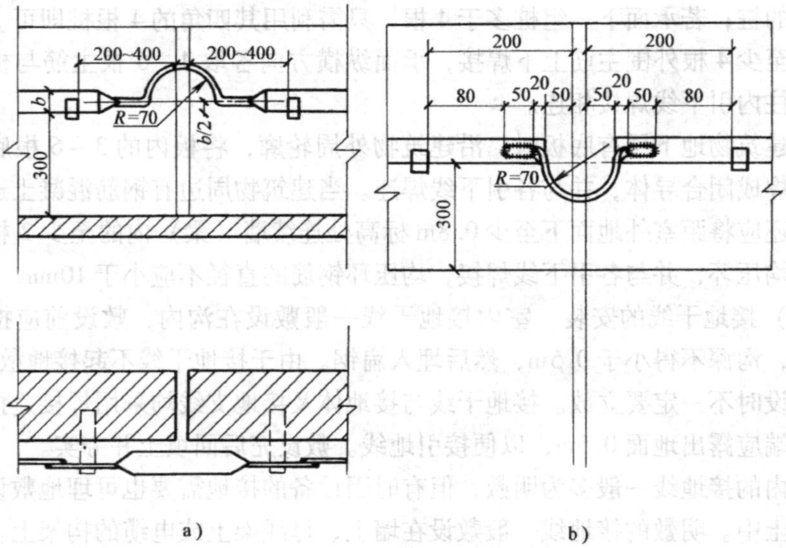

图8-2 接地线跨越建筑物伸缩缝、沉降缝时的做法
a）加设补偿器 b）将接地线弯成弧状

接地线过门安装方法如图 8-3 所示。

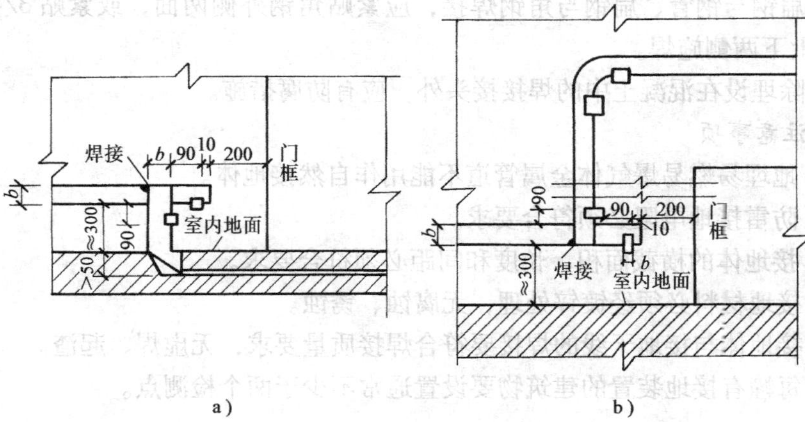

图 8-3 接地线过门安装方法

a）Ⅰ型 b）Ⅱ型

（5）接地体的测试与验收 人工接地装置的检查验收应符合《建筑电气工程施工质量验收规范》（GB 50303—2002）的规定，其主要规定如下：

1）主控项目的检查验收：

① 人工接地装置必须在地面以上按设计要求位置设测试点。由于人工接地装置是利用建筑物基础钢筋的接地装置或两者联合的接地装置，随着时间的推移、地下水位的变化、土壤电导率的变化，其接地电阻值也会发生变化。为对电阻值进行检测监视，故每幢有接地装置的建筑物要设置检测点，通常不少于两个，施工中不可遗漏。

② 测试接地装置的接地电阻必须符合要求。由于建筑物性质不同，建筑物内的建筑设备种类不同，对接地装置的设置和接地电阻的要求也不同，故施工设计要给出接地电阻值，施工结束后要检测。检测结果必须符合要求，若不符合要求，应由原设计单位提出改进措施，完善后再进行检测，直至符合要求为止。

③ 对于人工接地装置的接地干线埋设，经人行通道处时，其埋地深度不应小于 1m，且应采取均压措施或在其上方铺设卵石或沥青地面。

在施工设计时，一般应避免防雷接地干线穿越人行通道，以防止雷击时跨步电压过高而危及人身安全。

2）一般项目检查验收：当设计无要求时，接地装置顶面埋设深度不应小于 0.6m。圆钢、角钢及钢管接地体应垂直埋入地下，间距不应小于 5m，接地装置的焊接应采用搭接焊，搭接长度应符合下列规定：

① 扁钢与扁钢搭接为扁钢宽度的两倍，不少于三面施焊。

② 圆钢与圆钢搭接为圆钢直径的六倍，双面施焊。

③ 圆钢与扁钢搭接为圆钢直径的六倍，双面施焊。

④ 扁钢与钢管、扁钢与角钢焊接，应紧贴角钢外侧两面，或紧贴3/4钢管表面，上下两侧施焊。

⑤ 除埋设在混凝土中的焊接接头外，应有防腐措施。

4. 注意事项

1）地埋易燃易爆气体金属管道不能用作自然接地体。

2）防雷接地电阻必须符合要求。

3）接地体的横截面积、长度和间距必须符合要求。

4）接地材料必须经镀锌处理，无腐蚀、锈蚀。

5）接地体与接地干线的焊接要符合焊接质量要求，无虚焊、起渣。

6）每幢有接地装置的建筑物要设置通常不少于两个检测点。

训练2 安装防雷装置

1. 训练目的

掌握避雷针的制作与安装；能完成防雷引下线的明敷与暗敷；能完成避雷网与避雷带的安装。

2. 训练准备

1）准备施工图样及相关的技术资料、防雷与接地装置施工质量验收规范等。

2）施工机具及器材：有角钢或钢管加工工具、电焊机、冲击电钻等。

3. 训练要领

（1）避雷针的制作与安装 避雷针通常采用镀锌圆钢或钢管制成，并安装在建筑物、支柱或其他构件上，经引下线与接地体可靠接地。避雷针的直径不应小于表8-1中的规定值。

表8-1 避雷针直径规定值

针长/m 直径/mm	<1	1～2	为烟囱顶上的针
圆钢	12	16	20
钢管	20	25	40

避雷针安装在屋顶上是民用建筑最常用的方法。若屋顶设计有女儿墙或山墙时，可将避雷针支架预先埋入女儿墙或山墙内，可采用膨胀螺栓将支架固定在定位后的墙上，如图8-4所示。

避雷针必须经引下线与接地体可靠连接，若屋顶没有女儿墙，可选用钢筋混凝土底座固定安装避雷针。底座的重心应落在支承屋面板的大梁上。底座的配筋

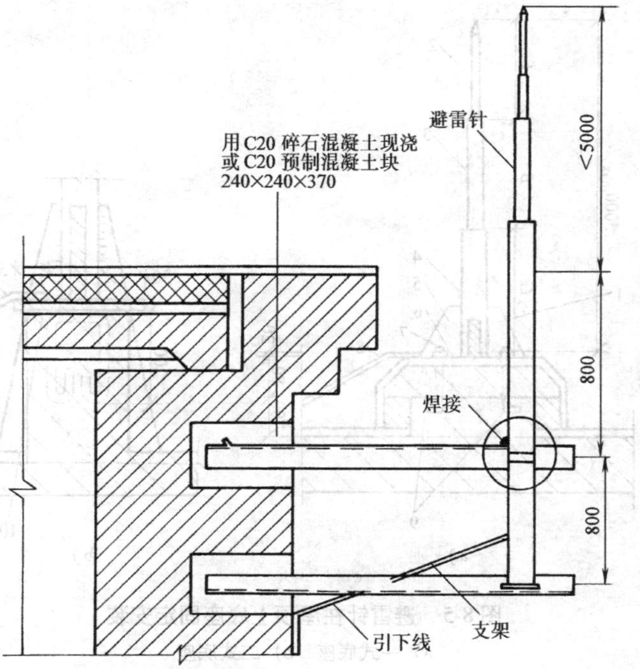

图8-4　屋顶有女儿墙或山墙时避雷针的安装

应由结构专业设计人员来确定，为增加底座的稳定性，底座应与屋面板一次浇筑而成。底座的地脚螺栓或锚筋应与屋面板的钢筋用焊接相连。若月螺栓连接应有防松动措施，在沿海、山地等大风、台风多发地区，在设计安装避雷针之前应检验风载荷。

底座固定安装避雷针的方法是：用底座安装固定避雷针时可分为预埋脚螺栓和预埋板两种方法。先用肋板将避雷针焊接在300mm×300mm的钢板上，然后将钢板固定在底座上，如图8-5所示。

（2）避雷引下线的敷设工艺　引下线是将接闪器与接地装置连接在一起，使雷电流构成通路的导体。引下线一般采用圆钢或扁钢。若明敷设时，要求镀锌处理。

明敷引下线采用扁钢时，截面积宜大于48mm²；若引下线采用圆钢，直径应大于8mm。暗敷引下线采用扁钢时，截面积宜大于80mm²，厚度在4mm以上；若引下线采用圆钢，直径应大于10mm。

（3）避雷网与避雷带的安装

1）避雷网的暗装：高层民用建筑物的防雷设施在安装时，应注意建筑物的美观。若装设明避雷针，在选择材料和安装时，尽量满足美观要求，可利用现浇钢筋或混凝土钢筋连成暗装避雷网，构成高层建筑防直击雷设施。

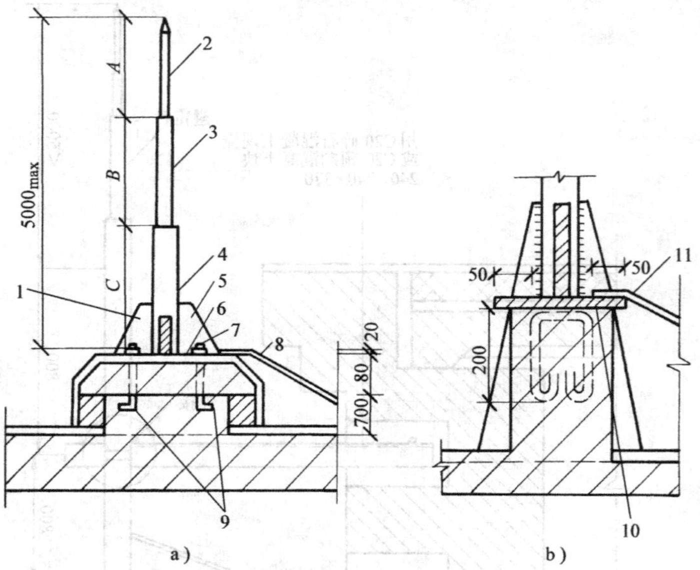

图 8-5 避雷针在屋顶上底座固定安装

a）一式底座 b）二式底座

1—焊接 2—GG25 钢管 3—GG32 钢管 4—GG50 钢管 5—肋板（8mm 厚钢板）
6—底板（8mm 厚钢板） 7—M25 ×250 螺栓 8、11—ϕ10mm 引下线
9—预埋地脚螺栓 10—预埋底板

目前我国高层建筑的防雷设计中大多采用暗装避雷网，即法拉第笼。法拉第笼是笼罩整个建筑物的金属笼，它不影响建筑物的美观又起到均压和屏蔽的防雷效果，接闪时笼网面上产生高压电，而笼内空间电场强度相等，因为是等电位体，故笼内人身和设备都是安全的。

法拉第笼是利用建筑物的结构配筋形成的。把整个建筑物的梁、柱、板、基础等主要结构与钢筋连成一体。一般建筑物钢筋混凝土构件的配筋按结构设计要求用铁丝绑扎，对于预制大板和现浇大板结构建筑，网格较小，是较理想的笼网；框架结构建筑，则属于大格笼网，虽不如预制大板和现浇大板笼网严密，但一般民用建筑的柱间距离都在 7.5m 以内，故也是安全的。

安装避雷网的缺点是，在接闪时，由于雷击点的电动势较高，电流较大，有可能使网面混凝土打出小洞，对建筑物下通过的行人不是很安全，但从防雷效果看，这又是允许的。因此，为了使雷击产生的洞很小，相应的网就要越小越好。

2）避雷带（网）的明暗装：避雷带是沿建筑物易受雷击的部位（如屋脊、屋檐、屋角等处）装设的带形导体。避雷网是在屋面上纵横敷设组成的金属网格，网格大小按设计要求确定，对于防雷要求不同的建筑物，其要求也不相同。屋顶上的避雷网，如果是上人屋顶，可敷在顶板内 5cm 处；对于不上人屋顶，可敷在顶板上

15cm 处。

避雷带和避雷网可采用直径不小于 8mm 的镀锌圆钢或截面积不小于 $48mm^2$ 厚度为 4mm 的镀锌扁钢。应优先采用圆钢。

在安装避雷带时：屋顶上突出屋面的金属构件（旗杆、通风帽等）或设备外壳应通过避雷连线就近与避雷装置连接。连接除采用直接焊接外，也可通过预埋件连接。

当屋面设有金属广告牌，而其截面积符合避雷带截面积要求时，需将顶部钢梁及支承钢梁与屋顶避雷带焊接，管道与电源护管应与避雷带焊接。

对于高层建筑，应从首层起，每三层利用结构圈梁的水平钢筋与引下线焊接成均压环。所有引下线、建筑物内的金属结构和金属物体等与均压环连接。从距地 30m 高度起，每向上三层，在结构圈梁内敷设一条 25mm×4mm 的扁钢与引下线焊成一环状水平避雷带，以防止侧向雷击，并将金属栏杆及金属门窗等较大的金属物体与防雷装置连接。

4. 注意事项

1）采用柱内钢筋作引下线时，其直径不得小于 12mm。

2）高层建筑的顶装避雷网和防雷击接闪环应与引下线连接成一体。

3）必须在接地装置和引下线施工完成后，才能安装接闪器，且与引下线连接。

4）避雷接闪器与引下线的连接采用焊接方式，且焊接质量要符合要求。

复习思考题

1. 一个完整的防雷系统一般由哪几部分组成？它们各有何作用？
2. 什么是自然接地体？对自然接地体的选择与安装有什么具体规定？
3. 人工接地体制作时对其材料与规格有何要求？
4. 简述人工接地装置的检查验收规范。
5. 对防雷装置各组成部分的制作材料与规格有何具体规定？

第九章

电梯安装与维修

培训学习目标 熟悉电梯的基本结构和工作原理；掌握电梯安装与维修的基本方法；重点掌握电梯电气部分的安装方法、安装工艺要求、安装质量标准；理解电梯的工作过程、控制原理；掌握电梯故障排除基本方法。

第一节 概 述

一、电梯分类

电梯是服务于规定楼层的固定式升降设备。它具有一个轿厢，运行在至少两列垂直或倾斜角小于15°的刚性导轨之间。轿厢尺寸与结构形式便于乘客出入或装卸货物。

显然，电梯是一种间歇动作、沿垂直方向运行、由电力驱动、完成方便载人或运送货物任务的升降设备，在建筑设备中属于起重机械。而在机场、车站、大型商厦等公共场所普遍使用的自动扶梯和自动人行道，按专业定义则属于一种在倾斜或水平方向上完成连续运输任务的输送机械，它只是电梯家族中的一个分支。目前，美、日、英、法等国家则习惯于将电梯、自动扶梯和自动人行道都归为垂直运输设备。

根据我国的行业习惯，大致可将电梯分类归纳如下。

1. 按用途分类

（1）乘客电梯（Ⅰ类） 为运送乘客而设计的电梯，主要用于宾馆、饭店、办公大楼及高层住宅。在设施安全性、运行舒适性、轿厢通风及装饰等方面要求较高，必须有十分安全可靠的安全装置。

（2）载货电梯（Ⅳ类） 主要是为运送货物而设计的，通常有人伴随，有必备的安全保护装置。

（3）客货（两用）电梯（Ⅱ类） 主要用作运送乘客，但也可以运送货物的电梯。它与乘客电梯的区别主要是轿厢内部的装饰结构和使用场合不同。

（4）病床电梯（Ⅲ类） 为运送医院病人及病床而设计的电梯，为容纳病床方便，其轿厢特点是窄而且长。

（5）住宅电梯（Ⅱ类） 供住宅楼使用的电梯，控制系统和轿厢装饰较简单，但必须具有乘客电梯所具有的安全保护装置。

（6）服务（杂物）电梯（Ⅴ类） 供图书馆、办公楼、饭店运送图书、文件、食品等，是决不允许人员进入的小型运货电梯。

（7）观光电梯 观光侧轿厢壁透明，装饰豪华、活泼，运行于大厅中央或高层大楼的外墙上，供游客、乘客观光的电梯。

（8）车辆电梯 用于多层、高层车库中的各种客、货、轿车的垂直运输。轿厢面积较大，构造牢固。

（9）自动扶梯 与地面成30°~35°的倾斜角，在一定方向上以较慢的速度连续运行，多用于机场、车站、商场、多功能大厦中，是具有一定装饰性的代步运输工具。

（10）自动人行道 在一定的水平或倾斜方向上连续运行，常用于大型车站、机场等处，是自动扶梯的变形。

（11）其他电梯 除上述几种电梯外，还有一些特殊用途的电梯，如冷库电梯、消防电梯、矿井电梯及建筑施工电梯等。

2. 按速度分类

（1）低速电梯 电梯运行时的额定速度在1m/s以下，常用于10层以下的建筑物。

（2）快速电梯 电梯运行时的额定速度为1~2m/s，如1.5m/s、1.75m/s，常用于10层以上的建筑物内。

（3）高速电梯 电梯运行时的额定速度为2~3m/s，如2m/s、2.5m/s、3m/s，常用于16层以上的建筑物内。

（4）超高速电梯 电梯运行时的额定速度为3~10m/s，甚至更高，常用于楼高超过100m的建筑物内。

3. 按驱动系统分类

（1）交流电梯 其曳引电动机是交流异步电动机，根据拖动方式又可分为交流单速、双速、三速电梯，交流调速、交流调压调速电梯，以及交流调频、调压调速电梯。

（2）直流电梯　其曳引电动机为电梯专用的直流电动机，有直流快速电梯、直流高速电梯两类。

（3）液压电梯　电梯的升降依靠液压传动，有柱塞直顶式和柱塞侧顶式两类。

（4）齿轮齿条电梯　采用电动机—齿轮传动机构，将导轨加工成齿条，轿厢装上与齿条啮合的齿轮，由电动机带动齿轮旋转完成轿厢升降运动的电梯。

（5）直线电动机驱动的电梯　用直线电动机作为动力源，是目前具有最新驱动方式的电梯。

4. 按控制方式分类

（1）手柄操纵控制电梯　由电梯司机在轿厢内控制操纵箱手柄开关，实现电梯的起动、上升、下降、平层、停止的运行状态。它要求轿厢门上安装透明玻璃窗口或使用栅栏轿门，井道壁上有层楼或平层标记，电梯司机根据这些标记判断层楼数及控制电梯平层。此类控制多用于载货电梯。

（2）按钮控制电梯　它是一种简单的自动控制电梯，具有自动平层功能，常用于服务电梯或载货电梯。

（3）信号控制电梯　它是一种自动控制程度较高的电梯。除具有自动平层、自动开门功能外，还具有轿厢命令登记、层站召唤登记、自动停层、顺向截停和自动换向等功能。司机只要将需停站的层楼按钮逐一按下，再按下起动按钮，电梯就自动关门运行，直到预先登记的指令全部执行完毕。在运行中，电梯能被符合运行方向的层站召唤信号截停。采用这种控制方式的常为有司机乘客电梯或客货（两用）电梯。

（4）集选控制电梯　它是一种在信号控制基础上发展起来的全自动控制电梯。与信号控制电梯的区别在于能实现无司机操纵。其主要特点是：把轿厢内选层信号和各层外呼信号集合起来，自动决定上、下运行方向，顺序应答。这类电梯在轿厢上设有称重装置，以免电梯超载。轿门上设有保护装置，以防乘客出入轿厢时被轧伤。

（5）并联控制电梯　2~3 台电梯的控制线路并联起来进行逻辑控制，共用层站外召唤按钮，电梯本身具有集选功能。

（6）群控电梯　群控是用微机控制和统一调度多台集中并列的电梯。它可分为梯群程序控制和梯群智能控制两种。

（7）微机控制电梯　随着计算机技术的发展与应用，用微机作为交流调速控制系统的调速装置，可使传统的调速系统中的有触头器件减少，可靠性大大提高，同时利用微机较强的逻辑、算术功能，可方便地解决电梯调速中的舒适感问题。若把微机用于信号处理，便可取代传统的继电器逻辑控制电路。

二、电梯型号

1. 电梯型号编制方法的规定

根据我国城乡建设环境保护部颁布的《电梯、液压梯产品型号编制方法》(JJ45—1986)的规定，电梯的型号由类组型、主参数和控制方式三部分代号组成。

(1) 类组型代号和改型代号 类组型代号用具有代表意义的大写印刷体汉语拼音字母表示，类指产品类别，组指产品品种，型指拖动方式。产品的改型代号按顺序用小写汉语拼音字母表示，置于类组型代号的右下方。

(2) 主参数代号 均用阿拉伯数字表示，并用一斜线划分为两部分，其左上方为电梯的额定载重量，右下方为额定速度。

(3) 控制方式代号 用具有代表意义的大写印刷体汉语拼音字母表示。

电梯的类代号、组代号、型代号、主参数代号和控制方式代号见表9-1～表9-5。

表9-1 类代号

产品类别	代表汉字	拼 音	采用代号
电 梯 液压梯	梯	TI	T

表9-2 组代号

产品品种	代表汉字	拼 音	采用代号	产品品种	代表汉字	拼 音	采用代号
乘客电梯	客	KE	K	杂物电梯	物	WU	W
载货电梯	货	HUO	H	船用电梯	船	CHUAN	C
客货(两用)电梯	两	LIANG	L	观光电梯	观	GUAN	G
病床电梯	病	BING	B	汽车用电梯	汽	QI	Q
住宅电梯	住	ZHU	Z				

表9-3 型代号

拖动方式	代表汉字	拼 音	采用代号
交 流	交	JIAO	J
直 流	直	ZHI	Z
液 压	液	YE	Y

表 9-4 主参数表示代号

额定载重量/kg	表示代号	额定速度/(m/s)	表示代号
400	400	0.63	0.63
630	630	1.0	1.0
800	800	1.6	1.6
1000	1000	2.5	2.5

表 9-5 控制方式代号

控制方式	代表汉字	采用代号	控制方式	代表汉字	采用代号
手柄开关控制、自动门	手、自	SZ	信号控制	信号	XH
手柄开关控制、手动门	手、手	SS	集选控制	集选	JX
按钮控制、自动门	按、自	AZ	并联控制	并联	BL
按钮控制、手动门	按、手	AS	梯群控制	群控	QK

2. 电梯型号示例

1）TKZ1000/1.6—JX：直流乘客电梯，额定载重量为1000kg，额定速度为1.6m/s，集选控制。

2）TKJ1000/1.6—JX：交流乘客电梯，额定载重量为1000kg，额定速度为1.6m/s，集选控制。

3）THY1000/0.63—AZ：液压载货电梯，额定载重量为1000kg，额定速度为0.63m/s，按钮控制，自动门。

另外，国外众多品牌的电梯制造厂家进入我国后，许多合资厂家仍沿用引进国电梯型号的命名，如引进日本“日立”技术生产的“广日”牌电梯，其型号的组成如下：

□—□—□□：电梯种类—额定载重量/乘人数—门的型式与电梯额定速度(m/min)

例如：

1）YP-15-CO90：交流乘客电梯，额定乘员15人，中分式电梯门，额定速度为90m/min。

2）F-1000-2S45：货物电梯，额定载重量1000kg，两扇旁开式电梯门，额定速度为45m/min。

三、电梯主要参数

电梯的主要参数是对一台电梯的服务对象、运载能力、工作性能，以及井道机房尺寸的综合描述，一般包括以下几个部分：

（1）额定载重量（kg）　制造和设计规定的电梯的额定载重量。

（2）轿厢尺寸（mm×mm×mm）　宽×深×高。

（3）轿厢形式　有单或双面开门及其他特殊要求，以及对轿顶、轿底、轿壁的处理，颜色的选择，对电风扇、电话的要求等。

（4）轿门形式　有栅栏门、封闭式中分门、封闭式双折门、封闭式双折中分门等。

（5）开门宽度（mm）　轿厢门和层门完全开启时的净宽度。

（6）开门方向　人在轿厢外面对着轿厢时，门向左方向开启的为左开门，门向右方向开启的为右开门，两扇门分别向左右两边开启的为中开门，也称为中分门。

（7）曳引方式　常用的有半绕1:1吊索法，轿厢的运行速度等于钢丝绳的运行速度；半绕2:1吊索法，轿厢的运行速度等于钢丝绳运行速度的1/2；全绕1:1吊索法，轿厢的运行速度等于钢丝绳的运行速度。

（8）额定速度（m/s）　制造和设计所规定的电梯运行速度。

（9）电气控制系统　包括控制方式、拖动系统的形式等，如交流电动机拖动或直流电动机拖动，轿厢内按钮控制或集选控制等。

（10）停层站数（站）　凡在建筑物内各楼层用于出入轿厢的地点均称为站。

（11）提升高度（mm）　由底层端站楼面至顶层端站楼面之间的垂直距离。

（12）顶层高度（mm）　由顶层端站楼面至机房楼板或隔音层楼板下最突出构件之间的垂直距离。一般电梯运行速度越快，顶层高度越高。

（13）底坑深度（mm）　由底层端站楼面至井道底面之间的垂直距离。一般电梯运行速度越快，底坑越深。

（14）井道高度（mm）　由井道底面至机房楼板或隔音层楼板下最突出构件之间的垂直距离。

（15）井道尺寸（mm×mm）　宽×深。

第二节　电梯安装专业知识

一、电梯的基本结构

不同规格型号的电梯，其部件组成情况也不相同。这里只介绍一些最基本的情况。

1. 电梯机房里的主要部件

（1）曳引机　曳引机是电梯的驱动装置，其包括以下部件：

1）驱动电动机：交流梯为专用的双速或三速电动机，直流梯为专用的直流电动机。

2）制动器：在电梯上通常采用双瓦块常闭式电磁制动器，电梯停止或电源断电情况下制动抱闸，以保证电梯不产生移动。

3）减速箱：大多数电梯厂选用蜗轮蜗杆减速箱，也有采用行星齿轮、斜齿轮减速箱的。无齿轮电梯不需要减速箱。

4）曳引轮：曳引机上的绳轮称为曳引轮。两端借助曳引钢丝绳分别悬挂轿厢和对重，并依靠曳引钢丝绳与曳引轮绳槽间的静摩擦力来实现电梯轿厢的升降。

5）导向轮或复绕轮：导向轮又称为抗绳轮。因为电梯的尺寸一般都比较大，轿厢悬挂中心和对重悬挂中心间的距离往往大于设计上所允许的曳引轮直径。因此对一般电梯而言，通常要设置导向轮，以保证两股向下的曳引钢丝绳之间的距离等于或接近轿厢悬挂中心和对重悬挂中心间的距离。

（2）限速器　当轿厢运行速度达到限定值时，能发出电信号并产生机械动作的安全装置。

（3）控制柜　各种电子元器件和电器元件安装在一个防护用的柜形结构内，按预定程序控制轿厢运行的电控设备。

（4）电源开关、照明开关　用于控制电源电路和照明电路。

（5）选层器、极限开关、机械楼层指示器、发电机组等部件　要根据电梯规格种类、需要而设置。

2. 电梯井道里的主要部件

（1）轿厢　轿厢是电梯的主要部件，是容纳乘客或货物的装置。

（2）导轨　在轿厢和对重升降运行中起导向作用的组件。

（3）对重　设置在井道中，由曳引钢丝绳经曳引轮与轿厢连接，在运行过程中起平衡作用的装置。

（4）缓冲器　当轿厢超过下极限位置时，用来吸收轿厢或对重装置所产生动能的制停安全装置。缓冲器一般设置在井道底坑上。液压缓冲器是以油为介质吸收动能的缓冲器。弹簧缓冲器是以弹簧形变来吸收动能的缓冲器。

（5）限位开关　该装置是可以装在轿厢上，也可以装在电梯井道上端站和下端站附近，当轿厢运行超过端站时，用于切断控制电源的安全装置。

（6）接线盒　固定在井道壁上，包括井道中间接线盒及各层站接线盒。

（7）控制电缆　电缆两端分别与井道中间接线盒和轿内操作箱连接。

（8）补偿链或补偿绳　用于补偿电梯在升、降过程中由于曳引钢丝绳在曳引轮两边的重量变化。

(9) 平层感应器或井道传感器　在平层区内，使轿厢地坎与厅门地坎自动准确对准的装置。

3. 轿厢上的主要部件

(1) 操作箱　装在轿厢内靠近轿厢门附近。常见的有指令开关、按钮或手柄等形式，是操作轿厢运行的电器装置。

(2) 轿内指层灯　设置于轿厢内，对于客梯，一般装在轿门上方；对于货梯，一般装在轿厢侧壁，用以显示电梯运行位置和运行方向的装置。

(3) 自动门机　装于轿厢顶的前部，以小型的交流、直流、变频电动机为动力的自动开关轿门和厅门的装置。

(4) 安全触板（光电装置）　设置在层门和轿门之间，在层门、轿门关闭过程中，当有乘客或障碍物触及时，门立刻停止关闭并返回开启状态的安全装置。载货电梯一般不设置此装置。

(5) 轿门　设置在轿厢入口的门。

(6) 称重装置　能检测轿厢内负载变化状态，并发出信号的装置，适用于乘客或载货电梯等。

(7) 安全钳　由于限速器作用而引起动作，迫使轿厢或对重装置掣停在导轨上。

(8) 导靴　设置在轿厢架和对重装置上使轿厢和对重装置沿着导轨运行的装置。

(9) 其他部件　轿顶安全窗、光电保护、超载装置、邻梯指示等部件，要视电梯规格、型号、种类及客户要求而设置。

4. 电梯层门口的主要部件

(1) 层门　设置在层站入口的封闭门。

(2) 层门门锁　设置在层门内侧，门关闭后，将门锁紧，同时接通控制回路，轿厢才可运行的机电联锁安全装置。

(3) 楼层指示灯　设置在层站层门上方或一侧，用以显示轿厢运行层站位置和方向的装置。

(4) 层门方向指示灯（限于某些电梯需要）　设置在层站层门上方或一侧，用以显示轿厢欲运行方向并装有到站音响机构的装置。

(5) 呼梯盒　设置在层站门侧，当乘客按下需要的召唤按钮时，在轿厢内即可显示或登记，令电梯运行停靠在召唤层站的装置。

5. 装在其他处的部件

对于群控电梯，在消防中心或大厅值班室需设置梯群监控屏。该监控屏能集中反映各轿厢运行状态，可供管理人员监视和控制。

二、电梯基本工作原理

电梯一般都有一个轿厢和一个对重，通过曳引钢丝绳将它们连接起来，曳引钢丝绳通过曳引机的曳引带动，使电梯轿厢和对重在井道内导轨上做上下运动。

对于有司机操纵的电梯，当乘客进入轿厢后，司机根据乘客选定的层站，按下选层按钮，完成运行指令的登记，电梯便自动决定运行方向；当按下起动按钮时，电梯便自动关门，门锁处的微动开关闭合，门锁继电器吸合，电梯便开始起动、加速，直至稳速运行。当电梯到达欲停靠的目的层站前方某一距离位置时，由井道传感器向电梯驱动控制系统发出换速信号，电梯便自动减速准备停靠。当轿厢进入到平层区（即停靠层站上方或下方的一段有限距离）时，井道平层传感器动作，发出平层信号控制轿厢准确平层，并自动开门，自动消号。有些电梯，若在平层时平层精度超出标准要求，则电梯进行校正运行，即在开门时，电梯以很低的速度蠕动到准确平层位置。如果继续同向运行，司机只需按下起动按钮，电梯便按照预先登记的楼层，按顺序逐一自动停靠，自动开门。在电梯运行过程中，如果厅外有人按下厅门召唤按钮，只要申请乘梯方向符合此时电梯的运行方向，则电梯能被顺向截停。当同一方向的登记指令都已被执行后，司机只需按下起动按钮，电梯便自动换向运行，执行另一方向的运行登记指令。当电梯关门时，若有人或物触碰了安全触板，或由非接触式的光电式、电子式装置检测到关门障碍时，电梯便停止关门而立即转为开门。如果欲乘电梯的乘客正逢电梯关门时，可按下厅外上、下召唤按钮中与电梯欲行方向相同的一个按钮，电梯便立即开门。如果由于乘客过多而超载，电梯超载检测装置发出超载信号，在声光提示的同时，阻止电梯起动并开门，直到满足限载要求，电梯方能恢复正常运行。

对于无司机操纵的电梯，当乘客进入轿厢后，只需按下欲前往的层站按钮，电梯按照规定的6～8s时间停站后，便自动关门起动，加速至稳速运行。在运行过程中可逐一登记各楼层厅外召唤信号，对符合运行方向的召唤信号，将逐一应答，自动停靠，自动开门，自动消号。当完成了同方向全部登记指令以后，如有反向的厅外召唤信号，则电梯自动换向运行，如果没有厅外召唤信号，电梯就自动关门停机或自动驶回基站待命。当再次接收到厅外召唤信号时，电梯便再次自动起动，完成新的运行。

电梯是机电一体化的大型综合设备，为保障其安全可靠性，从多方面设置了防范措施，其中电气安全装置有：电源控制保护装置、供电电源相序保护装置、门锁电气联锁装置、紧急停梯开关、超速保护开关、超载保护开关、限位开关、急停开关、安全窗开关等；机械安全装置有：制动器、限速器、安全钳、缓冲器、门钩子锁、安全触板等。

三、井道测量方法

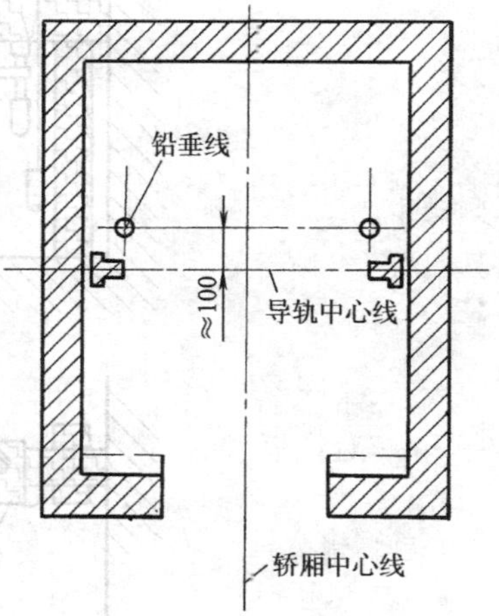

图 9-1　井道固定铅垂线的设置

对于高层建筑，推荐采用以下方法进行井道测量。

1）向使用单位了解清楚有关层门口的井道内壁抹灰层的厚度（中等标准的抹灰厚度为20mm）。

2）在井道样板上应标出导轨中心线和轿厢中心线，尺寸应按土建图样中的规定，并考虑抹灰层厚度而定。

3）预先标出固定铅垂线的位置，如图 9-1 所示。

在图中井道内两点处放置铅垂线，使之离井道底坑底部约 100mm。

4）绘制井道测量尺寸表，见表 9-6，按图 9-2 所示尺寸，测量每一层楼的井道尺寸，填入表格中，并在最小的尺寸下面画一条直线。

表 9-6　井道测量尺寸表

楼层	a	b	c	d	e	f	e_1	f_1	g	h	备注
一											
二											
三											
四											
五											

5）确定个别尺寸的最大偏差、安装公差，按平面图规定为 ±20mm，并按最佳方案重新确定铅垂线位置。

6）用木楔把方木（或双层板）紧固在井道底坑的井壁之间，并使铅垂线停止摆动。另外，把引导铅垂线的两块木板放在方木上，并将它们小心地向铅垂线的方向推动，当木块的 V 形槽底部正好靠拢铅垂线时，将木块固定，把铅垂线张紧并围绕方木缠一圈，如图 9-3 所示。

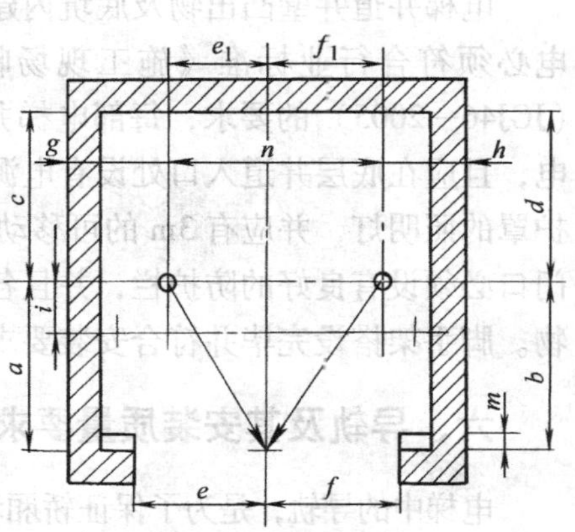

图 9-2　井道测量平面图

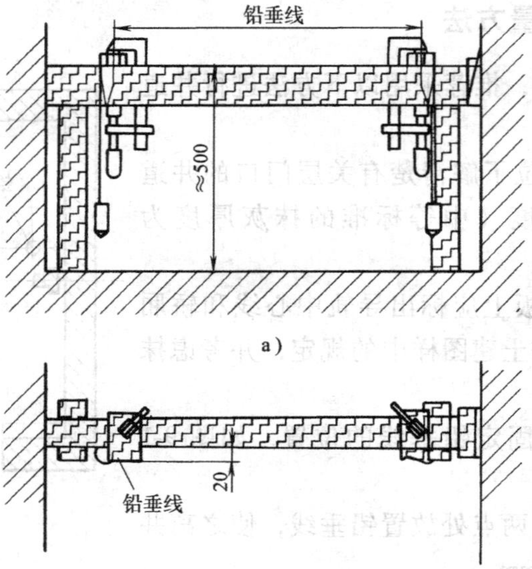

图 9-3 铅垂线在井道底坑的固定方法

四、井道内照明要求

电梯井道内必须设置带有防护罩且电源电压在 36V 以下的灯具进行照明。每台电梯应单独供电，并在井道入口处设电源开关，井道照明灯应每隔 3 ~ 7m 内设一盏，顶层和底坑应有两盏或两盏以上的照明灯，机房照明灯的数量应不少于两倍电梯台数。

五、井道作业条件

电梯井道井壁凸出物及底坑内建筑垃圾应清理完毕。现场施工用电、照明用电必须符合行业标准《施工现场临时用电安全技术规范（附加条文说明）》（JGJ46—2005）的要求，每部电梯井道照明应采用 36V 以下的安全电压单独供电，且应在底层井道入口处设有电源开关，并有过载及短路保护。每层应装有带护罩的照明灯，并应有 3m 的可移动距离，或在适当位置设置手灯插座。各层层门口必须设有良好的防护栏，并且各层层门口及每副脚手板上应保持干净、无杂物。脚手架搭设完毕并符合安装要求。

六、导轨及其安装质量要求

电梯中的导轨，是为了保证轿厢和对重之间及它们与安装在井道中的各结构物之间，在电梯运行时具有固定的相同位置。同时当安全钳动作时，也起着吸收超速下降的轿厢及其轿厢内载荷的动能的作用，使轿厢支持在导轨上，而不致于一落到底。

电梯工作时轿厢和对重借助于导靴沿着导轨上、下运动，导轨是由多根 3m 或 5m 长的短导轨，通过接道板连接而成，每根导轨都应经过精加工。

导轨安装质量具体要求如下：

1）导轨安装位置必须符合土建布置图要求。

2）两列导轨顶面间的距离偏差应为：轿厢导轨 0～2mm；对重导轨 0～3mm。

3）导轨支架在井道壁上的安装应牢固可靠。预埋件应符合土建布置图中的要求。锚栓（如膨胀螺栓等）固定应在井道壁的混凝土构件上使用，其连接强度与承受振动的能力应满足电梯产品设计要求，混凝土构件的抗压强度应符合土建布置图中的要求。

4）每列导轨工作面（包括侧面与顶面）与安装基准线第 5m 的偏差均不应大于下列数值：轿厢导轨和设有安全钳的对重导轨为 0.6mm；不设安全钳的对重导轨为 1.0mm。

5）轿厢导轨和设有安全钳的对重导轨工作面接头处不应有连续缝隙，导轨接头处台阶不应大于 0.05mm。如超过应修平，修平长度应大于 150mm。

6）不设安全钳的对重导轨接头处缝隙不应大于 1.0mm，导轨工作面接头处台阶不应大于 0.15mm。

七、曳引机及其安装操作方法

曳引式提升机构是当前世界上电梯行业广泛采用的提升形式。

在曳引式提升机构中，钢丝绳悬挂在曳引轮上，其一端与轿厢连接，另一端与对重连接。曳引轮转动时，使曳引钢丝绳与曳引轮之间产生摩擦力，从而带动电梯轿厢上、下升降，曳引机是曳引提升的驱动装置，曳引机可分为无齿轮曳引机和有齿轮曳引机两种。

曳引机的安装如图 9-4 所示。

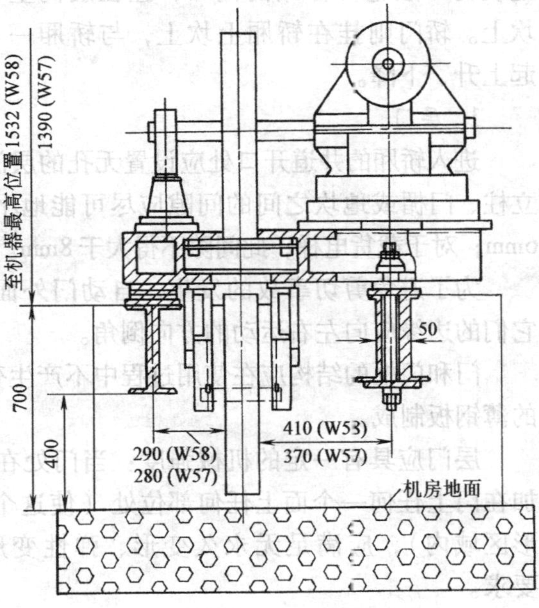

图 9-4　曳引机的安装

安装有齿轮曳引机时，将绳绕悬在底盘上，通过吊装方式将其水平放置在机座（或减振部件）上，然后清除机座和曳引电动机底脚支撑部位的灰尘和残漆，将曳引电动机准确安放在底座上，采用定位销定位后用螺栓拧紧。

注意：曳引机安放在机座上后，必须进行定位，可在曳引轮居中绳槽前后放一根铅垂线直至井道样板上绳轮中心位置，如图9-5所示，然后拧紧吊紧螺栓。

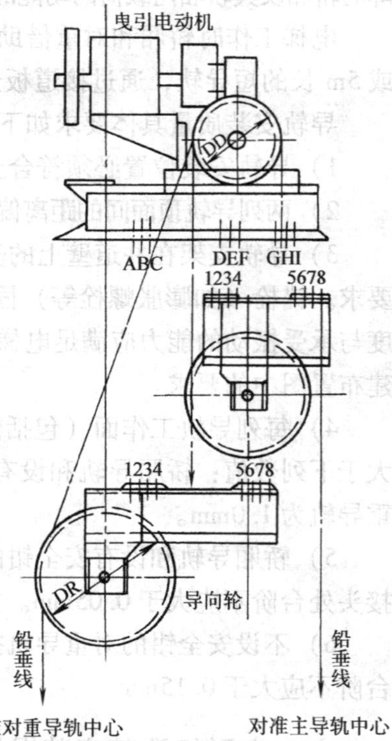

图9-5　曳引机的定位

八、曳引机安装质量要求

1）对于不设减振装置的曳引机座，其水平度不大于2/1000。

2）曳引轮位置偏差：前后方向不大于±2mm，左右方向不大于±1mm。

3）曳引轮、导向轮、复绕轮垂直度偏差不大于0.5mm，平行度不大于±1mm。

九、层门、轿门结构原理

电梯门可分为层门和轿门。层门装在建筑物每层电梯停站的门口，挂在层门上坎上。轿门则挂在轿厢上坎上，与轿厢一起上升、下降。

1. 层门

进入轿厢的井道开口处应设置无孔的层门。门关闭时，在门扇之间或门扇与立柱、门楣或地坎之间的间隙应尽可能地小。对于乘客电梯，此间隙不得大于6mm；对于载货电梯，此间隙不得大于8mm。

为了避免剪切事故的发生，自动门外面的凹进或凸出部分应不超过3mm。它们的边缘应向左右运动的方向倒角。

门和门框的结构应在使用过程中不产生变形，为此都采用厚度为1～1.5mm的薄钢板制成。

层门应具有一定的机械强度：当门处在关闭位置时，用300N的力垂直施加在门上任何一个面上任何部位处（使这个力均匀地分布在5cm^{2}的圆形或方形区域内），应满足无永久变形、弹性变形不大于15mm、动作性能良好的要求。

为能经受住进入轿厢载荷的通过，每个停站层门入口处都应装设一个具有足够强度的地坎，地坎前面应有稍许坡度，以防洗刷、洒水时水流入井道。

层门的上部和下部都应设有导向装置。自动门的设计应尽量减少乘客被门扇撞击的有害后果。

2. 轿门

轿门也称为轿厢门，是为了确保安全，在轿厢靠近层门的侧面，设置供司机、乘用人员和货物出入的门。

栅栏式轿门用小槽钢和小扁钢制成。门上方的小槽钢装有滚动轴承，通过滚动轴承把门吊挂在门导轨上，而门导轨则固定在轿顶上。在门下方装有滚动轴承的小槽钢的另一端，装有门滑块，门滑块的一端固定在小槽钢上，另一端插入轿门踏板的小槽内。开关门时，门上方的滚动轴承在门导轨上滚动，门下方的门滑块在轿门踏板的小槽内滑行。

封闭式轿门的结构形式与轿壁相似。由于轿厢门常处在运动的开关过程中，所以在乘客电梯和病床电梯的轿门背面常作消声处理，以减少开关门过程中由于振动所引起的噪声。在乘客电梯上，除在轿门背面作消声处理外，还装有称为安全触板的装置，这种装置在关门过程中，在轿门的运行方向上，能比轿门超前伸出一定的距离。当装置超前伸出轿门部分碰压进入轿厢的乘用人员时，装置上的微动开关动作，立即切断电梯的关门电路并接通开门电路，使门立即开启，以免挤伤乘用人员。封闭式轿门与轿厢及轿厢踏板的连接方式与栅栏式轿门相仿，轿门上方设置有吊门滚轮，通过吊门滚轮把轿门吊挂在轿门导轨上，门下方装有门滑块，门滑块的一端插入轿门踏板的小槽内，使门在开关过程中只能在预定的垂直面上运行。

十、层门、轿门安装质量要求

1）层门地坎至轿厢地坎之间的水平距离偏差为 0～3mm，且最大距离严禁超过 35mm。

2）层门强迫关门装置必须动作灵活。

3）动力操纵的水平滑动门在关门开始的 1/3 行程之后，阻止关门的力严禁超过 150N。

4）层门锁钩必须动作灵活，在证实锁紧的电气安全装置动作之前，锁紧元件的最小啮合长度为 7mm。

5）门刀与层门地坎、门锁滚轮与轿厢地坎间隙不应小于 5mm。

6）层门地坎水平度不得大于 2/1000，地坎应高出装修地面 2～5mm。

7）门扇与门扇、门扇与门套、门扇与门楣、门扇与门口处轿壁、门扇下端与地坎的间隙，对于乘客电梯，不应大于 6mm；对于载货电梯，不应大于 8mm。

十一、电梯电气控制系统原理

在电梯的电气自动控制系统中，逻辑判定起着主要作用。要求电气自动控制系统能够根据轿厢内指令信号和各层厅外召唤信号而自动进行逻辑判定，决定哪一台电梯接受信号，并确定那台电梯的运行方向，从而完成预定的控制目的。

在电梯的逻辑判定中，逻辑运算的支配是十分重要的，而电气自动控制系统必须通过各种控制信号元件，如：接触器、继电器、发光指示器、电动机等来实现。一般地，要达到这类控制目的的方法有如下几种：

1. 继电器—接触器控制系统

这种控制系统是当前国内许多电梯厂家还在使用的一种电梯电气控制系统。该系统与其他控制系统相比，结构比较简单，易于理解和掌握。但从使用情况来看，该系统有以下缺点：触头易磨损，电接触不好；触头闭合存在延迟，闭合缓慢；体积大，控制屏（柜）占机房面积大；控制系统的能量消耗大；维修保养工作量大、费用高。

2. 半导体逻辑控制系统

随着半导体技术及其器件的发展和广泛应用，晶体管、二极管等电子器件替代了继电器—接触器的有触头系统。这种控制技术避免了继电器—接触器控制系统存在的缺点，因其没有触头的磨损或接触不良的问题，也就是不存在触头的使用寿命问题。

但是，这种控制系统是以所谓的“硬件”逻辑运算为基础的，即根据控制算法和要求进行布线，而各控制元件的布线均必须单独进行。以后若需对原定的控制要求（算法）有更改时，则必须改变布线。

3. 微机控制系统

电梯的微机控制系统实质上是使控制算法不再由“硬件”逻辑所固定，而是通过一种所谓“程序存储器”中的程序而固定下来的控制系统。因此对于有不同功能要求的电梯控制系统，只要修改“程序存储器”中的程序指令即可，而无需变更或减少“硬件”的布线。

十二、电梯电气设备安装质量要求

1）电气设备接地必须符合规定：所有电气设备及导管、线槽的外露可见部分均必须可靠接地（PE）；接地支线应分别直接接至接地干线接线柱上，不得互相连接后再接地。接地支线应采用黄绿相间的绝缘导线。

2）导体之间和导体对地之间的绝缘电阻必须大于1000Ω/V，且对于动力电路和电气安全装置电路其值不得小于0.5MΩ；其他电路不得小于0.25MΩ。

3）主电源开关不应切断下列供电电路：轿厢照明和通风，机房和滑轮间照明，机房、轿顶和底坑的电源插座，井道照明和报警装置。

4）机房和井道内应按产品要求配线。软线和无护套电缆应在导管、线槽或能确保起到等效防护作用的装置中使用。护套电缆和橡套软电缆可明敷于井道或机房内使用，但不得明敷于地面。

5）导管、线槽的敷设应整齐牢固。线槽内导线总面积不应大于线槽净面积的60%；导管内导线总面积不应大于导管内净面积的40%；软管固定间距不应大于1m；端头固定间距不应大于0.1m。

6）控制柜（屏）的安装位置应符合电梯土建布置图中的要求。

十三、电梯平层控制原理

为保证电梯轿厢在各层停靠时准确平层，通常在轿顶设置平层装置。以遮磁板与干簧管感应器平层装置为例，简述其控制原理。

(1) 只具有平层功能的平层器　当电梯轿厢上行，接近预选的层站时，电梯运行速度由快速（额定速度）变为慢速后继续运行，安装在轿厢顶上的上平层感应器先进入遮磁板，此时电梯仍继续慢速上行。当下平层感应器进入遮磁板时，下平层感应器内干簧管触头位置转换，证明电梯已平层，使上行接触器线圈失电，制动器抱闸停车。

(2) 具有提前开门功能的平层器　它与只具有平层功能的平层器相比，多一个提前开门功能。当轿厢慢速向上运行时，上平层感应器首先进入遮磁板，轿厢继续慢速向上运行。接着，开门区感应器进入遮磁板，使干簧管触头位置转换，提前开门继电器吸合，轿门、厅门提前打开。这时轿厢仍然继续慢速上行，当遮磁板插入下平层感应器时，使其干簧管触头位置转换，上行接触器线圈失电，轿厢停在预选层站。

(3) 具有自动再平层功能的平层器　当电梯轿厢上行，接近预选层站时，电梯由快速变成慢速运行。当上平层感应器进入遮磁板后，使本已慢速运行的电梯进一步减速；当中间开门区感应器进入遮磁板时，电路就准备延时断电；当下平层感应器进入遮磁板时，电梯停止，此时已完全平层。若电梯因某种原因超过平层位置时，上平层感应器离开遮磁板，将使相应的继电器动作，电梯反向平层，以获得较好的平层精度。

十四、电梯称重装置原理

根据电梯安全规范的规定：为防止因电梯轿厢严重超载而发生意外的人身设备事故。在电梯轿厢中必须设置超载称重装置。

(1) 称重装置的类型　主要有机械杠杆式和电磁式活动轿底称重装置、橡胶垫块式活动轿底称重装置、机械式和橡胶式轿顶称重装置及机械式机房称重装置等几种。

(2) 称重装置的基本结构　目前电梯上大都采用活动轿底称重装置，其结构特点是：轿厢体与轿底分离，轿壁直接安装在轿底框架上，轿厢活络地板支承在称重装置上，它能随载重增减在轿厢体内上下浮动。如图9-6所示为电梯最为常用的超载称重装置之一，其采用磅秤式的开关结构。

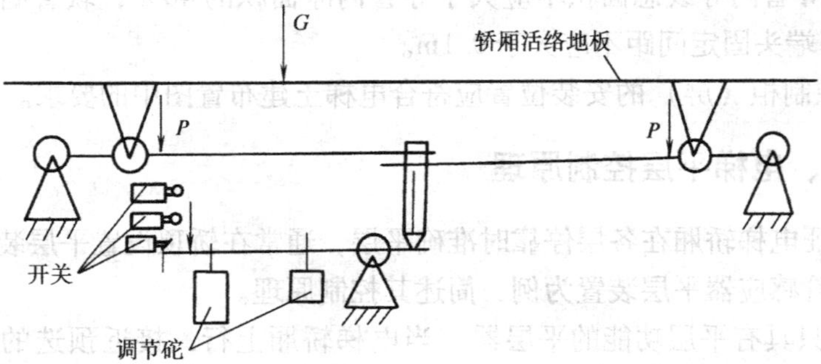

图9-6　杠杆式超载称重装置的结构

不论采用何种称重装置，只要电梯超载（约为110%额定载荷）时，均应发出超载的闪烁灯光信号和断续的铃声，称重装置动作，切断控制电路；与此同时使正在关门的电梯停止关门，处于开启或不关门状态，直到多余的乘客（或负载）撤离，减至额定载荷以下，轿底回升不再超载，控制电路重新接通，并重新关门起动。超载装置必须动作可靠。

十五、电梯故障排除基本方法

电梯使用一定时期以后，常会出现一些故障。出现的故障并不一定是由机器零件的磨损或老化所引起的，也就是说，故障原因是多种多样的，维护人员应首先根据电梯故障现象判别属于哪种类别，然后着手解决。

1. 电梯故障的类别

(1) 设计、制造、安装故障　当电梯发生故障以后，必须与制造厂家或安装维修部门取得联系，由其技术和安装维修人员与使用单位的维护人员共同解决问题。

(2) 操作故障　操作故障一般是由于使用不当引起的。那些不遵守操作规程的行为必然造成电梯发生故障，甚至危及乘客生命。

(3) 零部件损坏故障　这类故障现象在电梯运行中是最常见的。如机械部分传动装置的相互摩擦，电气部分的接触器、继电器触头烧灼、电阻过热烧坏等。

2. 电梯故障的分析及逻辑判断

分析电梯故障时，首先要熟悉和掌握电梯的运行工艺过程（即等效梯形曲线），如图 9-7 所示。

其运行过程的描述：过程 1，登记内选指令和层外召唤信号；过程 2，关门或门自动关闭；过程 3，起动加速；过程 4、5，电梯慢速或中间分速运行；过程 6、7，按信号登记的楼层前预置距离点减速制动；过程 8、9，平层开门。

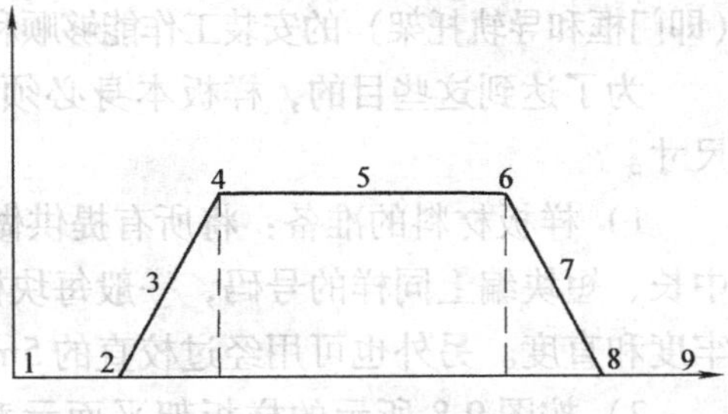

图 9-7　电梯运行工艺过程（等效梯形曲线）

随着电梯技术的快速发展，交流调速电梯、微机控制电梯正日益普及。由于微处理机、驱动装置和新型智能化大功率器件的广泛应用及其远程监控与自检故障预报程序的开发，对判断和维修电梯各类故障起到了推动作用。各厂商为了快速判断电梯常见故障，在各自专门开发的控制和驱动电路板上，设置了发光二极管或数码管以提示、判知何类故障。这就要求维修人员熟悉和掌握故障代码所代表的功能与故障类别，尤其是那些采用 PLC 控制器的输入输出终端的显示。

排除电梯故障的基本思路是：看清故障现象，找出故障处于电梯运行工艺过程（等效梯形曲线）的区域段，察看电气控制电路，分析产生故障的可能因素（机械/电气，人为/自身，控制/驱动，或者上述二者合一引起），灵活运用多种检修方法进行修理。常用的检修方法有目测比较交换法，先外后内、先易后难法，短路故障开路法，开路故障短路法等。

第三节　电梯安装与维修技能训练实例

训练 1　安装样板并挂设基准线

1. 训练目的

掌握样板架的制作与放置要求；掌握基准线的挂设与固定。

2. 训练准备

1）准备施工图样及相关的技术资料，熟悉《电梯工程施工质量验收规范》（GB 50310—2002）。

2）施工机具及器材：度量工具、锯条、水平仪、铅垂、脚手架等。

3. 训练要领

放样板几乎是电梯安装工作中最重要的一项工作。它将用于确定电梯井道的垂线，确定井道尺寸是否在允许的公差范围内。样板的最佳位置将使所有预置项目(即门框和导轨托架)的安装工作能够顺利进行。

为了达到这些目的，样板本身必须做到精确、结实，符合布置图上标出的尺寸。

1）样板材料的准备：将所有提供做样板的木料分成相等的两个组，对每组中长、短块编上同样的号码，一般每块样板要用八块木材，必须检查每块木材的牢度和直度。另外也可用经过校直的5mm×40mm×40mm角钢制作。

2）按图9-8所示的样板架平面示意图将样板用粘胶粘上，并用铁钉固定，为便于安装时观测，在样板架上用文字清晰地标明轿厢架中心线、层门和轿门中心线、厅门和轿门门口净宽、导轨中心线等名称。在样板架放铅垂线的各点处，用薄锯条锯个斜口，其旁钉一铁钉，用来悬挂、固定铅垂线。

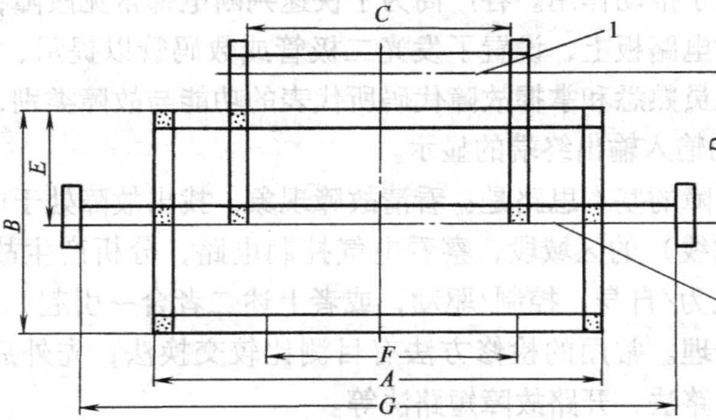

图9-8　样板架平面示意图

1—铅垂线　2—对重中心线

A—轿厢宽　*B*—轿厢深　*C*—对重导轨架距离　*D*—轿厢架中心线与对重架中心线的距离

E—轿厢架中心线至轿底后沿尺寸　*F*—开门净宽　*G*—轿厢导轨架距离

3）在机房楼板下面500~600mm的井道墙上，水平地錾出四个150mm×150mm的孔洞，用两根截面积大于100mm×100mm的刨平木梁，托着样板架，两端放入墙孔内，用水平仪校正水平后加以固定。

4）在样板架上标记悬挂铅垂线的各处，用0.4~0.5mm直径的钢丝挂上10~20kg的重锤，放至底坑；待铅垂线张紧稳定后，根据各层层门、承重梁，校正样板架的正确位置，并将其钉牢，固定在木梁上。

5）固定铅垂线：在底坑距地面800~1000mm高处，固定一个与顶部样板架相似的底坑样板架，样板架安置符合要求后，用U形钉将铅垂线固定于底坑样板架上。

4. 注意事项

1）样板材料本身必须精确、结实，以保证样板架准确、不变形。也可采用经过精加工的角钢制作。

2）为保证基准线的挂设准确，样板架上要用文字清晰地标注各线名称。

3）放置底坑的样板架经校准后，才能固定样板架。

训练2 安装并校正导轨

1. 训练目的

掌握电梯导轨的安装与校正。

2. 训练准备

1）准备施工图样及相关的技术资料，熟悉《电梯工程施工质量验收规范》（GB 50310—2002）。

2）施工机具及器材：主要有直角尺、水平仪、脚手架等。

3. 训练要领

（1）支撑架的安装

1）把与墙壁相连的角铁根据铅垂线垂直度调到 X 尺寸（即铅锤线到导轨中心线的距离），并用螺栓拧紧，如图9-9所示。

2）将连接角铁根据铅垂线垂直度调到 Y 尺寸（即铅锤线到导轨平面的距离），并用螺栓紧固，尽量保证平行度的要求，如图9-9所示。

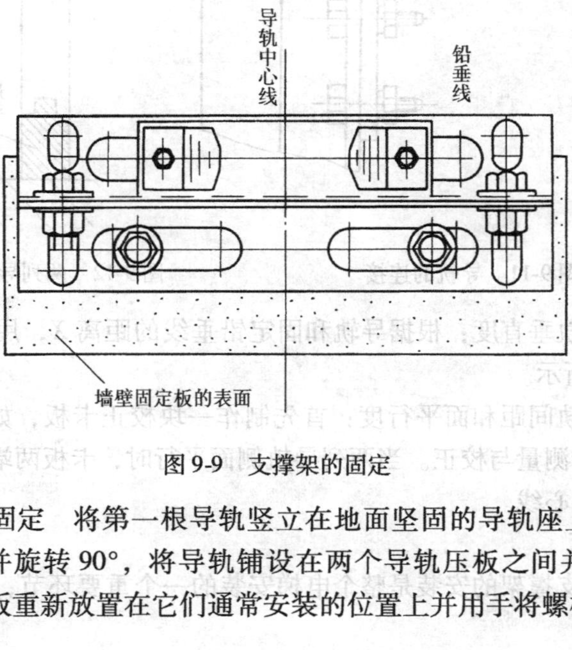

图9-9 支撑架的固定

（2）导轨的固定 将第一根导轨竖立在地面坚固的导轨座上，松开支架上导轨压板螺栓，并旋转90°，将导轨铺设在两个导轨压板之间并顶着半圆状背衬；然后将压导板重新放置在它们通常安装的位置上并用手将螺栓初步拧紧，如

图 9-10 所示。其他每节导轨的安装、校正和临时固定都按上述方法以此类推。需要注意的是：导轨压板背面的整个宽度应与半圆状背衬接触，两个导轨压板与导轨凸缘的前边缘相啮合。

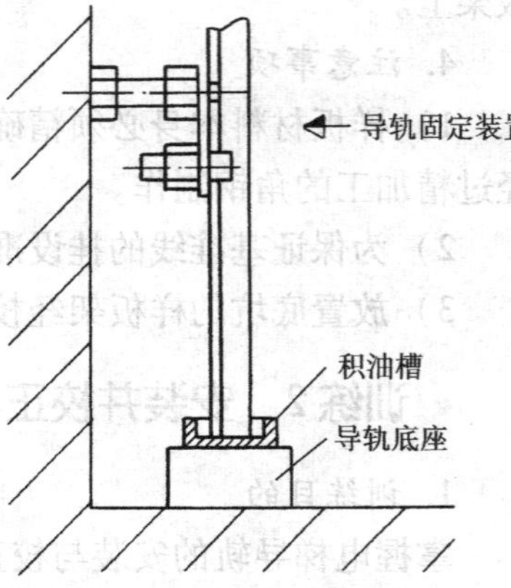

图 9-10　导轨在井道底部的安装位置

（3）导轨的连接　导轨与导轨之间的连接采用导轨接板进行连接，其端部有凹凸榫头进行定位，如图 9-11 所示。

井道两侧的导轨连接处应相互错开，不应在同一水平位置，如图 9-12 所示。

（4）导轨的校正　当导轨临时固定后，为了确保电梯的运行性能还必须对导轨加以校正。

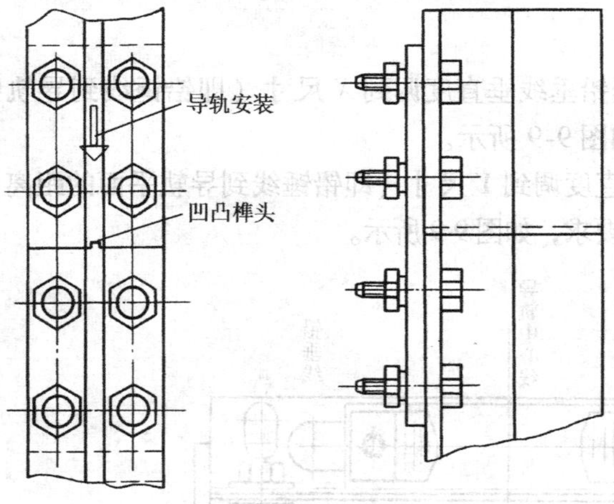

图 9-11　导轨的连接

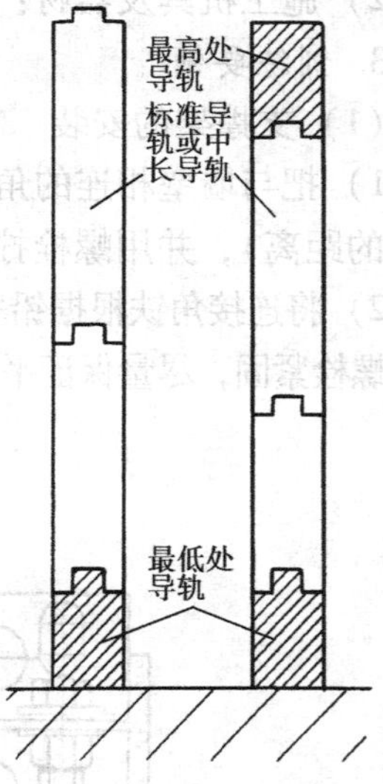

图 9-12　两列导轨的接头错开位置

1）校正导轨垂直度：根据导轨和固定铅垂线的距离 X，用直角尺测量并校正，如图 9-13 所示。

2）校正导轨间距和面平行度：首先制作一块校正卡板，如图9-14所示，然后自上而下进行测量与校正。当两列导轨侧面平行时，卡板两端的箭头应准确地指向校正卡板中心线。

4. 注意事项

1）导轨与支撑架的安装是整个电梯安装的一个重要环节，这一环节的误差

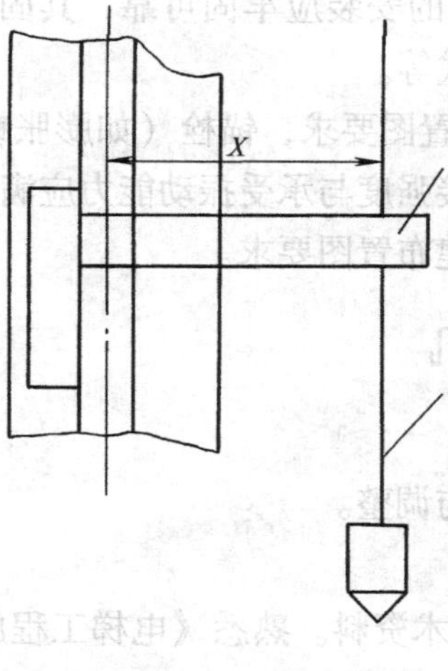

图 9-13　导轨垂直度的校正

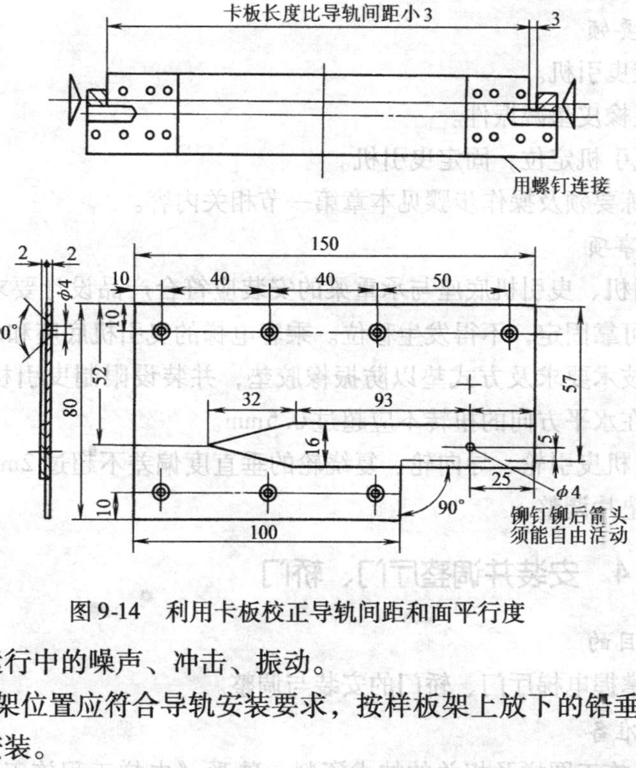

图 9-14　利用卡板校正导轨间距和面平行度

必将造成轿厢运行中的噪声、冲击、振动。

2）导轨支架位置应符合导轨安装要求，按样板架上放下的铅垂线划出支架实际位置进行安装。

3）导轨支架最低一挡应离底坑底小于 1m，最高一挡离导轨顶面小于 0. 5m；导轨接头与导轨支架必须错开；每列导轨至少应有两个导轨支架支撑，且间距不应大于 2. 5m。

4）导轨支架在井道壁上的安装应牢固可靠，其固定形式有预留孔埋入式、预埋铁件焊接式和锚栓固定式等。

5）预埋件应符合土建布置图要求，锚栓（如膨胀螺栓等）固定应在井道壁的混凝土构件上使用，其连接强度与承受振动能力应满足电梯产品设计要求，混凝土构件抗压强度应符合土建布置图要求。

• 训练3　安装曳引机

1. 训练目的

掌握电梯曳引机的安装与调整。

2. 训练准备

1）施工图样及相关的技术资料。熟悉《电梯工程施工质量验收规范》（GB 50310—2002）。

2）施工机具及器材：铅垂线、扳手、水平仪、直角尺等。

3. 训练要领

1）安装曳引机。

2）安装橡皮垫减振件。

3）对曳引机定位，固定曳引机。

具体训练要领及操作步骤见本章第一节相关内容。

4. 注意事项

1）曳引机、曳引机底座与承重梁的安装应符合产品设计要求。曳引机底座应与承重梁可靠固定，不得发生移位。乘客电梯的曳引机底座和承重梁之间按制造厂提供的技术要求及方式垫以防振橡胶垫，并装设限制曳引机移位的阻挡装置，曳引机在水平方向的扭转不应超过0.5mm。

2）曳引机曳引轮、导向轮、复绕轮的垂直度偏差不超过2mm，可用吊线法检测，通过垫片调整。

• 训练4　安装并调整厅门、轿门

1. 训练目的

学会并掌握电梯厅门、轿门的安装与调整。

2. 训练准备

1）准备施工图样及相关的技术资料，熟悉《电梯工程施工质量验收规范》（GB 50310—2002）。

2）施工机具及器材：电焊机、冲击电钻、水平仪、度量工具、直角尺、扳手等。

3. 训练要领

（1）安装厅门地坎

1）按要求由样板放两根层门安装基准线，基准线与地坎中点对称。地坎安装前，先在各层门地坎上划出净口宽度线及层门中心线，在相应的位置打上三个窝点，以基准线及此标志确定地坎、牛腿及牛腿支架的安装位置。

2）在预埋铁件上焊支架，安装钢牛腿来稳固地坎。

① 额定载重量在1000kg及以下的各类电梯，可采用不小于65mm的等边角钢制做支架进行焊接，并稳装地坎。牛腿支架不少于三个，一般应使用厂家随产品配发的钢牛腿部件。

② 额定载重量在1000kg以上的各类电梯（不包括1000kg），可采用10mm厚的钢板及槽钢制做牛腿支架进行焊接，牛腿支架不少于五个。

③ 额定载重量在1000kg及以下的各类电梯，若层门地坎处既无混凝土牛腿又无预埋铁，可采用M14以上的膨胀螺栓固定牛腿支架，并稳装地坎。

④ 对于高层电梯，为防止由于基准线被碰造成误差，可以先安装和调整好导轨，然后以轿厢导轨为基准来确定地坎的安装位置。

（2）安装门立柱、上滑道及门套

1）砖墙采用剔墙洞的方法埋设地脚螺栓，如图9-15a所示。

2）混凝土墙若有预埋铁，可将固定螺栓直接焊于预埋铁上，如图9-15b所示。

3）混凝土结构墙若没有预埋铁，可在相应的位置用M12膨胀螺栓、两块150mm×100mm×10mm的钢板作为预埋铁使用，如图9-15c所示。

4）若门导轨、门立柱离墙超过30mm应加垫圈固定。若垫圈较高宜采用厚铁管两端加焊铁板的方法加工制成，以保证其牢固。

5）用水平尺测量门滑道安装的是否水平。如为侧开门，两根滑道上端面应在同一水平面上，并用线锤检查上滑道与地坎槽两垂面水平距离和两者之间的平行度。

6）将门头与两侧门套连接成整体后，用层门铅垂线校正门套立柱，全高垂直度应一致，然后将门套固定在井道墙层门口处。钢门套安装调整后，用钢筋将门套内筋与墙内钢筋焊接固定，每侧门套分上、中、下均匀焊接三根钢筋。焊接前先将钢筋弯成弓形，以免焊接变形影响门套，可在门套相关部位支撑，待混凝土固结后再拆除。

7）固定钢门套时，要焊在门套的加强肋上，不可在门套上随意焊接。

（3）安装调整厅门、轿门

1）将门导靴、门滑轮装在门扇上，把偏心轮调到最大值（和层门导轨距离最大），然后将门导靴放入地坎槽，门轮挂到层门导轨上。

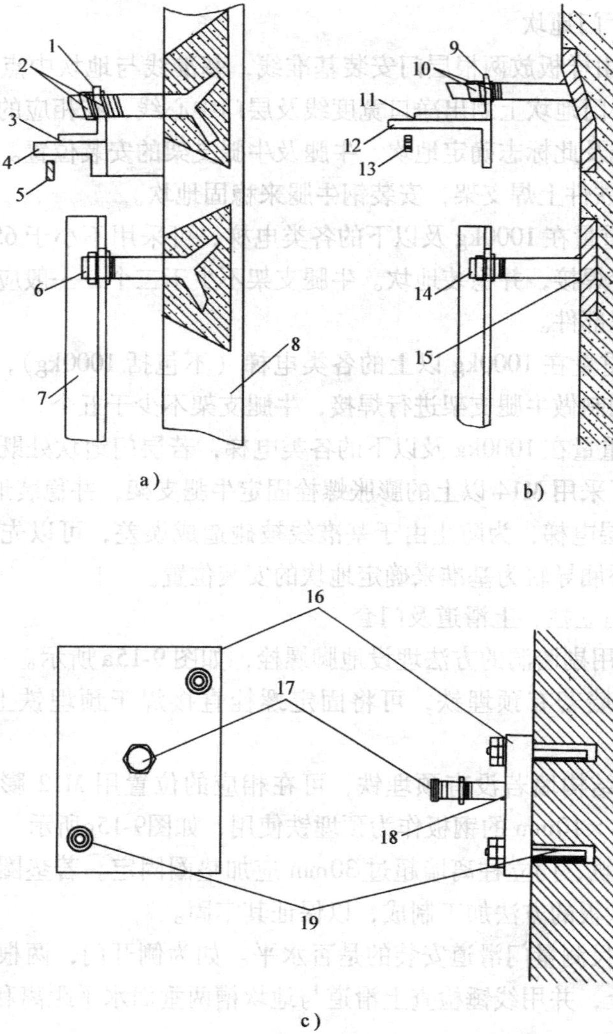

图9-15　固定螺栓连接示意图

a）砖墙　b）混凝土墙有预埋铁　c）混凝土墙无预埋铁

1、9—固定板　2、10—螺母　3、11、15、18—焊接　4、12—层门上框

5、13—层门导轨　6—地脚螺栓　7—厅立门柱　8—砖结构

14、17—固定螺栓　16—钢板　19—膨胀螺栓

2）在门扇和地坎间垫上6mm厚的支撑物。门滑轮架和门扇之间用专用垫片进行调整，使之达到要求，然后将滑轮架与门扇的联接螺栓进行紧固，将偏心轮调到与滑道间距小于0.5mm，撤掉门扇下垫的物件，进行门滑行试验，达到轻快自如为合格。

3）层门进口宽度在轿厢进口方向的任何一侧，均不应大于50mm，产品设计若有要求则按设计要求。

（4）安装机锁、电锁、安全开关

1）安装前应对锁钩、锁臂、滚轮、弹簧等按要求进行调整，使其灵活可靠。

2）门锁和门安全开关要按图样规定的位置进行安装。若设备上安装螺孔不符合图样要求则进行修改。

3）调整层门门锁和门安全开关，使其达到以下要求：锁钩必须动作灵活，在证实锁紧的电气安全装置动作之前，锁紧元件的最小啮合长度为7mm。

若门锁固定螺孔大小可调，门锁安装调整就位后，必须加定位螺栓，防止门锁移位。

4）当轿门与层门联动时，钩子锁应无脱钩及夹刀现象，在开关门时应运行平稳，无抖动和撞击声。

5）在门扇装完后，应将强迫关门装置装上，使层门处于关闭状态。厅门应具有自闭能力，被打开的层门在无外力作用时，层门应能自动关闭，以确保安全。

6）每个层门均应设置层门手动紧急开锁装置，并应灵活可靠。

7）凡是需埋入混凝土中的部件，一定要经有关部门检查并办理隐蔽工程手续后，才能浇注混凝土。不准在空心砖墙或泡沫砖墙上用浇注混凝土的方法加以固定。

8）厅门各部件若有损坏、变形，要及时修理或更换，合格后方可使用。

9）厅门与井道固定的可调式连接件，在厅门调好后，应将连接件长孔处的垫圈点焊固定，以防移位。

4. 注意事项

1）层门中心线的确定将影响层门、厅门的安装质量，有时也可考虑根据两列导轨确定层门中心线。

2）各门系统安装后，必须保证在开关门时，滑行自如，不应有阻滞、停顿。

3）机锁、电锁、安全开关安装后最好进行电气联锁试验。保证在机锁、电锁、安全开关未证实锁紧前，电梯轿厢不能被起动。

训练5　安装控制柜、中间插线盒及随缆架

1. 训练目的

掌握控制柜、中间接线盒及随缆架的安装工艺及操作方法。

2. 训练准备

1）准备施工图样及相关的技术资料，熟悉《电梯工程施工质量验收规范》

（GB 50310—2002）。

2）施工机具及器材：冲击电钻、水平仪、常用电工工具、万用表、脚手架等。

3. 训练要领

（1）安装控制柜

1）根据机房布置图及现场情况确定控制柜的位置。其原则是控制柜与门窗、墙的距离不小于600mm，控制柜的维护侧与墙壁的距离不小于600mm，柜的封闭侧不小于50mm；双面维护的控制柜成排安装时，其长度超过5m时两端应留出入通道，宽度不小于600mm。控制柜与设备的距离不宜小于500mm。

2）控制柜的过线盒要按安装图的要求用膨胀螺栓固定在机房地面上。若无控制柜过线盒，则要用10号槽钢制作控制柜底座或混凝土底座，底座高度为50~100mm。控制柜与槽钢底座采用镀锌螺栓连接固定，连接螺栓由下向上穿。控制柜与混凝土底座采用地脚螺栓连接固定。控制柜要和槽钢底座、混凝土底座连接固定牢靠，控制柜底座更要与机房地面连接牢固可靠。控制柜底座安装前，应先除锈，刷防锈漆、装饰漆。

3）多台柜并列安装时，其间应无明显缝隙且柜面应在同一平面上。

（2）安装中间接线盒

1）中间接线盒设在梯井内，其高度确定方法是：高度（最底层厅门地坎至中间接线盒底的垂直距离）=1/2电梯行程+1500mm+200mm，若中间接线盒设在夹层或机房内，其高度（盒底）距夹层或机房地面应不低于300mm；若电缆直接进入控制柜，可不设中间接线盒。

2）中间接线盒水平位置要根据随行电缆既不能碰轨道支架又不能碰厅门地坎的要求来确定。当梯井较小、轿门地坎和中间接线盒在水平位置上距离较近时，要统筹计划，其间距不得小于40mm。

3）中间接线盒用M10膨胀螺栓固定在井道壁上。

4）在中间接线盒下方200mm处安装随行电缆架。随行电缆架要用两个以上不小于M16的膨胀螺栓固定，以确保其牢固可靠。

5）若电梯无中间接线盒，井道随缆架应装在电梯正常提升高度1/2+1500mm的井道壁上。

（3）安装随行电缆架

1）安装随行电缆架时，应使电缆避免与限速器钢丝绳、限位开关、缓速开关、感应器和对重等接触或交叉，保证随行电缆在运动中不与线槽、线管、支架等发生碰触及卡阻。

2）轿底电缆架的安装方向应与井道随行电缆架一致，并使电梯电缆位于井道底部时，能避开缓冲器，且保持不小于200mm的距离。

3）轿底电缆支架和井道随行电缆架的水平距离应不小于：8 芯电缆为 500mm，16 ~ 24 芯电缆为 800mm。如多种规格电缆共用时，应按最大移动弯曲半径为准。

4. 注意事项

1）控制柜、控制柜底座应安装牢固可靠。

2）中间接线盒的位置要根据电梯行程确定。

• 训练 6 线管、线槽作业

1. 训练目的

掌握线管、线槽作业工艺标准并进行电梯机房和井道的配线作业。

2. 训练准备

1）准备施工图样及相关的技术资料，熟悉《电梯工程施工质量验收规范》（GB 50310—2002）。

2）施工机具及器材：脚手架、常用电工工具、万用表、手锯等。

3. 训练要领

（1）配管 操作方法和技术要求详见第六章。

（2）线槽

1）机房线槽应尽量沿墙、梁或接板下面敷设。线槽的规格要根据敷设导线的数量决定。线槽内敷设导线总截面积（包括绝缘层）不应超过线槽总截面积的 60%。

2）敷设线槽应横平竖直，无扭曲变形，内壁无毛刺，线槽采用射钉和膨胀螺栓固定，每根线槽固定点应不少于两点。底脚压板螺栓应稳固，露出线槽的距离不大于 10mm；安装后其水平和垂直偏差不应大于 2‰，全长最大偏差不应大于 20mm。并列安装时，应使线槽便于开启，接口平直，接板严密；槽盖应齐全，盖好后无翘角，出线口无毛刺。

3）梯井线槽引出分支线时，如果距指示灯、按钮盒较近，可用金属软管敷设；若距离超过 2m，应用管敷设。

4）梯井线槽到每层的分支导线较多时，应设分线盒并考虑加端子排。

5）线槽、箱和盒要用开孔器开孔，孔径不大于管外径 1mm。

6）机房和井道内的线槽、电线管、随行电缆架、箱盒与可移动的轿厢、钢丝绳、电缆的距离：机房内不得小于 50mm，井道内不得小于 20mm。

7）切断线槽需用手锯操作，不能用电气焊。拐弯处不允许锯直口，应沿穿线方向弯成直角保护口，以防划伤电线。

8）线槽应有良好的保护，线槽接头应严密并作明显可靠的跨接地线，但线槽不得作为保护线使用，镀锌线槽可利用线槽连接固定螺栓跨接 1.5mm^2 黄绿双色绝缘铜芯导线。

9）铁皮线槽安装完后补刷防腐漆。

4. 注意事项

1）在钢管出线口处加软塑料管引入设备时，钢管出线口与设备进线口距离应在200mm以内。

2）设备进线口和钢管出线口用配套的金属软管和软管接头连接，软管应在距离进出口100mm以内用管卡固定。

3）设备表面上的明配管或金属软管应随设备外形敷设，以求美观，如抱闸配管。

4）井道内敷设电线管时，各层应装分支接线盒（箱），并根据需要加装接线端子板。

5）机房和井道内的配线，应使用电线管和线槽保护，严禁使用可燃性及易碎性材料制成的管、槽。不易受机械损伤和较短分支处可用软管保护。金属线槽沿机房地面明设时，其壁厚不得小于1.5mm。

• 训练7 挂设随行电缆

1. 训练目的

掌握挂设电梯随行电缆作业。

2. 训练准备

1）准备施工图样及相关的技术资料，熟悉《电梯工程施工质量验收规范》(GB 50310—2002)。

2）施工机具及器材：脚手架、常用电工工具、手锯等。

3. 训练要领

1）确定随行电缆的长度。

2）自由悬垂随行电缆。

3）挂设随行电缆。

4）绑扎、固定随行电缆。

4. 注意事项

1）随行电缆的长度应根据中间接线盒及轿厢底接线盒实际位置，加上两端电缆支架绑扎长度及接线余量来确定。保证在轿厢蹲底和撞顶时不使随行电缆拉紧，在正常运行时不刮蹭轿厢和地面，蹲底时随行电缆距地面100~200mm为宜，截取电缆前，可模拟蹲底确定其长度。

2）挂随行电缆前应将电缆自由悬垂，使其内应力消除。安装后不应有打结和波浪扭曲现象。多根电缆安装后长度应一致，且多根随行电缆不宜绑扎成排，以防因电缆伸缩量不同导致电缆受力不均。

3）用塑料绝缘导线在离开电缆架钢管 100～150mm 处，将随行电缆牢固地绑扎在随行电缆架上，其绑扎应均匀、牢固，绑扎长度为 30～70mm。不允许用铁丝和其他裸导线绑扎。

训练 8 安装缓速开关、限位开关和碰铁

1. 训练目的

掌握电梯缓速开关、限位开关和碰铁的安装调整作业。

2. 训练准备

1）准备施工图样及相关的技术资料，熟悉《电梯工程施工质量验收规范》（GB 50310—2002）。

2）施工机具及器材：直角尺、脚手架、常用电工工具、万用表等。

3. 训练要领

1）碰铁一般安装在轿厢侧面，应无扭曲、变形，表面应平整光滑。

2）强迫减速开关安装在井道的两端，当电梯失控冲向端站时，首先要碰撞强迫减速开关，该开关在正常换速点相应位置动作，以保证电梯有足够的换速距离。强迫减速开关之后为第二级保护限位开关，当电梯到达端站平层超过 50～100mm 时，碰撞限位开关，切断控制电路，当平层超过 100mm 时，碰撞第三级保护极限开关，切断主电源电路。

3）快速、高速电梯在短距离（单层）运行时，因未有足够的距离使电梯达到额定速度，需要减少缓速距离，必须在端站强迫缓速开关之后加设一级或多级短距离（单层）减速开关，这些开关的动作时间略滞后于同级正常减速动作时间，当正常减速失效时，该装置按照规定级别进行减速。

4）开关安装后要进行调整，使其碰轮与碰铁可靠接触，开关触头可靠动作，碰轮沿碰铁全长移动时不应有卡阻，且碰轮被碰撞后还应略有压缩余量。当碰铁脱离碰轮后，其开关应立即复位，碰轮距碰铁边不小于 5mm。

4. 注意事项

1）碰铁安装后调整其垂直度偏差不大于 1‰，最大偏差不大于 3mm（碰铁的斜面除外）。

2）开关安装应牢固，不得采用焊接固定方法。

3）开关碰轮的安装方向应符合要求，以防损坏。

训练 9 安装感应开关和感应板

1. 训练目的

掌握感应开关和感应板的安装与调整。

2. 训练准备

1）准备施工图样及相关的技术资料，熟悉《电梯工程施工质量验收规范》(GB 50310—2002)。

2）施工机具及器材：直角尺、脚手架、常用电工工具、万用表。

3. 训练要领

1）无论是安装在轿厢上的平层感应开关及开门感应开关，还是安装在轨道上的选层、截车感应开关，其形式基本相同。安装应横平竖直，各侧面应在同一垂直面上。

2）感应板应垂直安装，其偏差不大于1‰，插入的感应器应处于中间位置，插入深度距感应器底10mm，偏差不大于2mm。若感应器灵敏度达不到要求时，可适当调整感应器。

3）开门感应器应位于上、下平层感应器中间。

4）感应板应能上下、左右调节，调节螺栓应能可靠锁紧，电梯正常运行时不得与感应器产生摩擦，严禁碰撞。

4. 注意事项

1）感应开关安装的垂直度偏差不大于1mm。

2）开门感应器安装偏差不大于2mm。

• 训练10 安装指示灯、按钮、操纵盒

1. 训练目的

掌握电梯各种指示灯、按钮、操纵盒的安装工艺。

2. 训练准备

1）准备施工图样及相关的技术资料，熟悉《电梯工程施工质量验收规范》(GB 50310—2002)。

2）施工机具及器材：直角尺、脚手架、常用电工工具、万用表等。

3. 训练要领

1）对于埋入墙内的按钮盒、指示灯盒等，其盒口不应突出装饰面，盒面板与墙面应贴实无间隙。候梯厅层楼指示灯盒应装在层门口上150mm的位置。呼梯按钮盒装在距地平1.2～1.4m的墙壁上，盒边距层门边200～300mm，群控电梯的呼梯盒应装在两台电梯的中间位置。

2）在同一候梯厅有两台及以上电梯并列或相对安装时，各层门指示灯盒的高度偏差不大于5mm，各呼梯盒的高度偏差不大于2mm，与层门边的距离偏差不大于10mm，相对安装的各层指示灯盒和各呼梯盒的高度偏差均不大于5mm。

3）具有消防功能的电梯，必须在基站或撤离层设置消防开关，消防开关盒应装在呼梯盒的上方，其底距地面高度为1.6～1.7m。

4）各层门指示灯、呼梯盒及开关的面板安装后应与墙壁装饰面贴实，不得有明显的凹凸变形和歪斜，并应保持洁净、无损伤。

5）操纵盘的安装：操纵盘面板的固定有用螺钉固定和搭扣夹住两种方式，操纵盘面板与操纵盘轿壁间的最大间隙应在1mm以内。

6）指示灯、按扭、操纵盘的指示信号清晰、明亮、准确，遮光罩良好，不应有漏光和串光现象。按钮应灵活可靠，不应有卡阻现象；消防开关工作可靠。

4. 注意事项

1）指示灯盒的安装应横平竖直，其误差不大于1mm。指示灯盒中心与门中心偏差不大于5mm。

2）有两台及以上电梯并列或相对安装时各层门指示灯盒、呼梯盒位置应一致。

训练11　安装底坑电气设备

1. 训练目的

掌握底坑检修盒的安装方法。

2. 训练准备

1）准备施工图样及相关的技术资料，熟悉《电梯工程施工质量验收规范》（GB 50310—2002）。

2）施工机具及器材：电工工具、万用表等。

3. 训练要领

1）检修盒应装在靠线槽较近的地坎下面，以便于操作。

2）底坑检修盒用膨胀螺栓或塑料胀塞固定在井壁上。检修盒、电线管、线槽之间都要跨接地线。

3）在检修盒上或附近适当的位置，需要装设照明和电源插座，照明应加控制开关，电源插座应选用ZP + PE250V型，以供维修时插接电动工具使用。

训练12　导线敷设与接线

1. 训练目的

掌握电梯各种导线的敷设与接线工艺。

2. 训练准备

1）准备施工图样及相关的技术资料，熟悉《电梯工程施工质量验收规范》（GB 50310—2002）。

2）施工机具及器材：脚手架、常用电工工具、万用表等。

3. 训练要领

（1）线管（线槽）配线

1）穿线前将电线管或线槽内部清扫干净，不得有积水与其他污物。对于，电线管，还要检查各个管口的护口是否齐全，如有遗漏和破损，均应补齐和更换。

2）电梯安装中使用的配线，应选用额定电压不低于500V的铜芯导线。

3）穿线时不能出现损伤线皮、扭结等现象，并留出备用线，其长度应与箱、盒、柜内最长的导线相同。

4）导线要按布线图敷设；电梯的供电电源必须单独敷设；动力和控制电路应分别敷设；微信号及电子电路应按产品要求单独敷设或采取抗干扰措施。若在同一线槽中敷设，其间要加隔板。

5）在线槽的内拐角处要垫橡胶板等软物，以保护导线。导线在线槽的垂直段，可用尼龙绑扎带绑扎成束，并固定在线槽底板下，以防导线下坠。

6）出入电线管或线槽的导线无专用保护时，导线应用绑扎带或塑料套管等加以保护。

（2）导线接线

1）截面积在$6mm^2$及以下的单股铜芯线和$2.5mm^2$及以下的多股铜芯线与电气器具的端子可直接连接，但多股铜芯线的线芯应先拧紧，涮锡后再连接，超过$2.5mm^2$的多股铜芯线的终端，应焊接或压接端子后，再与电气器具的端子相连接。

2）导线接头包扎：首先用绝缘胶带从导线接头处的始端完好绝缘层开始，缠绕1~2个绝缘带幅宽度，再以半幅宽度重叠进行缠绕。在包扎过程中应尽可能收紧绝缘带。

3）对于引进控制盘（柜）的控制电缆，其橡胶绝缘芯线应外套绝缘管加以保护。

4）控制柜压线前应将导线沿接线端子方向整理成束，排列整齐，用小线或尼龙卡子分段绑扎，做到横平竖直，整齐美观。

5）导线终端应严格按电气接线图的标号用记号笔编号。保护线和电压250V及以上线路的接线端子应有明显的标记。

6）导线要压接严实，不能有松脱与虚接现象。

4. 注意事项

1）配线导线的绝缘层必须完好，且绝缘符合要求。

2）导线的走向必须横平竖直，且避免交叉。

3）导线终端应进行编号并记载。

训练13　轿厢冲底故障排除

1. 训练目的

掌握电梯轿厢冲底故障的检修与排除。

2. 训练准备

1）准备施工图样及相关的技术资料，熟悉《电梯工程施工质量验收规范》（GB 50310—2002）。

2）施工机具及器材：常用电工工具、万用表、钢角尺等。

3. 训练要领

限位开关和极限开关安装在电梯井道两端，当电梯轿厢运行超过上、下端站时，用于切断控制电源，使制动器断电制动抱闸。限速器、安全钳是电梯中十分重要的机械安全保护装置，它们的作用是：因机械或电气的某种原因，电梯失控超速下降，当电梯下降速度达到一定限值时，将轿厢掣停在导轨上。

若电梯限速器、安全钳发生故障，电梯超速下落将不能被掣停在导轨上。但是，若限位开关和极限开关能够可靠动作，切断控制电源，使制动器断电制动抱闸，则电梯轿厢将停止在下端站限位开关附近。当然，若制动器抱闸故障，电梯轿厢将直接冲底落在底坑缓冲器上。

（1）检修制动器

1）闸瓦应当紧密地贴合在制动轮的工作表面上，当松闸时，闸瓦应同时离开制动轮的工作表面，不得有局部摩擦，此时制动轮与闸瓦之间的间隙不得大于0.5mm。

2）当周围环境温度为40℃时，在额定电压及通电持续率为40%状态下，温升不超过60K。

3）制动器的轴销必须能自由灵活转动；电磁铁在工作时，磁铁应能自由滑动，无卡阻现象。

4）制动器电磁铁线圈的接头应无松动现象，且绝缘良好。

5）闸瓦的衬垫如有油腻，要拆下清洗，以防打滑。

6）若闸瓦的衬垫磨损后与制动轮的间隙增大，应调节可动铁心与闸瓦臂连接的螺母，来补偿磨损的厚度，使间隙恢复。

7）当闸瓦的衬垫磨损值超过衬垫厚度的2/3时，必须更换。

8）调整制动器弹簧，使制动力大小合适，不太小又不能太猛。

（2）检修限位开关和极限开关

1）限位开关的动作应灵活可靠，模拟电梯轿厢到达下端站（用手触动该开关），检查轿厢电源是否切断停止运行。停止后应不能再向原方向起动，只能向相反方向开动。

2）检查极限开关的作用是否灵活可靠。检查方法与限位开关的检查方法相同。

3）检查限位开关和极限开关时，还可拭去尘垢，将盖子开启，核实触头接触的可靠性，弹性触头的压缩裕度，将触头表面的积垢和烧灼部分用细纱布擦清，转动和摩擦部分可用钙基润滑脂润滑。若损坏严重则更换同型号规格器件。

4）检修应按以下步骤进行：

① 检修制动器。

② 检修限位开关与极限开关。

• 训练14　称重装置失灵故障排除

1. 训练目的

掌握电梯称重装置松动或失灵故障的检修与排除。

2. 训练准备

1）准备施工图样及相关的技术资料，熟悉《电梯工程施工质量验收规范》（GB 50310—2002）。

2）施工机具及器材：常用电工工具、万用表、脚手架等。

3. 训练要领

称重超载装置有活动式轿厢或轿底超载称重装置、机械式轿顶称重装置、橡胶块式轿顶称重装置、机房压簧式超载称重装置。现有的电梯多数为活动式轿厢或轿底超载称重装置。

1）如果超载失灵后长期超载运行，又没有报警，将会产生严重的后果。

2）如果称重装置因机械装配定位偏移或主秤砣松动偏移或秤砣偏移，致使秤杆触碰微动开关。

① 报警：轿厢超载或存在故障。

② 切断主电路，电梯不能起动运行。

③ 轿厢的活动轿底板松动，因轿底框四周垫块或调节螺栓松动，致使乘客踏进轿厢后觉得轿底平面不稳。

3）检修应以如下步骤进行：

① 检修校正秤砣的位置及微动开关位置。

② 调整轿底框四周垫块以及调节螺栓并予以锁定。

• 训练15　电梯平层不准故障排除

1. 训练目的

掌握电梯平层不准故障的检修与排除。

2. 训练准备

1）准备施工图样及相关的技术资料，熟悉《电梯工程施工质量验收规范》（GB 50310—2002）。

2）施工机具及器材：常用电工工具、万用表、脚手架等。

3. 训练要领

电梯自动平层控制部分是干式舌簧管感应器。它是将两只铁-镍合金片密封在玻璃管内，置于U形磁铁的对侧，磁铁与舌簧片之间相距28～40mm。干式舌簧管在强磁场的作用下，常开触头闭合，常闭触头断开。

感应器安装在轿厢上，随轿厢一起运动。在电梯平层区域的井道内安装有隔磁板，当其插入感应器缺口后，遮阻了大部分磁力线，使作用于簧片的磁场减弱，舌簧管内的簧片在自身重力作用下恢复常态，从而完成平层动作。

该装置主要元件是舌簧管。舌簧触头本身的簧片不仅导磁，而且导电。平层是否准确与舌簧管制造质量、接线工艺、永磁铁磁性大小有关。要求隔磁板插入感应器缺口后间隙为5～10mm。

1）舌簧管是易损部件。发生电梯平层不准故障时，应重点检修，大部分是触头处烧损或簧片不动作。造成损坏的主要原因是：

① 触头反复动作产生火花，烧蚀触头。

② 永磁铁质量不好，使用一段时间后退磁，无法吸合簧片。

③ 轿厢振动而造成舌簧管机械损伤。

④ 舌簧管制造质量不良，经使用后簧片失去弹性。

⑤ 井道太潮湿，使焊接部位及元器件损坏。

2）若电梯各楼层平层均不准，则调整装在轿厢顶部的自动平层装置，三个永磁感应器安装在一个垂直的支架上，分上、中、下三层排列，上、下两个感应器可调整。初调时，其距离可取平层感应器磁板长度再加100mm。调整上部永磁感应器的上下位置，以确定向上平层的准确性；调整下部永磁感应器的上下位置，以确定向下平层的准确性；中间的永磁感应器作为控制自动门机用。精调时，以基站为标准，调准永磁感应器的位置；其他层站则应调整井道内隔磁板的安装位置。

3）若电梯仅个别楼层平层不准，可通过调整相应楼层井道内遮磁板进行平层准确度的调整。

① 若上、下行平层停车后，轿厢地坎高于厅门地坎，这时应向下调整该层井道内的遮磁板，直至平层精度符合要求。

② 若上、下行平层停车后，轿厢均低于厅门地坎，这时应向上调整该层井道内的遮磁板，直至平层精度符合要求。

4）由于制动器使用过久或保养不当，使闸瓦带磨损严重，造成制动力减弱；尤其在轿厢满载时，打滑现象更严重，则须更换新闸瓦带。检修制动器，按要求调节闸瓦与制动轮接触面的间隙。

5）检修应按如下步骤进行：

① 检修自动平层装置。

② 检修制动闸瓦、制动轮。

训练16 厅门、轿门闭合不全故障排除

1. 训练目的

掌握电梯厅门、轿门闭合不全故障的检修与排除。

2. 训练准备

1）准备施工图样及相关的技术资料，熟悉《电梯工程施工质量验收规范》(GB 50310—2002)。

2）施工机具及器材：常用电工工具、万用表、脚手架等。

3. 训练要领

电梯开关门机构设置在轿厢上部特制的钢架上。当电梯需要开关门时，开关门电动机通电旋转，通过传动部分传动、带轮减速，完成开关门动作。

1）当发生厅门、轿门闭合不全故障时首先检查层、轿门的门挂脚部分，由于使用不当，层、轿门的挂脚被撞断损坏后，会造成层、轿门下坠拖地，使层、轿门不能正常动作。解决的办法是更换被撞坏的门挂脚，并调整门滑块间隙，使层、轿门能灵活地开关。

2）检查电梯自动门机，若电动机存在故障或功率不够，就不能保证电梯能够正常开关门。

3）检查电梯自动门机传动部分，如自动门机从动轮支撑杆弯曲，造成主动轮与从动轮的传动中心发生偏移，引起传动带脱落，使厅、轿门闭合不全或其他故障，采取措施是校正从动轮支撑杆，使弯曲部分恢复到原来为止。

4）检修应按如下步骤进行：

① 检查电梯厅门、轿门的外观。

② 检修自动门机。

③ 检修自动门机传动部分。

训练17 轿厢不起动故障排除

1. 训练目的

掌握电梯轿厢不起动故障的检修与排除。

2. 训练准备

1）准备施工图样及相关的技术资料，熟悉《电梯工程施工质量验收规范》(GB 50310—2002)。

2）施工机具及器材：常用电工工具、万用表、脚手架等。

3. 训练要领

1）产生这种故障的原因十分简单，即没有登记指令或层外召唤信号；轿

门、层门触头没有接通；由无触头的导体构成的安全电路没有连通等。

2）如果上述原因均已排除，还会引起轿厢不起动。其可能原因有：

① 曳引机主电路没电或断相。运行接触器没有吸合或个别触头接触不良，全部或个别晶闸管的栅极或大功率 GBT/IGBT 的基极没有触发信号等。

② 电磁机械制动（抱闸）打不开。电磁铁阻滞，抱闸控制电路故障或使用液压制动器的马达不旋转等。

③ 前一次运行后，某个电气回路或某个机械环节没有复位而混乱了下次运行前的逻辑判断。

④ 另一种情况是 CPU 通信堵塞，特别是群控台数多，使客流信息量突然变化或软件程序累积误差出错等。

3）检修应按如下步骤进行：

① 检修轿门、层门各安全开关、保护门锁触头。

② 检修曳引机主电路。

③ 检修电磁制动器。

④ 检修控制电路。

复习思考题

1. 电梯按驱动系统可分为几类？各有何特点？
2. 简述电梯机房主要部件及主要作用。
3. 如何进行电梯井道测量？
4. 电梯导轨的作用是什么？由哪几部分组成？
5. 电梯导轨安装质量有哪些具体规定？
6. 电梯曳引机有哪些形式？安装操作方法分几步？
7. 电梯电气控制系统一般有哪几种？各有何优缺点？
8. 电梯如何进行平层？
9. 简析电梯故障类别及判断方法。
10. 样板架在电梯安装中的作用是什么？如何进行安装操作？
11. 电梯门系统由哪些部件组成？有哪些机械电气联锁机构保证电梯运行安全？
12. 简述电梯井道线管、线槽作业工艺标准。
13. 电梯随行电缆的作用是什么？如何安装？
14. 简述电梯安装中导线敷设与接线的工艺要求。
15. 简述电梯轿厢冲底故障排除的基本思路。
16. 简述电梯平层不准故障排除的基本思路。

第十章

电气检测与试运行

培训学习目标 熟悉电气检测与试运行的质量检验测定过程与方法；了解检验批质量验收记录表的编制原则；掌握绝缘电阻、接地电阻的测定并填写检验评定表；掌握质量评定报表规范填写要求；会填写常见电气安装项目的质量评定报表。

第一节 绝缘电阻测定

一、测量绝缘电阻并填写检验评定表

1. 基本要求和内容

1）绝缘电阻测试记录应包括电气设备、低压电器、照明器具、电线电缆等绝缘电阻的测试记录。

2）绝缘电阻用绝缘电阻表测试，测试应在天气良好，且被试物及绝缘电阻表周围的温度不低于5℃、空气相对湿度不高于80%的环境条件下进行。

3）电气设备、低压电器、照明器具、电线电缆等绝缘电阻值应符合现行国家标准《建筑电气工程施工质量验收规范》（GB50303—2002）的规定。若发现绝缘电阻值小于规定值时，必须查明原因，及时处理，并重新测试，直至符合规定值为止。

4）绝缘电阻测试后应及时填写绝缘电阻测试记录，见表10-1或表10-2，并经有关人员签证齐全。

5）绝缘电阻测试记录中的设备名称、线路名称、回路编号、设备位号等应与施工图一致，测试项目应齐全。

表 10-1　绝缘电阻测试记录（一）

单位（子单位）工程名称												
施工单位							测试日期					
天　气							气温/℃					
绝缘电阻表		型号规格		电压等级		出厂编号		检定单位		检定有效期		检定证书编号
设备或线路名称												
设备位号或系统回路编号												
绝缘电阻实测值/MΩ	A－B											
	B－C											
	C－A											
	A－N											
	B－N											
	C－N											
	A－PE											
	B－PE											
	C－PE											
	N－PE											
	A－E											
	B－E											
	C－E											
	N－E											
存在问题处理情况												
结　论												
专业监理工程师（建设单位项目专业技术负责人）					施工单位		质检员					
							施工员					
							测试员					

表 10-2　绝缘电阻测试记录（二）

单位（子单位）工程名称												
施工单位							测试日期					
天　气							气温/℃					
绝缘电阻表		型号规格	电压等级	出厂编号	检定单位	检定有效期	检定证书编号					
设备或线路名称												
设备位号或系统回路编号												
绝缘电阻实测值/MΩ	线间或相间											
	线对地或相对地											
存在问题处理情况												
结　论												
专业监理工程师（建设单位项目专业技术负责人）				施工单位	质检员							
					施工员							
					测试员							

6）测量接地电阻、绝缘电阻时，专业监理人员（建设单位专业人员）应在现场进行检查、签证、确认。

7）测试接地电阻、绝缘电阻的仪表必须有检定证书，并在其检定有效期内使用。

2. 核查办法

1）核查绝缘电阻值是否符合现行国家标准《建筑电气工程施工质量验收规范》（GB 50303—2002）的规定。若绝缘电阻值不符合规定值时，是否有处理，并重新测试，复测值是否符合要求。

2）核查绝缘电阻测试记录中的设备名称、线路名称、回路编号、设备位号是否与施工图一致。

3）核查测试记录是否真实，签证是否齐全。

4）核查测试仪表是否有检定证书，并在其检定有效期内使用。

3. 核定原则

凡出现下列情况之一，本项目核定为“不符合要求”。

1）无绝缘电阻测试记录。

2）绝缘电阻实测值不符合现行国家标准的规定，且未进行处理及复测。

3）测试项目不齐全，数据不真实，签证不齐全。

4）测试用的仪表无检定证书或测试时已超过其检定有效期。

二、测接地电阻并填写检验评定表

1. 接地装置安装检验批质量验收记录表（见表10-3）

表 10-3　接地装置安装检验批质量验收记录表

单位（子单位）工程名称					
分部（子分部）工程名称			验收部位		
施工单位			项目经理		
分包单位			分包项目经理		
施工执行标准名称及编号					
施工质量验收规范规定			施工单位检查评定记录		监理（建设）单位验收记录
主控项目	1	接地装置测试点的设置	第24.1.1条		
	2	接地电阻值测试	第24.1.2条		
	3	防雷接地的人工接地装置的接地干线埋设	第24.1.3条		
	4	接地模块的埋设深度、间距和基坑尺寸	第24.1.4条		
	5	接地模块设置应垂直或水平就位	第24.1.5条		
一般项目	1	接地装置埋设深度、间距和搭接长度	第24.2.1条		
	2	接地装置的材质和最小允许规格	第24.2.2条		
	3	接地模块与干线的连接和干线材质选用	第24.2.3条		

(续)

施工单位检查评定结果	专业工长 (施工员)		施工班组长	
	项目专业质量检查员: 年 月 日			
监理(建设)单位 验收结论	监理工程师: (建设单位项目专业技术负责人) 年 月 日			

2. 基本要求和内容

1) 接地电阻测试记录应包括避雷接地、工作接地、设备及系统的保护接地、重复接地等接地电阻的测试结果。

2) 接地电阻采用接地电阻测试仪测试，且应在天气晴朗、土壤干燥的环境条件下进行。

3) 接地装置的接地电阻测试应在接地体施工完成后及时进行并测试合格；避雷接闪器安装完成，整个防雷接地系统连成回路后，应对防雷接地系统进行测试。

4) 接地电阻测试应按设计要求对避雷接地、工作接地、保护接地、重复接地等接地电阻分别逐点测试。

5) 接地装置的接地电阻值必须符合设计要求。发现接地电阻值大于设计值时，必须查明原因，及时处理，并重新测试，直至符合设计值为止。

6) 接地电阻测试后应及时填写接地电阻测试记录，附上必要的平面示意图和文字说明，并经有关人员签证齐全。

7) 接地电阻测试记录中的接地装置名称、类别、测试点部位等应与施工图一致，测试项目应齐全。

3. 核查办法

1) 核查接地电阻测试项目和内容是否齐全，测试方法是否正确。

2) 核查接地电阻值是否符合设计要求。若接地电阻值大于设计值时，是否有处理，并重新测试，复测值是否符合要求。

3) 核查接地电阻测试记录中的接地装置名称、类别、测试点部位是否与施工图一致。

4. 核定原则

凡出现下列情况之一，本项目核定为“不符合要求”。

1) 无接地电阻测试记录。

2) 接地电阻实测值不符合设计要求，且未进行处理及复测。

3）测试项目不齐全，数据不真实，签证不齐全。

4）测试用的仪表无检定证书或测试时已超过其检定有效期。

第二节 质量评定报表

一、检验批质量验收记录表及填写要求

1. 表的名称及编号

检验批质量验收记录表为《建筑工程施工质量验收统一标准》（GB 50300—2001）附录 D 表 D. 0. 1。

检验批由监理工程师或建设单位项目技术负责人组织项目专业质量检查员等进行验收，表的名称应在制订专用表格时就印好，前边印上分项工程的名称。表的名称下边注上“质量验收规范的编号”。

检验批质量记录表的编号按全部施工质量验收规范系列的分部工程、子分部工程统一为九位数的数码编号，写在表的右上角，前六位数字均印在表上，后留两个□，检查验收时填写检验批的顺序号。其编号规则为：

前边两个数字是分部工程的代码，01～09。地基与基础为 01，主体结构为 02，建筑装饰装修为 03，建筑屋面为 04，建筑给排水及采暖为 05，建筑电气为 06，智能建筑为 07，通风与空调为 08，电梯为 09。

第 3、4 位数字是子分部工程的代码。

第 5、6 位数字是分项工程的代码。

其顺序号见《建筑工程施工质量验收统一标准》（GB 50300—2001）附录 B 表 B. 0. 1，建筑工程分部（子分部）、分项工程划分表。

第 7、8 位数字是各分项工程检验批验收的顺序号。由于在大量高层或超高层建筑中，同一个分项工程会有很多检验批的数量，故留了两位数的空位置。

如地基与基础分部工程，无支护土方子分部工程，土方开挖分项工程，其检验批表的编号为 010101□□，第一个检验批编号为：0101011。

还需说明的是，有些子分部工程中有些项目可能在两个分部工程中出现，这就要在同一个表上编多个分部工程及相应子分部工程的编号：如砖砌体分项工程在地基与基础和主体结构中都有，砖砌体分项工程检验批的表编号为：010701□□、020301□□。

有些分项工程可能在几个子分部工程中出现，这就应在同一个检验批表上编几个子分部工程及子分部工程的编号。如建筑电气的接地装置安装，在室外电气、变配电室、备用和不间断电源安装及防雷接地安装等子分部工程中都有。

其编号为：060109□□、060206□□、060608□□、060701□□。

4个编号中的第5、6位数字分别是：第一行09是室外电气子分部工程的第9个分项工程，第二行的06是变配电室子分部工程的第6个分项工程，其余类推。

另外，有些规范的分项工程，在验收时也将其划分为几个不同的检验批来验收。如混凝土结构子分部工程的混凝土分项工程，分为原材料、配合比设计、混凝土施工三个检验批来验收。又如建筑装饰装修分部工程建筑地面子分部工程中的基层分项工程，其中有几种不同的检验批。故在其表名下加标罗马数字（Ⅰ）、（Ⅱ）、（Ⅲ）等。

2. 表头部分的填写

1）检验批表编号的填写，在两个方框内填写检验批序号。如为第11个检验批则填为11。

2）单位（子单位）工程名称，按合同文件上的单位工程名称填写，子单位工程标出该部分的位置。分部（子分部）工程名称，按验收规范划定的分部（子分部）名称填写。验收部位是指一个分项工程中验收的那个检验批的抽样范围，要标注清楚，如二层①—⑮轴线砖砌体。

施工单位、分包单位要填写施工单位的全称，与合同上公章名称相一致。项目经理填写合同中指定的项目负责人。在装饰、安装分部工程施工中，有分包单位时，也应填写分包单位全称，分包单位的项目经理也应是合同中指定的项目负责人。这些人员由填表人填写不要本人签字，只是标明他是项目负责人。

3）施工执行标准名称及编号：这是验收规范编制的一个基本思路，由于验收规范只列出验收的质量指标，其工艺等只提出一个原则要求，具体的操作工艺就靠企业标准了。只有按照不低于国家质量验收规范的企业标准来操作，才能保证国家验收规范的实施。如果没有具体的操作工艺，保证工程质量就是一句空话，企业必须制订企业标准（操作工艺、工艺标准、工法等），来进行培训工人、技术交底，来规范工人班组的操作。为了能成为企业标准体系的重要组成部分，企业标准应有编制人、批准人、批准时间、执行时间、标准名称及编号。填写表时要将标准名称及编号填写上，要能在企业的标准系列中查到其详细情况，并要在施工现场有这项标准，工人要执行这项标准。

3. 质量验收规范的规定栏

如果在制表时就填写好验收规范中主控项目、一般项目的全部内容，但由于表格的地方小，不能将多数指标全部内容填写下；所以，只将质量指标归纳、简化描述或题目及条文号填写上，作为检查内容提示，以便查对验收规范的原文。对计数检验的项目，将数据直接印出来。如果是将验收规范的主控、一般项目的内容全摘录在表的背面，这样方便查对验收条文的内容。但是，这样做就会引起只看表格，不看验收规范的后果，规范上还有基本规定、一般规定等内容，他们虽然不是主控项目和一般项目的条文，但这些内容也是验收主控项目和一般项目的依据。所以验收规范的质量指标不宜全抄过来，而且，验收资料的填写，应依据现场检查结果和实测数据，表格规定栏及背面不全文抄录也规避了“编造”资料的情况。

4. 主控项目、一般项目施工单位检查评定记录

填写方法分以下几种情况，判定验收不验收均按施工质量验收规定进行判定。

1）对定量项目直接填写检查的数据。

2）对定性项目，当符合规范规定时，采用打“✓”的方法标注；当不符合规范规定时，采用打“×”的方法标注。

3）有混凝土、砂浆强度等级的检验批，按规定制取试件后，可填写试件编号，待试件试验报告出来后，对检验批进行判定，并在分项工程验收时进一步进行强度评定及验收。

4）对既有定性又有定量的项目，各个子项目质量均符合规范规定时，采用打“✓”来标注；否则采用打“×”来标注。无此项内容的打“/”来标注。

5）对合格点有要求的一般项目，应是其中带有数据的定量项目；定性项目必须基本达到。定量项目其中每个项目都必须有 80% 以上（混凝土保护层为 90%）检测点的实测数值达到规范规定。其余 20% 检测点的实测数值按各专业施工质量验收规范规定，不能大于 150%，钢结构为 120%，就是说有数据的项目，除必须达到规定的数值外，其余可放宽的，最大放宽到 150%。

“施工单位检查评定记录”栏的填写，有数据的项目，将实际测量的数值填入格内，超出企业标准的数字，而没有超过国家验收规范的用“○”将其圈住；对超过国家验收规范的用“△”圈住。

5. 监理（建设）单位验收记录

通常监理人员应进行平行、旁站或巡回监理，在施工过程中，对施工质量进行察看和测量，并参加施工单位重要项目的检测。对新开工程或首件产品进行全面检查，以了解质量水平和控制措施的有效性及执行情况；在整个过程中，随时进行测量等。在检验批验收时，对主控项目、一般项目应逐项进行验收。对符合验收规范规定的项目，填写“合格”或“符合要求”；对不符合验收规范规定的项目，暂不填写，待处理后再验收，但应做标记。

6. 施工单位检查评定结果

施工单位自行检查评定合格后，应注明“主控项目全部合格，一般项目满足规范规定要求”。

专业工长（施工员）和施工班、组长栏目由本人签字，以示承担责任。专业质量检查员代表企业逐项检查评定合格，将表填写清楚并写明结果，签字后，

交监理工程师或建设单位项目专业技术负责人验收。

7. 监理（建设）单位验收结论

主控项目、一般项目验收合格，混凝土、砂浆试件强度待试验报告出来后判定，其余项目已全部验收合格。注明“同意验收”。专业监理工程师及建设单位的专业技术负责人签字。

二、线管配线工程质量检验评定表的填写

1. 电线、电缆穿管和线槽敷线检验批质量验收记录表（见表10-4）

2. 填表说明

（1）主控项目

1）三相或单相的交流单芯电缆，不得单独穿于钢导管内。

2）不同回路、不同电压等级和交流与直流的电线，不应穿于同一导管内；同一交流回路的电线应穿于同一金属导管内，且管内电线不得有接头。

3）爆炸危险环境照明线路的电线和电缆额定电压不得低于750V，且电线必须穿于钢导管内。

表10-4 电线、电缆穿管和线槽敷线检验批质量验收记录表
（GB 50303—2002）

060105□□
060305□□
060406□□
060503□□
060606□□

单位（子单位）工程名称					
分部（子分部）工程名称				验收部位	
施工单位				项目经理	
分包单位				分包项目经理	
施工执行标准名称及编号					
施工质量验收规范规定				施工单位检查评定记录	监理（建设）单位验收记录
主控项目	1	交流单芯电缆不得单独穿于钢导管内	第15.1.1条		
	2	电线穿管	第15.1.2条		
	3	爆炸危险环境照明线路的电线、电缆选用和穿管	第15.1.3条		
一般项目	1	电线、电缆管内清扫和管口处理	第15.2.1条		
	2	同一建筑物、构筑物内电线绝缘层颜色的选择	第15.2.2条		
	3	线槽敷线	第15.2.3条		

（续）

施工单位检查评定结果	专业工长(施工员)	施工班组长
	项目专业质量检查员： 年 月 日	
监理（建设）单位验收结论	监理工程师： （建设单位项目专业技术负责人） 年 月 日	

（2）一般项目

1）电线、电缆穿管前，应清除管内杂物和积水。管口应有保护措施，不进入接线盒（箱）的垂直管口穿入电线、电缆后，管口应密封。

2）当采用多相供电时，同一建筑物、构筑物的电缆绝缘层颜色选择应一致，即保护地线（PE 线）应是黄绿相间色，零线用淡蓝色，A 相——黄色、B 相——绿色、C 相——红色。

3）线槽敷设应符合下列规定：电线在线槽内有一定余量，不得有接头；电线按回路编号分段绑扎，绑扎点间距不应大于 2m；同一回路的相线和零线，敷设于同一金属线槽内；同一电源的不同回路无抗干扰要求的线路可敷设于同一线槽内；敷设于同一线槽内有抗干扰要求的线路用隔板隔离，或采用屏蔽电线且屏蔽护套一端接地。

（3）检查数量　主控项目抽查 10%，少于 10 处时全部检查，一般项目抽查 10%，少于 5 处（回路）时全部检查。

（4）判定　应检数量全部符合本规范规定判为合格。

三、配电柜（盘）及动力开关柜安装工程质量检验评定表的填写

1. 配电柜（盘）及动力开关柜安装工程质量检验评定表（见表 10-5）

2. 填表说明（仅就部分项目作补充说明）

（1）高压开关柜验收

1）主控项目：

① 金属框架及基础型钢必须接地（PE）或接零（PEN）可靠；装有电器的可开启门，其门和框架的接地端子间应用裸编织铜线连接，且有标识。

② 手车式成套配电柜应推拉灵活、无卡阻碰撞现象。动触头与静触头的中心线应一致，且触头接触紧密。投入时，接地触头先于主触头接触；退出时，接地触头后于主触头脱开。

③ 高压成套配电柜必须按 GB 50150—1991《电气装置安装工程　电气设备交接试验标准（条文说明）》的规定交接试验，且应符合规定：继电保护元器

件、逻辑元件、变送器和控制用计算机等单体检验合格，整组试验动作正确，整定参数符合设计要求；凡经法定程序批准，进入市场投入使用的新高压电气设备和继电保护装置，按产品技术文件要求进行交接试验。

表 10-5 成套配电柜、控制柜（屏、台）和动力、照明配电箱（盘）安装检验批质量验收记录表

（GB 50303—2002）

（Ⅰ）高压开关柜

060103□□

060202□□

060601□□

<table>
<tr><td colspan="3">单位（子单位）工程名称</td><td colspan="3"></td></tr>
<tr><td colspan="3">分部（子分部）工程名称</td><td></td><td>验收部位</td><td></td></tr>
<tr><td colspan="3">施工单位</td><td></td><td>项目经理</td><td></td></tr>
<tr><td colspan="3">分包单位</td><td></td><td>分包项目经理</td><td></td></tr>
<tr><td colspan="3">施工执行标准名称及编号</td><td colspan="3"></td></tr>
<tr><td colspan="4">施工质量验收规范规定</td><td>施工单位检查评定记录</td><td>监理（建设）单位验收记录</td></tr>
<tr><td rowspan="5">主控项目</td><td>1</td><td>金属框架的接地或接零</td><td>第 6.1.1 条</td><td></td><td rowspan="5"></td></tr>
<tr><td>2</td><td>手车式柜的推拉和动、静触头检查</td><td>第 6.1.3 条</td><td></td></tr>
<tr><td>3</td><td>成套配电柜的交接试验</td><td>第 6.1.4 条</td><td></td></tr>
<tr><td>4</td><td>柜间线路绝缘电阻测试</td><td>第 6.1.6 条</td><td></td></tr>
<tr><td>5</td><td>柜间二次回路耐压试验</td><td>第 6.1.7 条</td><td></td></tr>
<tr><td rowspan="9">一般项目</td><td>1</td><td>柜间或与基础型钢的连接</td><td>第 6.2.2 条</td><td></td><td rowspan="9"></td></tr>
<tr><td>2</td><td>柜间安装接缝、成列安装盘面偏差检查</td><td>第 6.2.3 条</td><td></td></tr>
<tr><td>3</td><td>柜内部检查试验</td><td>第 6.2.4 条</td><td></td></tr>
<tr><td>4</td><td>柜间配线</td><td>第 6.2.5 条</td><td></td></tr>
<tr><td>5</td><td>柜与其面板间可动部位的配线</td><td>第 6.2.7 条</td><td></td></tr>
<tr><td rowspan="3">6</td><td>不直度/（mm/n）</td><td>≤1</td><td></td></tr>
<tr><td>基础型钢安装允许偏差 水平度/（mm/全长）</td><td>≤5</td><td></td></tr>
<tr><td>不平行度/（mm/全长）</td><td>≤5</td><td></td></tr>
<tr><td>7</td><td>柜、盘等垂直度允许偏差</td><td>≤1.5‰</td><td></td></tr>
<tr><td colspan="3" rowspan="2">施工单位检查评定结果</td><td>专业工长(施工员)</td><td>施工班组长</td><td></td></tr>
<tr><td colspan="3">项目专业质量检查员：
年 月 日</td></tr>
<tr><td colspan="3">监理（建设）单位验收结论</td><td colspan="3">监理工程师：
（建设单位项目专业技术负责人） 年 月 日</td></tr>
</table>

（Ⅱ）低压成套柜（屏、台）

060401□□

单位（子单位）工程名称					
分部（子分部）工程名称				验收部位	
施工单位				项目经理	
分包单位				分包项目经理	
施工执行标准名称及编号					
施工质量验收规范规定				施工单位检查评定记录	监理（建设）单位验收记录
主控项目	1	金属框架接地或接零	第 6.1.1 条		
主控项目	2	电击保护和保护导体的截面积	第 6.1.2 条		
主控项目	3	抽查式柜的推拉和动、静触头检查	第 6.1.3 条		
主控项目	4	成套配电柜的交接试验	第 6.1.5 条		
主控项目	5	柜（屏、盘、台等）间线路绝缘电阻值测试	第 6.1.6 条		
主控项目	6	柜（屏、盘、台等）间二次回路耐压试验	第 6.1.7 条		
主控项目	7	直流屏试验	第 6.1.8 条		
一般项目	1	柜（屏、盘、台等）间或与基础型钢的连接	第 6.2.2 条		
一般项目	2	柜（屏、盘、台等）间接缝、成列安装盘偏差	第 6.2.3 条		
一般项目	3	柜（屏、盘、台等）内部检查试验	第 6.2.4 条		
一般项目	4	低压电器组合	第 6.2.5 条		
一般项目	5	柜（屏、盘、台等）间配线	第 6.2.6 条		
一般项目	6	柜（台）与其面板间可动部位的配线	第 6.2.7 条		
一般项目	7	型钢安装允许偏差 不直度/（mm/n）	≤1		
一般项目	7	型钢安装允许偏差 水平度/（mm/全长）	≤5		
一般项目	7	型钢安装允许偏差 不平行度/（mm/全长）	≤5		
一般项目	8	垂直度允许偏差	≤1.5‰		
施工单位检查评定结果		专业工长（施工员）		施工班组长	
施工单位检查评定结果		项目专业质量检查员： 年 月 日			
监理（建设）单位验收结论		监理工程师： （建设单位项目专业技术负责人） 年 月 日			

（Ⅲ）照明配电箱（盘）

060501□□

单位（子单位）工程名称					
分部（子分部）工程名称				验收部位	
施工单位				项目经理	
分包单位				分包项目经理	
施工执行标准名称及编号					
施工质量验收规范规定				施工单位检查评定记录	监理（建设）单位验收记录
主控项目	1	金属箱体的接地或接零	第6.1.1条		
	2	电击保护和保护导体截面积	第6.1.2条		
	3	箱（盘）间线路绝缘电阻值测试	第6.1.6条		
	4	箱（盘）内结线及开关动作	第6.1.9条		
一般项目	1	箱（盘）内检查试验	第6.2.4条		
	2	低压电器组合	第6.2.5条		
	3	箱（盘）间配线	第6.2.6条		
	4	箱与其面板间可动部位的配线	第6.2.7条		
	5	箱（盘）安装位置、开孔、回路编号等	第6.2.8条		
	6	垂直度允许偏差	≤1.5‰		
施工单位检查评定结果		专业工长（施工员）		施工班组长	
		项目专业质量检查员： 年 月 日			
监理（建设）单位验收结论		监理工程师： （建设单位项目专业技术负责人） 年 月 日			

④线路的线间和线对地间绝缘电阻值，馈电线路必须大于0.5MΩ；二次回路必须大于1MΩ。

⑤二次回路交流工频耐压试验，当绝缘电阻值大于10MΩ时，用2500V绝缘电阻表摇测1min，应无闪络击穿现象；当绝缘电阻值在1~10MΩ时，做1000V交流工频耐压试验，时间1min，应无闪络击穿现象。

2）一般项目：

① 柜间或与基础型钢间应用镀锌螺栓连接，且防松动零件齐全。

② 安装垂直度允许偏差为1.5‰，相互间接缝不应大于2mm，成列盘面偏差不应大于5mm。

③ 柜内检查试验应符合下列规定：控制开关及保护装置的规格、型号符合设计要求；闭锁装置动作准确、可靠；辅助开关的切换动作与主开关动作一致；柜、屏、台、箱、盘上的标识器件标明被控设备编号及名称或操作位置；接线端子有编号，且清晰、工整、不易脱色；回路中的电子元器件不应参加交流工频耐压试验；48V及以下回路可不做工频耐压试验。

④ 配线。电流回路应采用额定电压不低于750V、芯线截面积不小于$2.5mm^2$的铜芯绝缘电线或电缆；除电子元器件回路或类似回路外，其他回路的电线应采用额定电压不低于750V、芯线截面积不小于$1.5mm^2$的铜芯绝缘电线或电缆。二次回路连线应成束绑扎，不同电压等级、交流、直流线路及计算机控制线路应分别绑扎，且应有标识；固定后不应妨碍手车式开关或抽出式部件的拉出或推入。

⑤ 连接柜面板上的电器及控制台、板等可动部位的电线应符合下列规定：采用多股铜芯软电线，敷设长度留有适当裕量；线束有外套塑料管等加强绝缘保护层；与电器连接时，端部绞紧，且有不开口的终端子或搪锡，不松散、断股；可转动部位的两端用卡子固定。

检查数量：主控项目1、3全数检查；2、4、5抽查10%，少于5个回路（台）的全数检查。一般项目6全数检查；1~5、7抽查10%，少于5处（台）的全数检查。

判定：应检查数量全部符合本规范规定判为合格。

(2) 低压成套柜（屏、台）验收

1) 主控项目：

① 柜（屏、台）的金属框架及基础型钢必须接地（PE）或接零（PEN）可靠；装有电器的可开启门，其门和框架的接地端子间应用裸编织铜线连接，且有标识。

② 应有可靠的电击保护。柜（屏、台）内保护导体应有裸露的连接外部保护导体的端子。

③ 抽出式成套配电柜推拉应灵活、无卡阻碰撞现象。动触头与静触头的中心线应一致，且触头接触紧密。投入时，接地触头先于主触头接触；退出时，接地触头后于主触头脱开。

④ 低压成套配电柜交接试验，必须符合规范规定。

⑤ 柜（屏、台）间线路的线间和线对地间的绝缘电阻值：馈电线路必须大于0.5MΩ，二次回路必须大于1MΩ。

⑥ 柜（屏、台）间二次回路交流工频耐压试验，当绝缘电阻值大于10MΩ时，用2500V绝缘电阻表摇测1min，应无闪络击穿现象；当绝缘电阻值在1~10MΩ时，做1000V交流工频耐压试验，时间1min，应无闪络击穿现象。

⑦ 直流屏试验，应将屏内电子器件从线路上退出，检测主回路线间和线对地间绝缘电阻值应大于0.5MΩ，直流屏所附蓄电池组的充、放电应符合产品技术文件要求；整流器的控制调整和输出特性试验应符合产品技术文件要求。

2）一般项目：

① 柜（屏、台）相互间或与基础型钢间应用镀锌螺栓连接，且防松动零件齐全。

② 柜（屏、台）安装垂直度允许偏差为1.5‰，相互间接缝不应大于2mm，成列盘面偏差不应大于5mm。

③ 柜（屏、台）内检查试验应符合下列规定：控制开关及保护装置的规格、型号符合设计要求；闭锁装置动作准确、可靠；主开关的辅助开关切换动作与主开关动作一致；柜（屏、台）上的标识器件标明被控设备编号及名称或操作位置，接线端子有编号，且清晰、工整、不易脱色；回路中的电子元器件不应参加交流工频耐压试验；48V及以下回路可不做工频耐压试验。

④ 低压电器组合应符合下列规定：发热元器件安装在散热良好的位置；熔断器的熔体规格、自动开关的整定值符合设计要求；切换压板接触良好，相邻压板间有安全距离，切换时，不触及相邻的压板；信号回路的信号灯、按钮、光字牌、电铃、电笛、事故电钟等动作和信号显示准确；外壳需接地（PE）或接零（PEN）的，连接可靠；端子排安装牢固，端子有序号，强电、弱电端子隔离布置，端子规格与芯线面积大小适配。

⑤ 柜（屏、台）间配线：电流回路应采用额定电压不低于750V，芯线截面积不小于2.5mm^2的铜芯绝缘电线或电缆；除电子元器件回路或类似回路外，其他回路的电线应采用额定电压不低于750V，芯线截面积不小于1.5mm^2的铜芯绝缘电线或电缆。二次回路连线应成束绑扎，不同电压等级、交流、直流线路及计算机控制线路应分别绑扎，且有标识；固定后不应妨碍手车式开关或抽出式部件的拉出或推入。

⑥ 连接柜（屏、台）面板上的电器及控制台、板等可动部位的电线应符合下列规定：采用多股铜芯软电线，敷设长度留有适当裕量；线束有外套塑料管等加强绝缘保护层；与电器连接时，端部绞紧，且有不开口的终端子或搪锡，不松散、断股；可转动部位的两端用卡子固定。

检查数量：主控项目1、4、7全数检查；2抽查20%，少于5台的全数检查；3、5、6抽查10%，少于5台的全数检查。一般项目7全数检查；1~6、8抽查10%，少于5处（台）的全数检查。

判定：应检查数量全部符合本规范规定判为合格。

（3）照明配电箱（盘）验收

1）主控项目：

① 箱（盘）内配线应整齐、无绞接现象，导线连接紧密，不伤芯线，不断股，垫圈下螺栓两侧压的导线截面积相同，同一端子上导线连接不多于两根，防松垫圈等零件齐全。

② 箱（盘）内开关动作应灵活可靠，带有漏电保护的回路，漏电保护装置动作时间不大于0.1s。

③ 照明箱（盘）内应分别设置零线（N）和保护地线（PE线）汇流排，零线和保护地线经汇流排配出。

2）一般项目：

① 位置正确，部件齐全，箱体开孔与导管管径适配，暗装配电箱箱盖紧贴墙面，箱（盘）涂层完整。

② 箱（盘）内接线整齐，回路编号齐全，标识正确。

③ 箱（盘）不采用可燃材料制作。

④ 箱（盘）安装牢固，垂直度允许偏差为1.5‰。

⑤ 底边距地面为1.5m，照明配电板底边距地面不小于1.8m。

检查数量：主控项目1全数检查；2抽查20%，少于5台的全数检查；3、4抽查10%，少于5台的全数检查。一般项目抽查10%，少于5台的全数检查。

判定：应检查数量全部符合本规范规定判为合格。

四、硬母线安装质量检验评定表的填写

1. 裸母线、封闭母线、插接式母线安装检验批质量验收记录表（见表10-6）

2. 填表说明（仅就部分项目作补充说明）

（1）主控项目

1）绝缘子的底座、套管的法兰、保护网（罩）及母线支架等可接近裸露导体应接地（PE）或接零（PEN）可靠。不应作为接地（PE）或接零（PEN）的接续导体。

2）母线与母线或母线与电器接线端子，当采用螺栓搭接时，应符合规定：母线的各类搭接连接的钻孔直径和搭接长度应符合规定，用力矩扳手拧紧钢制联接螺栓的力矩值也应符合规定；母线接触面保持清洁，涂电力复合脂，螺栓孔周边无毛刺；联接螺栓两侧有平垫圈，相邻垫圈间有大于3mm的间隙，螺母侧装有弹簧垫圈或锁紧螺母；螺栓受力均匀，不使电器的接线端子受额外应力。

3）封闭、接插式母线安装应符合规定：母线与外壳同心，允许偏差为±5mm；当段与段连接时，两相邻段母线及外壳对准，连接后不使母线及外壳受额外应力；母线的连接方法符合产品技术文件要求。

4）室内裸母线的最小安全净距应符合相关规定。

5）高压母线交流工频耐压试验必须按 GB 50150—1991《电气装置安装工程电气设备交接试验标准（条文说明）》的规定交接试验合格。

表10-6 裸母线、封闭母线、插接式母线安装检验批质量验收记录表

（GB 50303—2002）

060203□□

060301□□

060604□□

单位（子单位）工程名称					
分部（子分部）工程名称				验收部位	
施工单位				项目经理	
分包单位				分包项目经理	
施工执行标准名称及编号					
施工质量验收规范规定				施工单位检查评定记录	监理（建设）单位验收记录
主控项目	1	可接近裸露导体的接地或接零	第11.1.1条		
	2	母线与母线、母线与电器接线端子的螺栓搭接	第11.1.2条		
	3	封闭、插接式母线的组对连接	第11.1.3－2，3条		
	4	室内裸母线的最小安全净距	第11.1.4条		
	5	高压母线交流工频耐压试验	第11.1.5条		
	6	低压母线交接试验	第11.1.6条		
	7	封闭、插接式母线与外壳同心；允许偏差/mm	≤±5		
一般项目	1	母线支架的固定	第11.2.1条		
	2	母线与母线、母线与电器接线端子搭接面处理	第11.2.2条		
	3	母线的相序排列及涂色	第11.2.3条		
	4	母线在绝缘子上的固定	第11.2.4条		
	5	封闭、插接式母线的组装和固定	第11.2.5条		
施工单位检查评定结果		专业工长（施工员）		施工班组长	
		项目专业质量检查员： 年 月 日			
监理（建设）单位验收结论		监理工程师： （建设单位项目专业技术负责人） 年 月 日			

6）低压母线交接试验应符合相关施工过程控制规定。

（2）一般项目

1）母线的支架与预埋铁件采用焊接固定时，焊缝应饱满；采用膨胀螺栓固定时，选用的螺栓应适配，联接应牢固。

2）母线与母线、母线与电器接线端子搭接，搭接面的处理应符合规定。铜与铜：室外、高温且潮湿的室内，搭接面搪锡；干燥的室内，不搪锡；铝与铝：搭接面不作涂层处理；钢与钢：搭接面搪锡或镀锌；铜与铝：在干燥的室内，铜导体搭接面搪锡；在潮湿场所，铜导体搭接面搪锡，且采用铜铝过渡板与铝导体连接；钢与铜或铝：钢搭接面搪锡。

3）母线的相序排列及涂色，当设计无要求时应符合规定。上、下布置的交流母线，由上至下排列为A、B、C相；直流母线正极在上，负极在下；水平布置的交流母线，由盘后向盘前排列为A、B、C相；直流母线正极在后，负极在前；面对引下线的交流母线，由左至右排列为A、B、C相；直流母线正极在左，负极在右；母线的涂色：交流，A相为黄色、B相为绿色、C相为红色；直流，正极为赭色、负极为蓝色；在连接处或支持件边缘两侧10mm以内不涂色。

4）母线在绝缘子上安装应符合下列规定：金属与绝缘子间的固定平整牢固，不使母线受额外应力；交流母线的固定金具或其他支持金具不形成闭合铁磁回路；除固定点外，当母线平置时，母线支持夹板的上部压板与母线间有1～1.5mm的间隙；当母线立置时，上部压板与母线间有1.5～2mm的间隙；母线的固定点，每段设置一个，设置于全长或两母线伸缩节的中点；母线采用螺栓搭接时，连接处距绝缘子的支持夹板边缘不小于50mm。

5）封闭、插接式母线组装和固定位置应正确，外壳与底座间、外壳各连接部位和母线的联接螺栓应按产品技术文件要求选择正确、联接牢固。

检查数量：主控项目5、6全数检查；1～4抽查10处，少于10处的全数检查。一般项目1、2、4、5抽查10%，少于5处的全数检查；3抽查5处，少于5处的全数检查。

判定：应检数量全部符合本规范规定判为合格。

复习思考题

1. 绝缘电阻测定的内容及方法、原则是什么？
2. 接地电阻测定要求、内容及方法、核定原则有哪些？
3. 完整的检验批质量验收记录由哪些部分组成？
4. 检验批质量验收记录表检查评定记录如何填写？

试 题 库

知识要求试题

一、判断题（对画√，错画×）

1. 自由电子的流动方向即为电流方向。（ ）
2. 电位的高低与参考点的选择无关，参考点选择不同，电压值不同。（ ）
3. 感抗和电感都是同一性质的物理量，单位均为 H。（ ）
4. 当负载短路时，电源输出功率最大。（ ）
5. 串联电路中，电阻上的分压大小与电阻成反比。（ ）
6. 并联电路中，电阻中的分流大小与电阻成正比。（ ）
7. 用指针式万用表测得线路电压为 380V，为交流电的最大值。（ ）
8. 交流电路上工作的电容，其耐压值即指交流电的最大值。（ ）
9. 10kV 以上的电缆应选用 1810 电缆浇注胶。（ ）
10. 锯条安装时应保证齿尖朝后。（ ）
11. 拆装钻头，必须用专用钥匙而不得用敲打的方法。（ ）
12. 钻床钻通孔时，当孔即将钻透时必须加大进给量。（ ）
13. 钻孔时必须戴好棉纱手套，并穿胶鞋以防触电。（ ）
14. 验电器在每次使用之前，必须在确认有电的带电体上试验，检验其是否能正常工作。（ ）
15. 螺钉旋具使用时，必须按螺钉的规格选用适合的旋具，不能以小代大。（ ）
16. 使用活扳手时为了省力，可以用钢管套在手柄上作加力杆使用。（ ）
17. 万用表测电压时应并接，测电流应串接。（ ）
18. 指针式万用表，测电压电流时指针向右偏转读数增大，测电阻向左偏转

读数增大。 （ ）

19. 指针式万用表每次测电阻或更换倍率后都应调零。 （ ）

20. 使用钳形电流表可以在路换挡。 （ ）

21. 铜铝导线连接时应使用铜压接管。 （ ）

22. 吊扇固定件的预埋方法通常采用膨胀螺钉法。 （ ）

23. 电气安装工程备料时，如需采用代用设备无须征得设计单位同意。 （ ）

24. 施工现场的“三通一平”是指道路通、用水通、用电通、场地平。 （ ）

25. 禁止带负荷拉断路器。 （ ）

26. 螺口灯头的螺纹端接零线。 （ ）

27. 电动工具的外壳地线可以和工作零线拧在一起接入插座。 （ ）

28. 50V 以下的电压都是安全电压。 （ ）

29. 发现触电者无呼吸无心跳便可断定失去急救意义。 （ ）

30. 三芯电缆试验时，在其中一相加电压，其他两相悬空。 （ ）

31. 电缆升温电流不能大于电缆的额定电流。 （ ）

32. 高低压电缆同沟敷设时，高压电缆在上层，低压电缆在下层。 （ ）

33. 装卸电缆时，可以用吊索直接穿入轴心孔进行作业。 （ ）

34. 直埋地下的电缆通常选用无铠装电缆。 （ ）

35. 电缆沿桥架敷设时，支架间距必须大于单节桥架的长度。 （ ）

36. 电缆桥架应在两个膨胀连接板之间的中心点处被固定住。 （ ）

37. 电缆绝缘电阻试验对于检查电缆绝缘受潮、脏污及局部缺陷是非常灵敏的。 （ ）

38. 剥离电缆钢甲时应从电缆头部至根部撕下。 （ ）

39. 为提高电缆焊接地线的速度，可用喷灯直接封焊。 （ ）

40. 配电柜搬运时吊环不允许吊在设备部件上。 （ ）

41. 电流互感器实际上是一种变压器。 （ ）

42. 电流互感器二次回路不能短路。 （ ）

43. 电流互感器一、二次侧均需加装熔断器。 （ ）

44. 电流互感器二次回路应有一个可靠接地点。 （ ）

45. 上下布置母线应确保正极在上，负极在下。 （ ）

46. 母线支架固定时应先固定中间的支架，然后以此为准，向两边安装。 （ ）

47. 滑接器应在刷框中伸缩自如，且保持一定压力。 （ ）

48. 滑接线长度超过 10m 时应装设补偿装置以适应建筑物沉降和温度变化引

起的变形。 （ ）

49. 滑接线电源信号灯应采用绿色白炽灯泡。 （ ）

50. 三相笼型异步电动机和绕线转子异步电动机结构上的主要区别在转子结构。 （ ）

51. 三相交流异步电动机采用何种起动方式与电动机功率无关。 （ ）

52. 电动机的额定功率 P_N，表示电动机在额定状态下运行时输入的电功率。 （ ）

53. 电动机星形联结时，其额定电流 I_N 等于流经每相定子绕组的电流。 （ ）

54. 电动机的功率因数角是指电动机额定电压与额定电流之间的相位差。 （ ）

55. 大型直流电动机通常运用碳-石墨电刷。 （ ）

56. 直流电动选用何种接线方法与其励磁方式无关。 （ ）

57. 与串励相比较，直流电动机并励绕组匝数多、导线粗、电阻小。 （ ）

58. 直流电动机长复励方式接线特点是先接成并励后接成串励。 （ ）

59. 三相异步电动机通常是先进行绝缘强度检测，再进行绝缘电阻检查。 （ ）

60. 无弯管路，长度超过45m时必须加装接线盒。 （ ）

61. 钢管丝扣连接时，管端套螺纹长度不应小于管接头长度的1/2。 （ ）

62. 钢管丝扣连接时管接头两端可以不跨焊接地线。 （ ）

63. 薄壁钢管连接只能选用丝扣连接。 （ ）

64. 凡管壁较薄且直径较大的线管可采用灌砂的方法，防止弯管时将钢管弯瘪。 （ ）

65. 对硬塑料管的弯曲禁止采用加热煨弯方法。 （ ）

66. 跷板开关盒和插座盒可以设置在垂直方向的同一处。 （ ）

67. 住宅厨房内排油机使用插座可以设置在煤气台板的正上方。 （ ）

68. ϕ50mm 以下的硬塑料管适宜采用模具胀管连接方法。 （ ）

69. 管连接每隔一段距离必须加装补偿盒。 （ ）

70. 整圈圆单线放线时应抽取外圈的线头防止散乱。 （ ）

71. 互为备用的线路必须穿入同一线管内。 （ ）

72. 辉光启动器中并联电容的作用主要是吸收干扰其他无线电设备的杂波信号。 （ ）

73. 双线圈镇流器主线圈直流电阻小，电流大；副线圈直流电阻大，电流小。 （ ）

74. 各种吊灯离地面距离不应低于个人身高。 （ ）

75. 各种照明开关必须串接在相线上。（　）

76. 成排开关的安装高度应一致，高度差不大于2mm。（　）

77. 单相两孔插座的接线，面对插座，左孔接相线，右孔接零线。（　）

78. 单相三孔插孔的工作零线孔和保护零线孔（接地孔）可以用导线直接短路。（　）

79. 防雷接地也属于工作接地。（　）

80. 高层建筑防雷设计中，可以采用暗装避雷网即法拉第笼的形式。（　）

81. 必须在接地装置和引下线施工完成后，才能安装接闪器，且与引下线连接。（　）

82. 独立式接地的冲击阻抗小于周圈式接地的阻抗。（　）

83. 电梯运行速度越快，顶层高度就越高，底坑一般就越深。（　）

84. 样板架只需制作一块，装置在机房楼板下面。（　）

85. 电梯若设置安全窗，则安全窗必须设置为向轿厢外开启。（　）

86. 电梯若设置安全门，则安全门必须设置为向轿厢外开启。（　）

87. 线槽内敷设导线总截面积（包括绝缘层）不应超过线槽总截面积80%。（　）

88. 电梯感应板安装应平行，并保证平行度。（　）

89. 为避免电梯轿厢上升下降中随缆混乱，多根随缆应绑扎成排。（　）

90. 电梯电气安装中的配线，可使用额定电压不低于500V的铜芯导线。（　）

91. 接地装置的接地电阻测试应在接地体施工完成后及时进行。（　）

92. 对检验评定表中既有定性又有定量项目的填写，应采用文字描述填写。（　）

93. 在检验评定中，所采用的测量仪表都必须有检定证书，并在检定有效期内，否则视为评定不合格。（　）

二、选择题（将正确答案的序号填入括号内）

（一）单选题

1. 两只均为2.4μF的电容并联后总的等效电容为（　）。

A. 4.8μF　　B. 2.4μF　　C. 1.2μF　　D. 0.82μF

2. 负载与电源匹配的条件是（　）。

A. 负载电阻最小　　B. 电源内阻最小

C. 负载电阻最大　　D. 负载电阻等于电源内阻

3. 照明灯头线常选用下面哪种型式的导线（　）。

A. B系列橡皮塑料绝缘电线　　B. R系列橡皮塑料绝缘软线

C. Y系列通用橡套电缆　　D. 电力电缆

4. 电气图样上二次回路常用的线型是（　）。

A. 粗实线　B. 细实线　C. 点划线　D. 双点划线

5. 下列关于攻螺纹动作要领说法正确的是（　）。

A. 起攻时不可用力，以防滑牙

B. 攻入3~5圈后应逐渐加大压力

C. 攻螺纹过程不可反转，以防断锥

D. 攻螺纹时必须先用头锥攻削，再用二锥三锥扩大和修光螺纹

6. 在一经合闸操作即可送电到施工设备的开关和触刀的操作手柄上，停电检修时应悬挂（　）。

A. 禁止合闸，线路有人工作　　B. 禁止合闸，有人工作

C. 止步，高压危险　　D. 已接地

7. “禁止合闸，有人工作”的标示牌式样是（　）。

A. 白底红字　B. 红底白字　C. 绿底黑字　D. 白底红边黑字

8. 检查电缆耐电强度试验常用的方法是（　）。

A. 绝缘电阻测试　　B. 工频交流耐压试验

C. 直流耐压试验　　D. 介质损耗测试

9. 几条电缆同沟敷设，中间接头位置应错开（　）。

A. 0.5m　B. 1m　C. 0.1m　D. 5m

10. 电缆保护管内径不应小于电缆外径的（　）。

A. 1.5倍　B. 2倍　C. 2.5倍　D. 3倍

11. 电缆沟内，电缆支架间的距离应不大于（　）。

A. 0.5m　B. 1m　C. 2m　D. 5m

12. 垂直安装电缆时固定卡子的间距应不大于（　）。

A. 0.1m　B. 0.5m　C. 1m　D. 1.5m

13. 直埋电缆施工时样洞深为（　）。

A. 0.5m　B. 1m　C. 1.5m　D. 2m

14. 直埋电缆沟深度为（　）。

A. 0.5m　B. 0.8m　C. 1m　D. 1.5m

15. 安装电缆热缩手套时热缩应从（　）。

A. 手套手指开始　　B. 手套中部开始

C. 手套下部开始　　D. 从上至下逐渐热缩

16. 基础型钢安装时全长顶部平面度允许偏差应（　）。

A. <1mm　B. <5mm　C. <10mm　D. <20mm

17. 水平安装的母线正确的相序排列是（　）。

A. 由盘前向盘后，依次是 A、B、C
B. 由盘前向盘后，依次是 A、C、B
C. 由盘前向盘后，依次是 B、C、A
D. 由盘前向盘后，依次是 C、B、A

18. 三相交流母线的颜色要求是（　　）。
A. A、B、C 各相依次涂黄绿红
B. A、B、C 各相依次涂红绿兰
C. A、B、C 各相依次涂红绿黄
D. A、B、C 各相依次涂黄红绿

19. 水平敷设母线时支架间距为（　　）。
A. 1m　　B. 3m　　C. 5m　　D. 8m

20. 支持绝缘子安装时中心误差不超过（　　）。
A. ±0.1mm　　B. ±0.5mm　　C. ±1mm　　D. ±10mm

21. 螺栓联接母线接触面的接触电阻，不能大于同长度母线本身电阻的(　　)。
A. 5%　　B. 10%　　C. 20%　　D. 50%

22. 下列说法中符合移动式电缆安装质量标准的是（　　）。
A. 滑车电缆与钢丝绳的绑扎宜用专用线夹，间距应为 1m
B. 终端拉紧装置应有适当的调节余量，当长度不大于 25m 时，不应小于 1m
C. 钢索悬挂电缆夹间的距离不宜大于 0.5m
D. 悬挂装置的电夹与其连接零件间应能自由转动

23. 水平排列的滑接线由内向外 A、B、C 相刷相色漆，其颜色依次为(　　)。
A. 黄、绿、红　　B. 黄、绿、蓝
C. 红、绿、黄　　D. 红、黄、绿

24. 测试滑接器导电部位与钢架的绝缘电阻应大于（　　）。
A. 0.5MΩ　　B. 1MΩ　　C. 10MΩ　　D. 100MΩ

25. 下列哪种直流电动机的励磁方式需外备直流电源进行励磁（　　）。
A. 并励　　B. 串励　　C. 永磁方式　　D. 他励

26. 常温下，400V 以下的电动机的绝缘电阻不得低于（　　）。
A. 0.5MΩ　　B. 1MΩ　　C. 5MΩ　　D. 10MΩ

27. 硬塑料插入法连接时，插入深度为管内径的（　　）。
A. 0.5 倍　　B. 1.2 ~1.5 倍
C. 2 倍　　D. 4 倍

28. 安装扳把开关的开关盒一般应在室内距地坪（　　）处。

A. 0.3m B. 1m C. 1.3m D. 1.8m

29. 开关盒应设在距门框（ ）处。

A. 100mm B. 180mm C. 400mm D. 1000mm

30. 插座盒一般应在距室内地坪（ ）处埋设。

A. 0.3m B. 1m C. 1.3m D. 1.8m

31. 幼儿园等活动场所，插座盒埋设应不低于（ ）。

A. 0.3m B. 1m C. 1.3m D. 1.8m

32. 室内壁灯灯位盒一般不低于（ ）。

A. 1.5m B. 1.8m C. 2m D. 2.4m

33. 旅馆床头灯不宜低于（ ）。

A. 1m B. 1.5m C. 1.8m D. 2.4m

34. 钢管管卡距转角中心以接线盒边缘距通常为（ ）。

A. 150~500mm B. 500~800mm

C. 800~1000mm D. 1000~2000mm

35. 超过（ ）重的灯具必须用金属链吊装，使吊灯线不受力。

A. 0.5kg B. 1kg C. 5kg D. 10kg

36. 拉线开关的安装高度一般距地面（ ）。

A. 1.5m B. 1.8m C. 2m D. 2.5m

37. 车间和试验室的明、暗插座距地面应不低于（ ）。

A. 0.3m B. 1.3m C. 1.8m D. 2m

38. 一般线路的绝缘电阻应不低于（ ）。

A. 0.22MΩ B. 0.5MΩ C. 10MΩ D. 100MΩ

39. TN 系统是指（ ）。

A. 电源中性线和保护线始终分开

B. 电源中性线和保护线合用一根导线

C. 电源中性点直接接地，属三相四线制系统

D. 电源中性线和保护线前半部分合用一根导线，进入建筑物后分开

40. 一般重复接地电阻不得大于（ ）。

A. 10Ω B. 8Ω C. 6Ω D. 4Ω

41. 电梯上通常采用的电磁制动器为（ ）。

A. 双瓦块常闭式 B. 双瓦块常开式

C. 单瓦块常闭式 D. 单瓦块常开式

42. 当电梯运行速度达到限定值，能发出动作信号并最终迫使轿厢或对重掣停在导轨上的安全部件是（ ）。

A. 限速器 B. 安全钳

C. 需以上两个配合　　　　　　D. 以上都不是

43. 装置在层门轿门间，防止电梯关门过程中夹人的装置为（　）。

A. 安全触板　　B. 安全钳　　C. 安全窗　　D. 安全门

44. 层门地坎至轿厢地坎之间的水平距离偏差为（　）。

A. −3 ~ 3mm　　　　B. 0 ~ 3mm

C. 0 ~ 6mm　　　　D. 3 ~ 6mm

45. 下列设置安装在电梯井道上的是（　　）。

A. 厅门　　　　B. 轿门

C. 厅门和轿门　　　　D. 安全门

46. 两列导轨顶面间距偏差，对于轿厢，允许为（　）。

A. 0 ~ ±2mm　　　　B. 0 ~ 2mm

C. 0 ~ ±3mm　　　　D. 0 ~ 3mm

47. 两列导轨顶面间距偏差，对于对重，允许为（　）。

A. 0 ~ ±2mm　　　　B. 0 ~ 2mm

C. 0 ~ ±3mm　　　　D. 0 ~ 3mm

48. 装在电梯轿厢上，随电梯一起升降的电梯平层感应装置是（　）。

A. 干簧管感应器　　　　B. 楼层感应器

C. 遮磁板　　　　D. 门刀

49. 电梯失控冲顶和冲底时，首先碰撞的保护开关装置是（　）。

A. 碰铁　　B. 极限开关　　C. 限速器　　D. 限位开关

50. 绝缘电阻的测试一般采用（　　）。

A. 绝缘电阻表　　　　B. 接地电阻测试仪

C. 万用表　　　　D. 钳表

51. 当绝缘电阻测试时，若实测值不符合标准应（　）。

A. 判定为不合格　　　　B. 重新处理

C. 重新测试　　　　D. 重新处理并复测

52. 爆炸危险环境中照明线路电线和电缆的额定电压不得低于（　）。

A. 250V　　B. 500V　　C. 750V　　D. 1000V

（二）多选题

1. 电路由这样几部分组成（　）。

A. 电源　　B. 负载　　C. 连接导线　　D. 控制开关

2. 电阻故障通常表现为（　　）。

A. 开路　　B. 短路　　C. 击穿　　D. 阻值变大

3. 电容的典型故障主要表现为（　）。

A. 失效　　　　B. 电容量减小

C. 击穿　　　　　　　　　　　　D. 电容量变大

4. 相色带规定的几种颜色有（　　）。

A. 红色　　B. 绿色　　C. 蓝色　　D. 黄色

5. 常用的电力电缆有（　　）。

A. 油浸纸绝缘铝包电力电缆

B. Y系列通用橡套电缆

C. 全塑电缆

D. 交联聚乙烯绝缘聚氯乙烯护套电力电缆

6. 电力电缆主要由以下几部分组成（　　）。

A. 保护层　　B. 绝缘层　　C. 缆芯　　D. 棉纱编织层

7. 下列关于三视图之间的关系说法正确的是（　　）。

A. 主、俯视图长对正　　　　　B. 主、左视图高平齐

C. 俯、左视图宽相等　　　　　D. 俯、左视图高平齐

8. 钳工平面划线方法主要有（　　）。

A. 弧度划线法　　　　　　　　B. 平行划线法

C. 垂直划线法　　　　　　　　D. 角度划线法

9. 锉削时应注意的动作要领有（　　）

A. 正程时右手压力随锉刀推进而增加

B. 锉削时正程稍慢，回程稍快

C. 锉削时要求动作自然

D. 锉削时动作越快，效率越高

10. 錾削时应注意的事项有（　　）。

A. 操作人员必须戴好防护眼镜

B. 应检查锤子锤头与木柄安装是否牢固

C. 錾削精度高，可不留修整加工余量

D. 錾削时应双腿站直，左手执錾，右手挥锤

11. 电弧焊工作接头的型式有（　　）。

A. 对接接头　　B. T形接头　　C. 角形接头　　D. 搭接接头

12. 工件的焊接方式有（　　）。

A. 平焊　　B. 立焊　　C. 横焊　　D. 仰焊

13. 使用梯子登高时应注意的事项有（　　）。

A. 登高梯的两脚是否绑有防滑材料

B. 人字梯中间是否有安全绳

C. 使用前应检查木梯有无虫蛀或裂痕

D. 直梯靠墙角度越大越好

14. 下列关于登高板安全使用说法正确的是（　　）。
A. 板、绳的承受能力不低于人体自重即可
B. 每半年校验一次
C. 登高前应在电杆低处做人体冲击试验
D. 登高后应在电杆高端做人体冲击试验
15. 下列关于脚扣安全使用说法正确的是（　　）。
A. 脚扣使用前应检查有无裂痕和腐朽处
B. 脚扣使用前应进行人体冲击试验
C. 木杆脚扣既可用于木杆亦可用于水泥杆
D. 水泥杆脚扣也可用于木杆
16. 下列关于绝缘电阻表的使用说法正确的是（　　）。
A. 测量前必须先检查绝缘电阻表能否正常使用
B. 当被试物表面漏电严重时，应使用屏蔽接线柱
C. 测量时不仅要记录被试物的绝缘电阻，还应记录当时的环境温度、绝缘电阻表的电压等级等
D. 可以带电测量设备或线路的绝缘电阻
17. 导线连接的基本要求是（　　）。
A. 电接触良好　　B. 机械强度足够
C. 接头美观　　D. 绝缘恢复合格
18. 电气设备安装基本过程包括（　　）。
A. 准备阶段　　B. 施工阶段
C. 收尾调试阶段　　D. 竣工验收阶段
19. 对电线、电缆等材料的进场检查包括（　　）。
A. 按批查验合格证、安全认证标志、生产许可证编号
B. 外观检查
C. 按制造标准，现场抽查
D. 价格和数量
20. 下列属于安全用电的技术措施有（　　）。
A. 绝缘措施　　B. 漏电保护
C. 建立安全技术档案　　D. 安全电压
21. 保证安全的组织措施有（　　）。
A. 工作票制度　　B. 工作许可制度
C. 工作监护制度　　D. 工作间断、转移和终结制度
22. 保证安全的技术措施有（　　）。
A. 停电　　B. 验电

C. 装接地线　　D. 悬标牌和装遮栏

23. 电气设备发生火灾时应（　　）。

A. 立即切断电源　　B. 用水灭火

C. 用1211灭火器灭火　　D. 用二氧化碳灭火器灭火

24. 现场急救的组织工作应做好（　　）。

A. 安排人员正确救护

B. 通知医生到场

C. 做好送触电者去医院的准备工作

D. 维护现场秩序

25. 触电者的几种典型表现是（　　）。

A. 受伤但心肺正常　　B. 无呼吸有心跳

C. 有呼吸无心跳　　D. 无呼吸无心跳

26. 心肺复苏法包括（　　）。

A. 通畅气道　　B. 人工呼吸

C. 胸外按压　　D. 药物治疗

27. 电缆升温的常用方法是（　　）。

A. 提高周围空气温度升温　　B. 电流通过电缆线芯升温

C. 用电炉烘烤　　D. 通以短路电流升温

28. 下列关于电缆敷设的安全注意事项正确的是（　　）。

A. 电缆敷设时，处于转角地段的人员必须站在电缆弯曲的外侧，切不可站在内侧

B. 电缆穿管时，手不可离管口太近，以防对方拉拽过猛而挤手

C. 上、下坡滚动电缆可在轴心孔中穿绳拖拉

D. 车辆运输电缆时，电缆应放在车厢前方

29. 设置电缆标示牌时，应在标示牌上注明下列内容（　　）。

A. 线路编号　　B. 电缆型号规格

C. 线路长度和起止地点　　D. 电压等级

30. 电缆终端制作之前的准备工作包括（　　）。

A. 检查电缆是否受潮

B. 测量电缆绝缘电阻是否符合要求

C. 核对电缆终端相序

D. 焊接地线

31. 下列关于电缆终端接地线选择符合要求的说法中正确的是（　　）。

A. 接地线截面积应符合规定要求

B. 接地线截面积都必须等于芯线截面积

C. 接地线可采用铜绞线

D. 接地线可采用镀锡铜编织线

32. 成套配电柜的安装工序大致可分为（　　）。

A. 基础型钢埋设　　B. 配电柜的搬运和检查

C. 立柜　　D. 内部清扫

33. 配电柜单独或成列安装时，规定了下列项目的允许偏差（　　）。

A. 柜间接缝偏差　　B. 垂直度

C. 水平度　　D. 柜面偏差

34. 电流互感器的接线方式正确的是（　　）。

A. 单相式接线　　B. 两相 V 形接线

C. 两相 V/V 形接线　　D. 两相电流差接线

35. 配电柜安装应注意的事项有（　　）。

A. 远离热源、水源、金属粉尘等场所

B. 确保维修的安全距离

C. 安装后的配电柜与地面垂直偏差不大于 30°

D. 接地应可靠

36. 母线弯曲的常见型式是（　　）。

A. 平弯　　B. 立弯　　C. 扭弯　　D. 冲压

37. 下列情况下母线不应涂色（　　）。

A. 母线螺栓联接处　　B. 母线夹板处

C. 母线与设备连接处　　D. 连接焊缝处

38. 下列关于手车式开关柜安装说法正确的是（　　）。

A. 检查防止电气误操作的装置是否齐全，且功能正常

B. 确保同型号的手车能互换

C. 安全隔离板应开启灵活

D. 手车推入柜内时应确保主触头比接地触头先接触

39. 隔离开关安装后应检查（　　）。

A. 有无损坏的零件，触刀有无变形及其他机械有无缺陷

B. 刀片对刀口的贴紧程度

C. 校正进入刀口的刀片

D. 触头弹簧及压力

40. 隔离开关的调整主要包括（　　）。

A. 可动刀片的插入深度　　B. 三相刀片的联动性

C. 刀片张开角度　　D. 辅助（信号）触头调整

41. 母线固定方法常用（　　）。

A. 焊接在支架上　　B. 螺栓固定在绝缘子上
C. 夹板固定在绝缘子上　　D. 卡板固定在绝缘子上

42. 下列说法符合滑接线安装质量标准的是（　　）。
A. 滑接线距地面高度不低于3.5m
B. 滑接线的中心线应与起重机轨道的实际中心线保持平行，最大偏差不应大于10mm
C. 滑接线固定在支架上后不应在水平方向自由伸缩
D. 起重机在终端位置时，滑接器距离滑接线末端不应小于200mm

43. 直流电动机换向极的作用（　　）。
A. 换向作用
B. 改善电动机换向性能
C. 减少换向火花
D. 将外加直流电变为线圈中的交流电

44. 下列能准确判定电动机首尾端的方法是（　　）。
A. 利用电磁感应原理进行判断
B. 运行过的电动机利用万用表进行判断
C. 利用万用表、干电池、电源开关等设备进行正确判断
D. 利用剩磁发电的原理进行判断

45. 下列线管配线说法正确的是（　　）。
A. 线管配线有耐潮、耐腐、导线不易遭受机械损伤等特点
B. 适用于1kV以下线路
C. 管内导线绝缘等级不低于500V
D. 暗配导线必须横平竖直，弯成直角

46. 下列关于线管配线的技术要求说法正确的是（　　）。
A. 同一回路的各相导线及工作零线可以不穿于同一管内
B. 不同电压等级的导线一律不许穿在同一管内
C. 电压为65V及以下的不同回路导线可以穿在同一管内
D. 电压相同的同类照明支路可共管敷设

47. 下列关于线管选择说法正确的是（　　）。
A. 潮湿和有腐蚀性气体的场所应选择薄壁管
B. 干燥场所内明敷必须选用厚壁管
C. 防爆场所明敷或暗敷一般采用钢管
D. 硬塑料管应选用热塑料管

48. 钢保护管可以用（　　）工具进行切割。
A. 气割　　B. 钢锯　　C. 管子割刀　　D. 电动切割机

49. 下面关于穿管带线操作要领说法正确的是（ ）。
A. 穿管时同一管内的导线必须同时穿入
B. 钢管内一律不得穿设单根导线
C. 线管内导线不允许有接头
D. 管内导线总面积不应超过管子内截面积的40%
50. 荧光灯的电感式镇流器的作用是（ ）。
A. 产生的自感电动势与电源电压叠加形成瞬间高压点亮灯管
B. 与灯管组成串联分压电路
C. 将交流变成直流
D. 阻抗匹配
51. 下列关于灯具选择和安装说法正确的是（ ）。
A. 工厂的道路通常选用开启型灯具
B. 灯具的重量超过3kg必须将其固定在预埋的吊钩上
C. 螺口灯头的零线必须与中心弹簧片相连
D. 安装在建筑物易燃吊顶内的灯具应考虑通风散热或隔离
52. 下列属于接闪器装置的是（ ）。
A. 避雷带 B. 避雷线 C. 避雷针 D. 避雷网
53. 现常用的电梯提升形式有（ ）。
A. 直提式 B. 液压式 C. 曳引式 D. 推拉式
54. 下列部件是在电梯机房里的有（ ）。
A. 曳引机 B. 制动器 C. 曳引轮 D. 导向轮
55. 下列属于电梯电气安全装置的有（ ）。
A. 超速保护开关 B. 门锁电气联锁装置
C. 紧急停梯开关 D. 限速器
56. 下列属于电梯机械安全装置的有（ ）。
A. 限速器 B. 超速保护开关
C. 安全钳 D. 安全门
57. 下列部件是在电梯轿厢上的有（ ）。
A. 自动门机 B. 安全钳 C. 限位开关 D. 安全触板
58. 下面关于电梯控制系统的说法正确的是（ ）。
A. 继电器—接触器控制系统具有触头易磨损、维护工作量大等缺点
B. 半导体逻辑控制系统在控制要求更改时，需改变布线
C. 微机控制系统可以较方便地适应不同功能要求的电梯控制系统
D. 微机控制系统可以完全省去继电器—接触器控制元件
59. 在门立柱、上滑道及门套安装时要保证（ ）。

A. 牢度　　B. 平行度　　C. 垂直度　　D. 滑动平滑

60. 下列设备电源不能由电梯机房主电源开关切断的有(　　)。

A. 底坑电源插座　　B. 轿厢照明、通风

C. 井道电源插座　　D. 井道照明

61. 电梯失控冲底时，要触碰的安全开关有（　　）。

A. 平层感应器　　B. 限位开关

C. 极限开关　　D. 缓冲器

62. 当电梯发生厅门、轿门闭合不全故障时，应检修（　　）。

A. 门挂脚　　B. 自动门机　　C. 门机传动　　D. 安全触板

63. 接地电阻测试时应按设计要求逐点测试的是(　　)。

A. 避雷接地　　B. 工作接地　　C. 重复接地　　D. 保护接地

64. 当采用多相供电，在同一建筑物的电缆绝缘层A、B、C三相，颜色选择分别为（　　）。

A. 黄　　B. 绿　　C. 红　　D. 黑

三、简答题

1. 什么是交流电的周期、频率、有效值、最大值和初相位？
2. 电缆主要由哪几部分构成？常用的电力电缆有哪几种？
3. 电气图样中的粗实线、细实线、虚线、点划线、双点划线各表示什么意思？
4. 三视图是如何形成的？三者之间有何关系？
5. 建筑平面图上的粗实线、细实线、虚线各表示什么意思？
6. 简述锯削作业的要领。
7. 焊接作业时有哪些安全注意事项？
8. 如何正确使用验电器？
9. 简述用万用表测电阻的方法。
10. 简述绝缘电阻表的使用方法。
11. 简述电气设备安装各阶段的作业内容。
12. 保证安全的技术措施和组织措施有哪些？
13. 简述电缆升温的方法。
14. 简述直埋电缆敷设过程。
15. 简述低压电缆终端制作工序。
16. 母线相序排列有哪些具体要求？
17. 简述隔离开关的安装步骤。
18. 简述母线的加工步骤。

19. 简述钢索悬挂电缆的安装标准。
20. 加工和安装滑接线应注意些什么？
21. 比较三相笼型异步电动机和绕线转子异步电动机结构的异同。
22. 简述钢管连接的技术要求。
23. 确定插座盒位置有哪些具体要求？
24. 简述管道连接时经伸缩缝、沉降缝的处理。
25. 何为工作接地、保护接地、重复接地？
26. 简述人工接地装置的检查验收规范。
27. 简述电梯型号的组成及各组成部分的含义。
28. 简述无司机操纵电梯的工作原理。
29. 简述电梯曳引机安装质量要求。
30. 简述具有自动再平层功能的平层器的工作原理。
31. 简述接地装置的核定原则。

四、作图题

1. 画出电流互感器的两相电流差接线图。
2. 画出电流互感器的三相 Y 接线图。
3. 画出单台三相笼型异步电动机具有过载保护的接触器的自锁控制电路图。
4. 画图说明如何用 36V 交流电源和灯泡判定电机绕组的首尾端。
5. 画出单管荧光灯的电路图。
6. 画出吊扇的电子调速电路图。

技能要求试题

一、导线连接及连接后的绝缘恢复

1. 考核图样（略）

2. 准备要求

设备、工具、材料：常用电工工具、2.5mm^2 铜芯（或铝芯）线 0.5m、10mm^2 七股铜芯（或铝芯）线 1m、黄蜡带和绝缘黑胶布等。

3. 考核内容

（1）考核要求

1）用2.5mm^2 单股铜芯线作直线连接和 T 形分支连接各一个，并恢复其绝缘。

2）用10 mm^2 七股铜芯线作直线连接和 T 形分支连接各一个，并恢复其绝缘。

3）考核时，待接头连接好评分后，再作绝缘恢复。导线连接要求缠绕方法正确、紧密整齐，恢复绝缘后的绝缘性能良好。

（2）时间定额　40min。

（3）安全文明生产

1）正确执行安全技术操作规程。

2）按企业有关文明生产的规定，做到工作地整洁，工件、工具摆放整齐。

4. 配分、评分标准（见表1）

表1　导线连接及绝缘恢复考核配分及评分标准表

序号	作业项目	考核内容	配分	评分标准	考核记录	扣分	得分
1	绝缘剖削	剖削导线绝缘方法正确，不损伤线芯	20	导线绝缘剖削方法不正确扣10分 损伤线芯，每根扣2分			
2	导线连接	连接牢固、整齐、规范	60	导线缠绕方法不正确扣5~10分 缠绕圈数不够扣2~5分 缠绕不整齐扣5~15分 连接不紧扣5~15分 连接处变形扣5~15分			
3	绝缘恢复	包缠方法正确，叠压严密	20	包缠方法不正确扣10分 绝缘层叠压不够扣10分			

（续）

序号	作业项目	考核内容	配分	评分标准	考核记录	扣分	得分
4	安全文明生产	遵守安全操作规程，正确使用施工器具，操作场地整洁		按达到规定的标准程度评定，一项不合要求从总得分中扣5分			
		安全操作，无人身、设备事故		因违规操作，发生重大人身或设备事故，此题按0分计			
5	分数合计		100				

二、1kV及以下橡塑电缆终端制作

1. 考核图样（略）

2. 准备要求

1）主要工具：手锯、电烙铁、喷灯、电工常用工具、钢卷尺、游标卡尺、绝缘电阻表等

2）主要材料：1kV及以下橡塑电缆、塑料管、塑料带、相色箍、手套、密封胶带、尼龙绳、裸铜线、焊锡、中性凡士林、硬脂酸及铜绑线等。

3. 考核内容

（1）考核要求

1）剥除内外护套，锯铠甲。

2）焊接地线。

3）安装热缩手套。

4）安装接线端子。

5）安装绝缘管。

6）热缩相色箍。

（2）时间定额　150min。

（3）安全文明生产

1）正确执行安全技术操作规程。

2）按企业有关文明生产的规定，做到工作地整洁，工件、工具摆放整齐。

4. 配分、评分标准（由选题人员编制）

三、三相异步电动机绝缘测试及定子绕组首尾端判别

1. 考核图样（略）

2. 准备要求

设备、工具、材料：电工常用工具、万用表、绝缘电阻表、三相异步电动机

（应事先从接线盒内引出六根无编号的导线）、干电池（或用220V/36V变压器）和36V灯泡等。

3. 考核内容

（1）考核要求

1）测量定子绕组间和绕组对机壳的绝缘电阻，并将测试结果填入表2内。

表2 定子绕组间和绕组对机壳的绝缘电阻

项目	U-V	U-W	V-W	U-壳	V-壳	W-壳
数值/MΩ						

2）判别定子绕组的首、尾端。

3）将电动机作三角形联结（或作星形联结）。

（2）时间定额 60min。

（3）安全文明生产

1）正确执行安全技术操作规程。

2）按企业有关文明生产的规定，做到工作地整洁，工件、工具摆放整齐。

4. 配分、评分标准（由选题人员编制）

四、小型三相异步电动机拆装保养

1. 考核图样（略）

2. 准备要求

设备、工具、材料：小型三相异步电动机、电工常用工具、锤子、木槌、铜棒、扁錾、拆卸器、煤油、润滑脂、万用表、绝缘电阻表、钳形电流表及通电试车工作台等。

3. 考核内容

（1）考核要求

1）拆卸三相异步电动机。

2）清洗零部件。

3）装配三相异步电动机。

4）装配后的相间绝缘和相对机壳绝缘以及通电运转时三相电流的测量。

（2）时间定额 240min。

（3）安全文明生产

1）正确执行安全技术操作规程。

2）按企业有关文明生产的规定，做到工作地整洁，工件、工具摆放整齐。

4. 配分、评分标准（由选题人员编制）

五、三相异步电动机单向起动控制线路安装

1. 考核图样（见图5-11）

2. 准备要求

设备、工具、材料：电工常用工具、万用表、元件明细表（见表3）上所列元件、木质安装板（650mm×500mm×50mm）、三相异步电动机、木螺钉、导线、编码套管及通电试运转工作台等。

3. 考核内容

（1）考核要求

1）元件安装。

表3 单向起动控制线路元件明细表

序号	代号	元件名称	型号与规格	数量	作用	备注
1	QS	组合开关	HZ10-25/3 三极 25A	1	电源开关	
2	FU1	螺旋熔断器	RL6-60/20 配熔芯额定电流 20A	3	主回路短路保护	
3	FU2	螺旋熔断器	RL6-15/2 配熔芯额定电流 2A	2	控制回路短路保护	
4	KM	交流接触器	CJ20-20 线圈电压 380V	1	电机运行控制	
5	FR	热继电器	JR20-20/3 三极 20A，热元件 11A，整定在 8.8A	1	过载保护	
6	SB1～SB2	按钮	LA10-2H	1	SB2 起动，SB1 停止	
7	XT	端子板	JX2-1010	2	进出线连接	

2）线路装设。

3）通电试车。

（2）时间定额　150min。

（3）安全文明生产

1）正确执行安全技术操作规程。

2）按企业有关文明生产的规定，做到工作地整洁，工件、工具摆放整齐。

4. 配分、评分标准（由选题人员编制）

六、避雷针制作与安装

1. 考核图样（略）

2. 准备要求

设备、工具、材料：角钢、钢管加工工具、电焊机、冲击电钻及常用工具等。

3. 考核内容

（1）考核要求

1）敷设避雷引线。

2）制作避雷针。

3）安装避雷针。

（2）时间定额 180min。

（3）安全文明生产

1）正确执行安全技术操作规程。

2）按企业有关文明生产的规定，做到工作地整洁，工件、工具摆放整齐。

4. 配分、评分标准（由选题人员编制）

七、安装样板并挂设基准线

1. 考核图样（略）

2. 准备要求

设备、工具、材料：度量工具、锯条、水平仪、铅垂及常用工具等。

3. 考核内容

（1）考核要求

1）制作样板架。

2）放置样板架。

3）挂基准线并校正。

4）固定铅垂线

（2）时间定额 180min。

（3）安全文明生产

1）正确执行安全技术操作规程。

2）按企业有关文明生产的规定，做到工作地整洁，工件、工具摆放整齐。

4. 配分、评分标准（由选题人员编制）

八、室内照明线路的安装

1. 考核图样

参考第七章室内典型照明线路。

2. 准备要求

设备、工具、材料如下：850mm×550mm 木制配电板一块；75mm（3in）圆木五块；单联开关二只；双极插座一只；螺口灯头一只；RC1A-5 型瓷插式熔断器二只；挂线盒一只；1 号钢精轧头一包；小铁钉、木螺钉各一小包；长 2m 的 BVV1mm^2（1/1.13）二芯塑料护套线一根和长 2m 的 BVV1mm^2（1/1.13）三芯塑料护套线一根；电工常用工具一套。

3. 考核内容

（1）考核要求

1）定位及划线。

2）固定钢精轧头。

3）敷设导线。

4）固定熔断器、木台、开关、灯座、插座及挂线盒。

5）安装荧光灯并将连接线接到挂线盒上。

6）检查线路并通电试验。

（2）时间定额　150min。

（3）安全文明生产

1）正确执行安全技术操作规程。

2）按企业有关文明生产的规定，做到工作地整洁，工件、工具摆放整齐。

4. 配分、评分标准（由选题人员编制）

模拟试卷样例

一、判断题（对画√，错画×；每题2分，共20分）

1. 电容器在电路中串联使用，总电容量将减少。 （ ）
2. 当负载短路时，电源输出功率最大。 （ ）
3. 电力电缆的结构都是由导电线芯、绝缘层及保护层三部分组成。 （ ）
4. 指针式万用表，测电压电流时指针向右偏转读数增大，测电阻向左偏转读数增大。 （ ）
5. 在检验评定中，所采用的测量仪表都必须有鉴定证书，并在鉴定有效期内，否则视为评定不合格。 （ ）
6. 使用钳形电流表时可以在路换挡。 （ ）
7. 电气安装工程备料时采用代用设备无需征得设计单位同意。 （ ）
8. 发现触电者无呼吸无心跳便可断定失去急救意义。 （ ）
9. 为提高电缆焊接地线的速度，可用喷灯直接封焊。 （ ）
10. 电流互感器一、二次侧均需加装熔断器。 （ ）

二、选择题（将正确答案的序号填入括号内；共50分）

（一）单选题（每题2分，共20分）

1. 负载与电源匹配的条件是（ ）。

A. 负载电阻最小 B. 电源内阻最小

C. 负载电阻最大 D. 负载电阻等于电源内阻

2. 下列关于攻螺纹操作要领说法正确的是（ ）。

A. 起攻时不可用力，以防滑牙

B. 攻入3～5圈后应逐渐加大压力

C. 攻螺纹过程中不可反转，以防断锥

D. 攻螺纹时必须先用头锥攻削，再用二锥三锥扩大和修光螺纹

3. 在一经合闸操作即可送电到施工设备的开关和触刀的操作手柄上，停电检修时应悬挂（ ）的标示牌。

A. 禁止合闸，线路有人工作 B. 禁止合闸，有人工作

C. 止步，高压危险 D. 已接地

4. 安装电缆热缩手套时热缩应从（ ）。

A. 手套手指开始　　　　　　　　B. 手套中部开始
C. 手套下部开始　　　　　　　　D. 从上至下逐渐热缩

5. 三相交流母线的颜色要求是（　　）。
A. A、B、C 各相依次涂黄绿红
B. A、B、C 各相依次涂红绿蓝
C. A、B、C 各相依次涂红绿黄
D. A、B、C 各相依次涂黄红绿

6. 下列说法中符合移动式电缆安装质量标准的是（　　）。
A. 滑车电缆与钢丝绳的绑扎宜用专用线夹，间距应为 1m
B. 终端拉紧装置应有适当的调节余量，当长度不大于 25m 时，不应小于 1m
C. 钢索悬挂电缆夹间的距离不宜大于 0.5m
D. 悬挂装置的电夹与其连接零件间应能自由转动

7. 幼儿园等活动场所插座盒埋设应不低于（　　）。
A. 0.3m　　　B. 1m　　　C. 1.3m　　　D. 1.8m

8. 当电梯运行速度达到限定值，能发出动作信号并最终迫使轿厢或对重掣停在导轨上的安全部件是（　　）。
A. 限速器　　　　　　　　B. 安全钳
C. 需以上两个配合　　　　D. 以上都不是

9. 电梯失控冲顶和冲底时，首先碰撞的保护开关装置是(　　)。
A. 碰铁　　　B. 极限开关　　　C. 限速器　　　D. 限位开关

10. 硬塑料插入法连接时，插入深度为管内径的（　　）。
A. 0.5 倍　　　B. 1.2~1.5 倍　C. 2 倍　　　D. 4 倍

（二） 多选题（每题 3 分，共 30 分）

1. 电阻故障通常表现为（　　）。
A. 开路　　　B. 短路　　　C. 击穿　　　D. 阻值变大

2. 相色带规定的几种颜色有（　　）。
A. 红色　　　B. 绿色　　　C. 蓝色　　　D. 黄色

3. 锉削时应注意的动作要领有（　　）
A. 正程时右手压力随锉刀推进而增加
B. 锉削时正程稍慢，回程稍快
C. 锉削时要求动作自然
D. 锉削时动作越快，效率越高

4. 下列关于登高板安全使用说法正确的是（　　）。
A. 板、绳的承受能力不低于人体自重即可
B. 每半年校验一次

C. 登高前应在电杆低处做人体冲击试验
D. 登高后应在电杆高端做人体冲击试验
5. 对电线、电缆等材料的进场检查包括（　）。
A. 按批查验合格证、安全认证标志、生产许可证编号
B. 外观检查
C. 按制造标准，现场抽查
D. 价格和数量
6. 保证安全的技术措施有（　）。
A. 停电　　B. 验电
C. 装接地线　　D. 悬标牌和装遮栏
7. 设置电缆标示牌时，应在标示牌上注明下列内容（　）。
A. 线路编号　　B. 电缆型号规格
C. 线路长度和起止点　　D. 电压等级
8. 下列属于电梯机械安全装置的有（　）。
A. 限速器　　B. 超速保护开关
C. 安全钳　　D. 安全门
9. 接地电阻测试应按设计要求逐点测试（　）。
A. 避雷接地　B. 工作接地　C. 重复接地　D. 保护接地
10. 荧光灯中电感式镇流器的作用是（　）。
A. 产生的自感电动势与电源电压叠加形成瞬间高压点亮灯管
B. 与灯管组成串联分压电路
C. 将交流变成直流
D. 阻抗匹配

三、简答题（每题5分，共20分）

1. 简述低压电缆终端制作步骤。
2. 简述电梯平层不准故障排除的基本思路。
3. 简述母线安装的主要工序。
4. 保证安全的技术措施和组织措施分别有哪些？

四、作图题（每题5分，共10分）

1. 画出两相差式电流互感器接线图。
2. 画出三相交流异步电动机具有自锁、保护功能的单向起动控制电路。

答案部分

知识要求试题答案

一、判断题

1. × 2. × 3. × 4. × 5. × 6. × 7. × 8. ✓ 9. ✓
10. × 11. ✓ 12. × 13. × 14. ✓ 15. ✓ 16. × 17. ✓ 18. ✓
19. ✓ 20. × 21. × 22. × 23. × 24. ✓ 25. × 26. ✓ 27. ×
28. × 29. × 30. × 31. ✓ 32. × 33. × 34. × 35. × 36. ✓
37. ✓ 38. × 39. × 40. ✓ 41. × 42. × 43. × 44. ✓ 45. ✓
46. × 47. ✓ 48. × 49. × 50. ✓ 51. × 52. × 53. × 54. ×
55. × 56. × 57. × 58. × 59. × 60. ✓ 61. ✓ 62. × 63. ✓
64. ✓ 65. × 66. × 67. × 68. × 69. × 70. × 71. × 72. ✓
73. × 74. × 75. ✓ 76. ✓ 77. × 78. × 79. ✓ 80. ✓ 81. ✓
82. ✓ 83. × 84. × 85. ✓ 86. × 87. × 88. × 89. × 90. ✓
91. ✓ 92. × 93. ✓

二、选择题

（一）单选题

1. A 2. D 3. B 4. B 5. D 6. B 7. A 8. C 9. A
10. A 11. B 12. D 13. B 14. B 15. B 16. B 17. D 18. A
19. B 20. B 21. C 22. D 23. A 24. B 25. D 26. A 27. B
28. C 29. B 30. C 31. D 32. D 33. B 34. A 35. B 36. C
37. A 38. A 39. C 40. A 41. A 42. C 43. A 44. B 45. A
46. B 47. D 48. A 49. D 50. A 51. D 52. C

（二）多选题

1. A B C D 2. A D 3. A B C 4. A B D

5. A C D	6. A B C	7. A B C	8. B C D
9. A B C	10. A B	11. A B C D	12. A B C D
13. A B C	14. B C	15. A B C	16. A B C
17. A B C D	18. A B C D	19. A B C	20. A B D
21. A B C D	22. A B C D	23. A C D	24. A B C D
25. A B C D	26. A B C	27. A B	28. A B D
29. A B C D	30. A B C	31. A C D	32. A B C D
33. A B C D	34. A B D	35. A B D	36. A B C
37. A B C D	38. A B C	39. A B C D	40. A B C D
41. B C D	42. A B D	43. B C	44. A B C D
45. A B C	46. C D	47. C D	48. B C D
49. A C D	50. A B	51. B D	52. A B C D
53. B C	54. A B C D	55. A B C	56. A C
57. A B D	58. A B C	59. A B C D	60. A B D
61. B C	62. A B C D	63. A B C D	64. A B C

三、简答题

1. 答

1）交流电是指电流、电压、电动势的大小和方向都随时间按一定规律作周期性变化。

2）交流电每交变一周（次）所需要的时间叫周期，用 T 表示，单位为 s。

3）每秒内正弦交流电交变的周（次）数叫做频率，用 f 表示，单位为赫兹，简称赫（Hz）。

4）把交流电和直流电分别通入两个电阻值相同的导体，如果在相同的时间内，电阻产生的热量相等，就把直流电的大小确定为交流电的有效值，又称为方均根值，分别用 E、U、I 表示正弦电动势、电压、电流的有效值。

5）正弦交流电最大的瞬时值叫做最大值，实质上是交流电正弦波的幅值，分别用 E_m、U_m、I_m 表示电动势、电压和电流的最大值。

6）正弦交流电 $u_1 = u_m \sin(\omega t + \varphi)$ 中的 φ 是用来确定电压初始值的相位角，称为初相位。两个相同频率的正弦量的初相位之差称为相位差。

2. 答

1）电缆主要由保护层、绝缘层和缆芯三部分构成。

2）常用的电力电缆有油浸纸绝缘铝包（或铅包）电力电缆、聚氯乙烯绝缘聚氯乙烯护套电力电缆（全塑电缆）和交联聚乙烯绝缘聚氯乙烯护套电力电缆三种。

3. 答

1）粗实线表示主回路线（一次线路）。

2）细实线表示一般线路（如二次线路）、可见导线。

3）虚线表示辅助线、屏蔽线、机械连接线、不可见线、计划扩展线以及事故照明线。

4）点划线表示电气线路中的分界线、结构围框线、功能围框线、分组围框线以及控制、信号线等。

5）双点划线表示电气线路中辅助围框及36V以下线路。

4. 答

1）将长方体置于三个互相垂直的投影面体系中，使其底面与水平投影面平行，前面与正投影面平行，分别向三个投影面投影，可得到长方体的三个视图，将三投影面按规定的方向顺次旋转展开，即形成三视图。

2）三视图之间的关系是：主、俯视图长对正；主、左视图高平齐；俯、左视图宽相等。

5. 答

1）建筑平面图是假设用一个平面把房屋沿窗台以下切开，由上向下观察而得到的图样。

2）在图样上，凡是被切割的部分（如墙、柱的轮廓）画成粗实线；没有剖切到但能观察到的部分画成细实线；被遮盖的构件或在剖切线上面的轮廓线则用虚线表示。

6. 答　锯削操作时，右手握锯柄，左手轻扶锯弓前端。锯削运动中，手锯在正程前进时进行切削，此时，其压力与推力均由右手施加，左手起辅助作用；回程时不切削，不加压力。锯削一般采用小幅度上下摆动的形式，行程一般为锯条长度的2/3~3/4；往返频率一般在30~60次/min。锯削硬材料时要加大压力且放慢速度，对软材料则相反。

7. 答　焊接时应注意下列问题：

第一，下列场合不准使用电弧焊：5m以内堆有易燃易爆物品的场所；装有气体或液体的压力容器；距带电体3m以内的场所；密封或盛装有物质性质不明的容器；具有两级以上风力的环境。

第二，为确保操作人员安全，施焊时必须戴好面罩、穿好工作服、戴上脚盖和手套；潮湿环境下，应穿好绝缘鞋；电焊机外壳应良好接地；焊条必须完好无损。

第三，焊接现场，应准备足够的消防器材。如需照明，应用36V以下的安全灯。

8. 答　验电器在每次使用前，应先在确认有电的带电体上试验，检查其是否能正常验电，以免因氖管损坏，在检验中造成误判，危及人身或设备的安全。使用时，注意手指必须接触验电器顶部的金属，使电流由被测带电体经验电器和人体与大地构成回路。只要被测带电体与大地之间的电压超过60V时，氖管就会起辉发光。观察时应将氖管窗口背光朝向操作者。

9. 答 用万用表测电阻的方法为：

1）转换开关旋至合适倍率的欧姆挡。

2）短接红、黑表笔，调节欧姆调零电位器，使万用表指针停在第一条刻度线的0位，即刻度盘的最右端。

3）表笔与被测元件两引脚并接。

4）读取第一根刻度线的示值，单位Ω。

5）用读数乘以转换开关白色箭头所指的倍率，即为被测元件阻值。

10. 答 绝缘电阻表的使用方法为：

1）测量前须切断被测量设备的电源，并将设备对地短路放电，使设备处于完全不带电状态，以保证人身和设备的安全；

2）绝缘电阻表应放在平稳的水平位置，并远离大电流导体和强磁场，以免影响读数。测量前先检查绝缘电阻表能否正常使用，具体办法是：摇动手柄到120r/min，这时指针应指在“∞”的位置；然后再将“线路”、“接地”两接线柱短接，缓慢转动手柄，其指针应指在“0”位置。满足这两个条件，表明绝缘电阻表基本正常。

3）接线：一般测量时只用“线路”（L）和“接地”（E）两个接线柱。通常“L”接线柱应接在被试物的“火”或“相线”上，“E”接线柱接在被测物的金属外壳上。当被测物表面漏电很严重，且对被测物表面的影响很显著而又不易除去时，需使用“保护”或“屏蔽”（G）接线柱。

4）测量时，直流发电机的手摇转动速度要匀速，切忌忽快忽慢。绝缘电阻值随着测量时间的长短而不同，规定采用1min后的读数。

5）在绝缘电阻表没有停止转动和被试物没有放电以前，不可用手去触及被试物的测量部分和进行拆除导线工作。电力电缆在试验测量时，在取得读数后，应先将“线路”（L）接线柱的连接线断开，然后再将手摇发电机减速直到停止转动，以防止储能设备或线路的放电而把绝缘电阻表的指针打坏。

11. 答 电气设备安装基本过程通常包括准备、施工、收尾调试和竣工验收四个阶段。

（1）准备阶段 包括技术准备、施工组织准备、安装材料及设备供应准备、临时设施准备。

（2）施工阶段 包括预埋工作、电气线路敷设和设备的安装。

（3）收尾调试阶段 包括电气线路和设备的调试、施工资料的整理和竣工图的绘制、安装的质量评定、通电试运行和竣工报告等内容。

（4）竣工验收阶段　质量检验和验收工程应依据现行电气装置安装工程施工及验收规范，按分项、分部和单位工程的划分，对其保证项目、基本项目和允许偏差项目逐项进行检验和验收。

12. 答

（1）保证安全的组织措施　具体是指工作票制度，工作许可制度，工作监护制度，工作间断、转移和终结制度。

（2）保证安全的技术措施　现行安全技术规程规定在全部停电或部分停电的电气设备上工作时，必须完成停电、验电、装设接地线以及悬挂标示牌和装设遮栏等技术措施。

13. 答　电缆升温的方法

一是采用提高周围空气温度的方法升温。当空气温度为5～10℃时，需要72h；空气温度为25℃时，需要24～36h。

二是采用电流通过电缆线芯的方法升温。升温电流不应大于电缆的额定电流，升温后电缆表面温度不得低于5℃。用单相电流升温铠装电缆时，应采用能防止在铠装内形成感应电流的电缆芯连接方法。

14. 答　直埋电缆敷设过程为：

1）挖电缆沟样洞。

2）放样划线。

3）开挖电缆沟。

4）铺设下垫层。

5）埋设电缆保护管。

6）敷设电缆。

7）铺设上垫层。

8）回填土。

9）设置电缆标示牌。

15. 答　低压电缆终端制作工序为：

1）定位：根据安装位置确定加工长度。

2）剥外护套：量取规定长度，剥除电缆的外护套。

3）绑铜扎线：在锯钢甲部位用2.5～4mm^2铜线顺钢带缠绕方向绑3～4扎。

4）锯钢甲。

5）剥除内护套和填料。

6）焊接地线。

7）安装热缩手套。

8）固定终端头并安装接线端子。

9）安装绝缘管。

10）将相色箍分别套至相应相端子下端，热缩相色箍。

16. 答 母线相序的排列，一般设计图样中都有规定，如无规定，可按下列要求排列：

（1）上下布置的母线 交流：A、B、C相序的排列由上而下；直流：正极在上，负极在下。

（2）水平安装的母线 交流：A、B、C相序的排列由盘后向盘前；直流：正极在后，负极在前。

（3）引下线的母线 交流：A、B、C相序的排列从左向右；直流：正极在左，负极在右。

17. 答 隔离开关的安装步骤为：

1）用人力或滑轮吊装：把开关本体放于安装位置，使开关底座上的孔眼套入基础螺栓，稍拧紧螺母，用水平尺和线锤找正、找平，然后拧紧基础螺母。

2）安装操作机构：将操作机构固定在事先埋设好的支架上，并使其扇形板与隔离开关上的传动转杆在同一垂直平面上。

3）连接操作拉杆：拉杆连接之前应将弯连接头连接在开关的传动转杆（即转轴上），直连接头连接在扇形板的舌头上，然后把调节元件拧入直连接头。操作拉杆应在开关和操作机构处于合闸位置时装配，先测好操作拉杆的长短，然后下料。拉杆加工好后，将其一端与弯连接头焊接；另一端与调节元件焊接。

4）隔离开关的底座和操作机构的外壳应安装接地螺栓，安装时应将接地线的一端接在接地螺栓上；另一端与接地网接通，使其妥善接地。

18. 答 母线的加工步骤为：

1）母线的矫正（平直）。

2）母线的测量。

3）母线的切断。

4）母线的弯曲。

5）母线的钻孔。

6）母线接触面的处理。

7）母线的焊接。

19. 答 钢索悬挂电缆的安装标准是：

1）钢索悬挂电缆的安装，应使终端固定装置和终端拉紧装置有足够的机械强度，其允许最大拉力应大于两倍滑接线电缆或吊索的允许最大拉力。

2）终端拉紧装置应有适当的调节余量，当长度不大于25m时，不应小于0.10m；长度大于25m时，不应小于0.20m。

3）吊索拉紧弛度，应根据其材料规格和安装时的环境温度选定，且电缆线间的弛度应基本一致，偏差不应大于20mm。

4）悬挂装置的电缆夹应与移动电缆可靠固定，但电缆夹与其连接零件间宜能自由转动；电缆夹间的距离不宜大于5m。

5）当用型钢作移动电缆滑道时，其安装偏差应符合滑接线与轨道的安装偏差。

20. 答　加工和安装滑接线应注意下列事项：

1）安装过程中要注意安全操作。

2）安装好的滑接线要符合质量标准。

3）角钢，槽钢断头应断齐，端头应平整光滑。

4）型钢滑接线的连接应用与滑接线相同截面的托板衬在滑接线内面，用电焊焊三个边。焊缝应饱满、平整，无气孔及夹渣，焊后无变形。

5）辅助线一般沿滑接线敷设，应不大于12m与滑接线连接一次。型钢连接处应搪锡，联接螺栓按母线连接的规定配置，连接应紧密。

21. 答

1）三相笼型异步电动机主要由定子和转子两部分组成。定子由定子铁心、定子绕组和机座等组成。转子由转子轴、转子铁心和用铜条或铸铝制成的外形酷似鼠笼的笼圈组成。

2）三相绕线转子异步电动机也是由定子和转子两大部分构成。与笼型相比较，二者只是在转子的构造上不同。绕线转子异步电动机的转子铁心槽内嵌有三相对称绕组，它们连接成星形，每相绕组始终通过三个固定在转轴上的彼此绝缘的集电环与电刷滑动接触，然后与外电路连接。

22. 答　钢管连接应符合下列要求：

1）丝扣连接，管端套螺纹长度不应小于管接头长度的1/2；在管接头两端应焊跨接接地线。

2）套管连接宜用于暗配管，套管长度为连接管外径的1.5~3倍；连接管的对口处应在套管的中心，焊口应焊接牢固、严密。

3）薄壁钢管的连接必须用丝扣连接。

23. 答　确定插座盒位置应符合下列要求：

1）插座盒一般应在距室内地坪1.3m处埋设，潮湿场所其安装高度不低于1.5m。

2）托儿所、幼儿园及小学校、儿童活动场所，应在距室内地坪不低于1.8m处埋设。

3）在车间及试验室安装插座盒，应在距地坪不低于0.3m处埋设。

4）为了方便插座的使用，在设置插座盒时应事先考虑好，插座不应被挡在门后，在跷板等开关的垂直上方或拉线开关的垂直下方，不应设置插座盒，插座盒与开关盒的水平距离不宜小于250mm。

5）为安全使用，插座盒（箱）不应设在水池、水槽（盆）及散热器的上方，更不能被挡在散热器的背后。

6）插座如设在窗口两侧时，应对照采暖图，插座盒应设在与采暖立管相对应的窗口另一侧墙垛上。

7）插座盒不应设在室内墙裙或踢脚板的上边线上，插座盒也不宜设在小于370mm墙垛（或混凝土柱）上。

8）此外，还应考虑好躲开室内煤气管、表的位置，插座边缘与煤气管、表边缘距离不应小于150mm。

24. 答 较大建筑物都有伸缩缝、沉降缝（统称为变形缝），当管子经过建筑物的伸缩缝、沉降缝时，为防止建筑物基础伸缩不均而损坏管子和导线，须在变形缝的旁边装设补偿盒。

1）明配线的安装方法是在建筑物伸缩缝两边的线管端部，安装一段略有弧度的软管，当基础下沉时，借助软管弧度和弹性而伸缩，以达到补偿的目的。

2）暗配线补偿盒安装的方法是在建筑物伸缩缝的一边，按管子的大小和数量的多少，适当地安装一只或两只补偿盒。在补偿盒的一侧开一长孔将线管穿入无需固定，而另一侧用六角螺母将伸入的线管与补偿盒固定。

25. 答 电力系统及设备的接地，按其功能分为工作接地和保护接地两大类，此外还有为进一步保证接地的重复接地。

1）工作接地是为保证电力系统和设备达到正常工作要求而进行的一种接地，例如电源中性点的接地、防雷接地等。

2）保护接地是为保障人身安全、防止间接触电而将设备的外露可导电部分接地。保护接地有两种形式：一种是设备的外露可导电部分经各自的接地线（PE线）直接接地，另一种是设备的外露可导电部分经公共的PE线或PEN线接地。

3）为确保公共PE线或PEN线安全可靠，除在电源中性点进行工作接地以外，专用保护线PE（或PEN线）上一处或多处通过接地装置再次与大地相连接称为重复接地。

26. 答 人工接地装置的检查验收应符合GB 50303—2002《建筑电气工程施工质量验收规范》的规定，其主要规定如下：

（1）主控项目的检查验收

1）人工接地装置必须在地面以上按设计要求位置设测试点。

2）测试接地装置的接地电阻必须符合要求。

3）防雷接地的人工接地装置的接地干线埋设，经人行通道处时，其埋地深度不应小于1m，且应采取均压措施或在其上方铺设卵石或沥青地面。在施工设计时，一般应避免防雷接地干线穿越人行通道，以防止雷击时跨步电压过高而危及人身安全。

（2）一般项目检查验收　当设计无要求时，接地装置顶面埋设深度不应小于0.6m。圆钢、角钢及钢管接地极应垂直埋入地下，间距不应小于5m，接地装置的焊接应采用搭接焊，搭接长度应符合下列规定：

1）扁钢与扁钢搭接为扁钢宽度的两倍，不少于三面施焊。

2）圆钢与圆钢搭接为圆钢直径的六倍，双面施焊。

3）圆钢与扁钢搭接为圆钢直径的六倍，双面施焊。

4）扁钢与钢管、扁钢与角钢焊接，应紧贴角钢外侧两面，或紧贴3/4钢管表面，上下两侧施焊。

5）除埋设在混凝土中的焊接接头外，应有防腐措施。

27. 答　电梯的型号由类组型、主参数和控制方式三部分代号组成。

（1）类组型和改型代号　类组型代号用具有代表意义的大写印刷体汉语拼音字母表示，类指类别，组指产品品种，型指拖动方式。产品的改型代号按顺序用小写汉语拼音字母表示，置于类组型代号的右下方。

（2）主参数代号　均用阿拉伯数字表示，并用一斜线划分为两部分，其左上方为电梯的额定载重量，右下方为额定速度。

（3）控制方式代号　用具有代表意义的大写印刷体汉语拼音字母表示。

28. 答　对于无司机操纵的电梯，当乘客进入轿厢后，只需按下欲前往的层站按钮，则电梯按照规定的6～8s时间停站后，便自动关门启动，加速至稳速运行。在运行过程中可逐一登记各楼层厅外召唤信号，对符合运行方向的召唤信号，将逐一应答，自动停靠，自动开门，自动消号。当完成了同向全部登记指令以后，如有反向的厅外召唤信号，则电梯自动换向运行，如果没有厅外召唤信号，电梯就自动关门停机或自动驶回基站待命。当再次接收到厅外召唤信号时，电梯便再次自动启动，完成新的运行。

29. 答　曳引机安装应符合下列要求：

1）对不设减震装置的曳引机座的水平度不大于2/1000。

2）曳引轮位置偏差：前后方向不大于±2mm，左右方向不大于±1mm。

3）曳引轮、导向轮、复绕轮垂直度偏差不大于0.5mm，平行度不大于±1mm。

30. 答　当电梯轿厢上行，接近预选的层站时，电梯由快速变成慢速运行。当上平层感应器进入遮磁板后，使本已慢速运行的电梯进一步减速；当中间开门区感应器进入遮磁板时，电路就准备延时断电；当下平层感应器进入遮磁板时，电梯停止，此时已完全平好层。若电梯因某种原因超过平层位置时，上平层感应器离开遮磁板，将使相应的继电器动作，电梯反向平层，最后获得较好的平层精度。

31. 答 凡出现下列情况之一，本项目核定为“不符合要求”。

1）无接地电阻测试记录。

2）接地电阻实测值不符合设计要求，且未进行处理及复测。

3）测试项目不齐全，数据不真实，签证不齐全。

4）测试用的仪表无检定证书或测试时已超过其检定有效期。

四、作图题

1. 答 见图3-6c。
2. 答 见图3-6d。
3. 答 见图5-11。
4. 答 见图5-15。
5. 答 见图1。
6. 答 见图7-10。

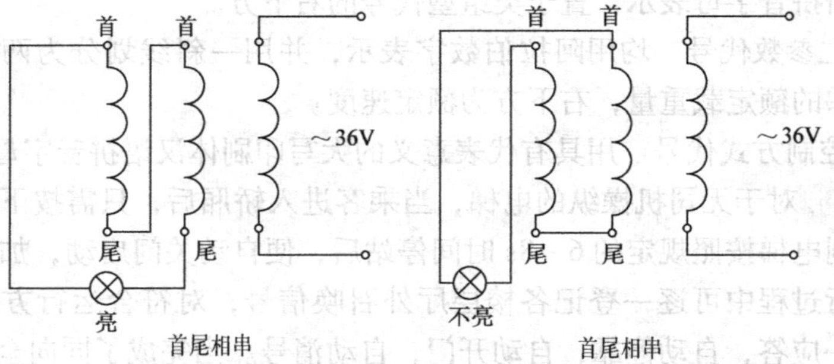

图1 判定首尾端

模拟试卷样例答案

一、判断题

1. ✓ 2. × 3. ✓ 4. ✓ 5. ✓ 6. × 7. × 8. × 9. ×
10. ×

二、选择题

（一）单选题

1. D 2. D 3. B 4. B 5. A 6. D 7. D 8. C 9. C
10. B

（二）多选题

1. A D 2. A B D 3. A B C 4. B C 5. A B C
6. A B C D 7. A B C D 8. A C 9. A B C D 10. A B

三、简答题

1. 答 低压电缆终端制作步骤如下：

1）定位。根据安装位置确定加工长度。

2）剥外护套。量取规定长度，剥除电缆的外护套。

3）绑铜扎线。在锯钢甲部位用2.5 ~4mm^2铜线顺钢带缠绕方向绑3~4扎。

4）锯钢甲。

5）剥除内护套和填料。

6）焊接地线。

7）安装热缩手套。

8）固定终端头并安装接线端子。

9）安装绝缘管。

10）将相色箍分别套至相应相端子下端，热缩相色箍。

2. 答 电梯平层不准故障排除基本思路如下：

1）舌簧管是易损部件，发生电梯平层不准故障时，应重点检修，大部分是由于触点处烧损或簧片不动作。

2）若电梯各楼层平层均不准，则调整装在轿厢顶部的自动平层装置。

3）若电梯仅个别楼层平层不准，可通过调整相应楼层井道内遮磁板进行平层准确度的调整。

4）另外，由于制动器使用过久或保养不当，闸瓦带磨损严重，造成制动力减弱，尤其在轿厢满载时，打滑现象更严重，则更换新闸瓦带。

3. 答 母线安装的主要工序如下：

1）安装支持绝缘子。

2）加工母线。

3）装接母线。

4. 答

1）保证安全的组织措施。具体是指工作票制度、工作许可制度、工作监护制度、工作间断、转移和终结制度。

2）保证安全的技术措施。现行安全技术规程规定在全部停电或部分停电的电气设备上工作时，必须完成停电、验电、装设接地线以及悬挂标示牌和装设遮栏等技术措施。

四、作图题

1. 答 见图3-6c。

2. 答 见图5-15。

参考文献

［1］赵承荻．维修电工技能训练［M］．3版．北京：中国劳动社会保障出版社，2002.

［2］郭仲礼．低压电工实用技术［M］．北京：机械工业出版社，1998.

［3］柳林啸．电气工程施工要点与技术规范全书［M］．长春：吉林科学技术出版社，2001.

［4］郑凤翼．看图安装电气设备和电路［M］．北京：人民邮电出版社．2003.

［5］杜德昌．家用电热、电动器具原理与故障分析、检修［M］．北京：机械工业出版社，1998.

［6］上海电气（集团）总公司．维修电工：初级［M］．上海：上海科学技术出版社，2000.

［7］宋庆云．电力内外线施工［M］．北京：高等教育出版社，1992.

［8］白玉岷．电气工程安装及调试技术手册［M］．北京：机械工业出版社，2003.

［9］陆镇炳．电气设备安装工［M］．北京：中国电力出版社，2003.

［10］瞿义勇．电梯工程施工［M］．北京：中国建材工业出版社，2004.

［11］叶庆文．电工技术［M］．北京：机械工业出版社，2002.

［12］侯志伟．建筑电气工程识图与施工［M］．北京：机械工业出版社，2004.